高等院校土建类专业信息化系列教材

装配式建筑施工

主 编 杨泽华 李安柯

副主编 郑雅兰 曾 凡 张海英

侯艳芳

西安电子科技大学出版社

内 容 简 介

本书主要讲述装配式混凝土结构从构件生产到施工安装的全过程。全书共分为 7 个模块，即认识装配式建筑、装配式混凝土构件与连接构造、装配式混凝土构件制作与生产、装配式混凝土构件运输与堆放、装配式混凝土构件吊装与安装施工、装配式结构安全文明施工、装配式建筑发展与智能建造。

本书可作为高等职业教育土木建筑大类的专业教材，也可作为相关技术人员的参考用书。

图书在版编目 (CIP) 数据

装配式建筑施工 / 杨泽华，李安柯主编 . -- 西安：西安电子科技
大学出版社 , 2025. 6. -- ISBN 978-7-5606-7590-9

Ⅰ. TU3

中国国家版本馆 CIP 数据核字第 2025UC0344 号

策　　划　李鹏飞　刘　杰
责任编辑　李鹏飞　刘启薇
出版发行　西安电子科技大学出版社 (西安市太白南路 2 号)
电　　话　(029) 88202421　88201467　　　　邮　　编　710071
网　　址　www.xduph.com　　　　　　　　电子邮箱　xdupfxb001@163.com
经　　销　新华书店
印刷单位　咸阳华盛印务有限责任公司
版　　次　2025 年 6 月第 1 版　　　　2025 年 6 月第 1 次印刷
开　　本　787 毫米 × 1092 毫米　1/16　　　印　　张　17.25
字　　数　411 千字
定　　价　54.00 元

ISBN 978-7-5606-7590-9

XDUP 7891001-1

*** 如有印装问题可调换 ***

前　言

建筑业是我国国民经济的重要支柱产业。近年来，我国建筑业持续快速发展，产业规模不断扩大，建造能力不断增强，有力支撑了国民经济的持续健康发展。但传统的建造方式以现场浇筑为主，与发展绿色建筑的有关要求以及先进建造方式相比还有很大差距。发展装配式建筑是建造方式的重大变革，是推进供给侧结构性改革和新型城镇化发展的重要举措，有利于节约资源能源、减少施工污染、提升劳动生产效率和质量安全水平，有利于促进建筑业与信息化工业化深度融合，培育新产业新动能，推动化解过剩产能。

自 2016 年 9 月 27 日《国务院办公厅关于大力发展装配式建筑的指导意见》(国办发〔2016〕71 号) 中提出大力发展装配式建筑以来，通过对不同地区的分类推进，我国正逐步形成以重点推进地区为引领、积极推进地区为支撑、鼓励推进地区为基础的装配式建筑发展格局。这种布局不仅有助于提升我国装配式建筑的整体发展水平，也为实现建筑行业的绿色低碳转型和可持续发展奠定了坚实基础。2022 年 5 月，中共中央办公厅、国务院办公厅联合发布了《关于推进以县城为重要载体的城镇化建设的意见》，其中明确指出要推进生产生活低碳化，大力发展绿色建筑。该意见提倡在城镇化建设中广泛应用装配式建筑、节能门窗、绿色建材和绿色照明，全面推行绿色施工，从而推动县城绿色发展和城乡建设模式创新。

2021 年，为全面落实"十四五"规划和 2035 年远景目标的战略部署，教育部发布的《职业教育专业目录 (2021 年)》针对装配式建筑新业态和"装配式建筑施工员"新职业，设置了装配式建筑工程技术专业。而建筑工程技术为建筑业的传统专业，其专业人才培养也应严格遵循教育部文件要求，做到与时俱进。因此积极整合装配式建筑施工技术、智能建造等相关行业前沿技术具有重要意义。

在以上背景下，编者遵照教育部高职高专教材建设的要求，结合建筑职业教育新形势的变化，以及高等职业教育土木建筑大类专业学科的核心课程教学需求编写了本书。本书立足于建筑业转型升级需要的装配式建筑相关构件生产、运输管理、吊装安装等岗位需要，整合了行业规范、图集、先进技术等经典内容；依托编者多年面向标准化、数字化、智能化的"理论＋实训"教学经验，设计课程学习目标与教学模块；结合已经成功举办多届的全国装配式建筑职业技能竞赛——"装配式建筑施工员"赛项、职业院校技能大赛高职组"装配式建筑智能建造"赛项的考核内容，进行"以赛促教、以赛促学、以赛促训"的任务划分；融合1＋X"装配式建筑构件制作与安装职业技能等级证书"的考核要求，设置了更细化的子任务以夯实证书考核基础，并由此搭建高职学生由校到企的有效桥梁，推进校企合作进一步深化，强化高素质技术技能型建设人才的培养。同时，本书满足专业人才培养的基本要求，既融合了规范的法律依据，又搭配仿真实训的具体操作；既包含了当前较为成熟的装配式建筑"设计—生产—运输—安装—连接"全流程，又通俗易懂地介绍了先进技术与未来发展方向。

本书由杨泽华、李安柯担任主编，具体编写分工如下：模块1、模块4、模块6由郑州职业技术学院郑雅兰编写，模块2由河南省朝阳建筑设计有限公司高级工程师李安柯编写，模块3由郑州职业技术学院杨泽华编写，模块5的任务一、任务二、任务五、任务六由郑州职业技术学院张海英编写，模块5的任务三、任务四由郑州职业技术学院曾凡编写，模块7由陕西工业职业技术学院侯艳芳编写。全书由杨泽华统稿。本书模块化信息脉络清晰，"课""赛""证"内容基于山东新之筑信息科技有限公司研发的装配式建筑职业技能实训系统及其提供的图片、视频资料进行编写，"岗"位前沿技术则得到了湖南省第六工程有限公司总工程师王江营博士的鼎力帮助与大力支持，同时编者也参考了大量优秀企业的典型项目资料、业界专家的宣讲资料，在此一并表示衷心的感谢！

由于编者水平有限，书中难免有疏漏之处，望广大读者不吝赐教。随着科技的进步与革新，装配式建筑领域的相关政策、规范、图集也会不断完善，编者将不断完善本书。

编　者

2024 年 5 月

CONTENTS 目　录

模块 1 认识装配式建筑

知识目标

- 了解装配式混凝土结构体系特点、现行政策、标准、评价等级划分及适用范围。
- 掌握装配式建筑分类。

能力目标

- 能够对装配式混凝土项目进行简单的评价。
- 能够进行装配率计算。
- 能对国家现行标准和行业规范进行正确解读。

素质目标

- 具有认真学习新工艺、新材料、新技术的能力。

任务一 装配式建筑的概念

装配式建筑是一个系统工程，由结构系统、外围护系统、设备与管线系统、内装系统四大系统组成，在设计及施工中重点强调这四个系统之间的集成，以及各系统内部的集成过程。

装配式混凝土建筑应遵循绿色、智能建筑全寿命期的可持续性原则，满足标准化设计、工厂化生产、装配化施工、一体化装修、信息化管理（图 1-1）和智能化应用等全产业链工业化生产的要求，以及建筑全寿命期运营、维护、改造等方面的要求。

一、装配式建筑的特点

装配式建筑设计建造的主要过程是将预制部品部件通过模数协调、模块组合、接口连接、节点构造和施工工法等集成装配为建筑产品。装配式建筑能在工地进行高效、可靠装

标准化设计

工厂化生产

装配化施工

一体化装修

信息化管理

图 1-1　装配式建筑

配并做到主体结构、建筑围护、机电装修一体化，它有以下几个方面的特点。

(1) 以完整的建筑产品为对象，以系统集成为方法，体现加工和装配需要的标准化设计。

(2) 以工厂精益化生产为主的部品部件。

(3) 以装配和干式工法为主的工地现场 (图 1-2)。

(4) 以提升建筑工程质量安全水平、提高劳动生产效率、节约资源能源、减少施工污染和建筑的可持续发展为目标。

(5) 采用基于 BIM(Building Information Modeling，建筑信息模型) 技术的全链条信息化管理，实现设计、生产、施工、装修和运维的协同。

图 1-2　以装配和干式工法为主的吊装施工

二、装配式建筑的组成与设计

装配式建筑由结构系统、外围护系统、设备与管线系统、内装系统四部分组成，各部分的定义及内涵如下。

1.结构系统

结构系统是由结构构件通过可靠的连接方式装配而成，以承受或传递荷载作用的整体。

2.外围护系统

在建筑物中，围护结构指建筑物及房间各面的围挡物，将外围护结构及其他部品部件统一归纳为外围护系统。外围护系统是由建筑外墙、屋面、外门窗及其他部品部件等组合而成，用于分隔建筑室内外环境的部品部件的整体。

3.设备与管线系统

设备与管线系统是由给水排水、供暖通风空调、电气和智能化、燃气等设备与管线组合而成，满足建筑使用功能的整体。

4.内装系统

内装系统是由楼地面、墙面、轻质隔墙、吊顶、内门窗、厨房和卫生间等组合而成，满足建筑空间使用要求的整体。

装配式混凝土建筑是指建筑的结构系统由混凝土部件，即混凝土预制构件构成的装配式建筑。在系统集成的基础上，装配式建筑强调集成设计。在设计的过程中，应将结构系统、外围护系统、设备与管线系统以及内装系统进行综合考虑和一体化设计。而协同设计工作是工厂化生产和装配化施工建造的前提。装配式建筑设计应统筹规划设计、生产运输、施工安装和使用维护，进行建筑、结构、设备、室内装修等专业一体化设计，同时要运用建筑信息模型技术，建立信息协同平台，加强设计、生产、运输、施工各方之间的关系协同，以及建筑、结构、设备、装修等专业之间的配合。

📁 **思政小课堂**

装配式建筑在我国的发展

2016 年 2 月 6 日，国务院印发的《中共中央 国务院关于进一步加强城市规划建设管理工作的若干意见》中提出，发展新型建造方式，加大政策支持力度，力争用 10 年左右时间，使装配式建筑占新建建筑的比例达到 30%。随着相关政策标准的不断完善，作为建筑产业现代化重要载体的装配式建筑将进入新的发展时期。在国家大力提倡节能减排的政策下，我国建筑产业要向现代化发展转型，积极推广绿色建筑和建材，大力发展钢结构和装配式建筑，进一步提高建筑工程标准和质量。

三、促进装配式建筑发展的重点途径

1.装配式全装修

装配式全装修的现场施工采用干式工法（图 1-3)，即将工厂生产的内装部品在现场进行组合安装，通过完成所有功能空间的固定面装修和设备设施的安装，可使建筑具有正常的使用功能和建筑性能。

现场采用干作业施工工艺的干式工法是装配式建筑的核心内容。我国传统施工现场具有湿作业多、施工精度差、工序复杂、建造周期长、依赖现场工人水平和施工质量难以保证等问题，干式工法作业可实现高精度、高效率和高品质的施工作业。

装配式全装修以工业化生产方式为基础，采用工厂制造的内装部品，部品安装采用干式工法。推行装配式全装修是推动装配式建筑发展的重要方向。采用装配式全装修的设计建造方式具有五个方面优势：

(1) 部品在工厂制作，现场采用干式作业，可以最大限度地保证产品质量和性能。

(2) 提高劳动生产率，节省大量人工和管理费用，大大缩短建设周期，综合效益明显，从而降低生产成本。

(3) 节能环保，减少原材料的浪费，且施工现场大部分为干式工法，可以减少噪声、粉尘和建筑垃圾等污染。

(4) 便于维护，降低了后期运营维护的难度，为部品更换创造了可能。

(5) 工业化生产的方式有效解决了施工生产的尺寸误差和模数接口问题。

全装修强调了建筑的功能和性能的完备性。装配式建筑首先要落脚到"建筑"，建筑的最基本属性是其功能性。因此，装配式建筑的最低要求应该定位在具备完整功能的成品形态，不能割裂结构和装修，底线是交付成品建筑。推进全装修，有利于提升装修集约化水平，提高建筑性能和消费者的生活质量，带动相关产业发展。全装修是房地产市场成熟的重要标志，是与国际接轨的必然发展趋势，也是推进我国建筑产业健康发展的重要路径。

图 1-3　装配式全装修的干式工法

2. 模块和标准化接口

建筑模块是指相对独立、具有特定功能、能够通用互换的单元。标准化接口是指具有统一的尺寸规格与参数，并满足公差配合及模数协调的接口。

模块是标准化设计中的基本单元，首先应具有一定的功能，具有通用性；同时，在接口标准化的基础上，同类模块也具有互换性。接口主要是两个独立系统、模块或者部品部件之间的共享边界，接口的标准化可以实现部品部件的通用性以及互换性。模块和接口二者相互联系、相互影响。

3. 集成式厨房和卫生间

集成式厨房多指居住建筑中的厨房，强调"集成性"和"功能性"，是指由工厂生产的楼地面、吊顶、墙面、橱柜和厨房设备及管线等集成并主要采用干式工法装配而成的厨房。

集成式卫生间(图1-4)充分考虑了卫生间空间的多样组合或分隔,是指由工厂生产的楼地面、墙面(板)、吊顶和洁具设备及管线等集成并主要采用干式工法装配而成的卫生间,包括多器具的集成卫生间产品和仅有洗面、洗浴或便溺等单一功能模块的集成卫生间产品。

集成式厨房、集成式卫生间是装配式建筑装饰装修的重要组成部分,其设计应按照标准化、系列化原则,并符合干式工法施工的要求,在制作和加工阶段全部实现装配化。

图1-4　集成式卫生间

4. 装配式隔墙、吊顶和楼地面

装配式建筑应重点推广工厂生产的具有隔声、防火、防潮等性能,且满足空间功能和美学要求的集成部品,并采用干式工法装配而成的隔墙、吊顶和楼地面(图1-5)。

发展装配式隔墙、吊顶和楼地面部品技术,是我国装配化装修和内装产业化发展的主要内容。以轻钢龙骨石膏板体系的装配式隔墙、吊顶为例,其主要特点如下:采用干式工法,实现建造周期缩短60%以上;减少室内墙体占用面积,提高建筑的得房率;防火、保温、隔声、环保及安全性能全面提升;资源再生,利用率在90%以上;空间重新分割方便;健康环保性能提高,可有效调整湿度以增加舒适感。

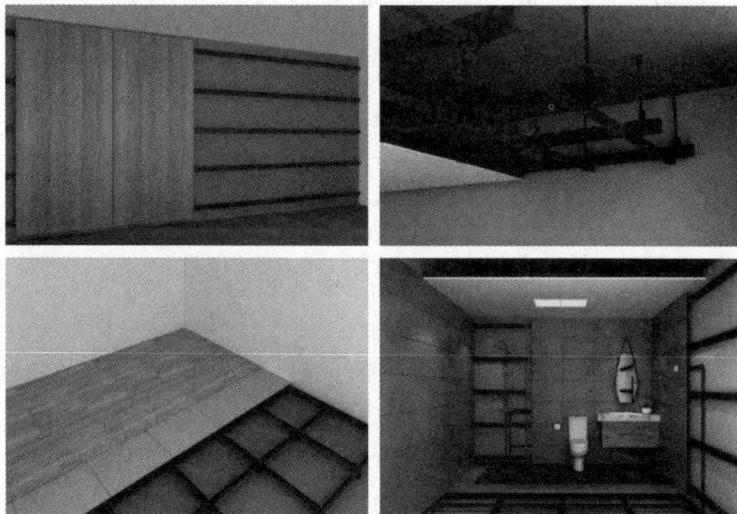

图1-5　干式工法装配而成的隔墙、吊顶和楼地面

5. 管线分离与 CSI 住宅体系

管线分离是指将设备与管线设置在结构系统之外的方式。

在传统的建筑设计与施工中,一般将室内装修用设备管线预埋在混凝土楼板和墙体等建筑结构系统中。在后期长时间的使用维护阶段,大量的建筑虽然结构系统仍可满足使用要求,但预埋在结构系统中的设备管线等早已老化无法改造更新,后期装修剔凿主体结构的问题大量出现,也极大地影响了建筑使用寿命。因此,装配式建筑鼓励采用设备管线与建筑结构系统分离的技术,使建筑具备结构耐久性、室内空间灵活性及可更新性等特点,同时兼备低能耗、高品质和长寿命的可持续建筑产品优势。

CSI 住宅是将住宅的支撑体部分和填充体部分相分离的住宅建筑体系,其中:

C 是 China 的缩写,表示基于中国国情和住宅建设及其部品发展现状而设定的相关要求。

S 是英文 Skeleton 的缩写,表示具有耐久性、公共性的住宅支撑体,是住宅中不允许住户随意变动的部分,包括建筑中承重结构、共用管道井及共用设备管线等。这些部件长期固定不可更换、维修,是共同利用的区域,要求达到百年以上的长期耐久性。

I 是英文 Infill 的缩写,表示具有灵活性、专有性的住宅内填充体,是住宅内住户在住宅全寿命周期内可以根据需要灵活改变的部分,包括非承重分户墙、生活空间及分离于承重构件的专用管线、设备家具、厨卫设施、内门窗、吊顶、楼地面架空层等。这些部品可通过增减来改造自有变换空间,属于个人利用区域。随着社会、科技及家庭的发展,户内装饰及设备可以随意改进(图 1-6).

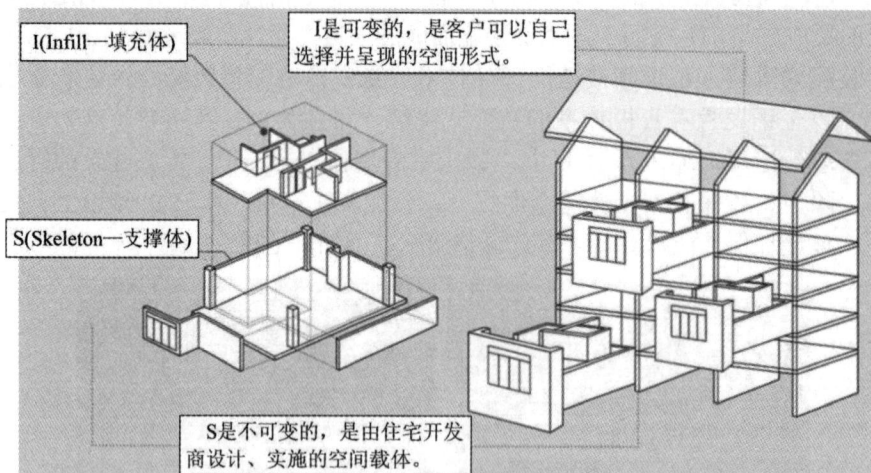

图 1-6　CSI 住宅组成

在传统混凝土结构的装修实践中,为了保护结构受力体系的正常工作,承重构件是不可以随意拆除和改变的。但随着科技的发展和室内居住需求的多元化发展,内装系统可能局限于埋置在承重构件或围护构件中的设备管线规格,从而限制了建筑居住功能的推进。我国的 CSI 住宅以实现住宅主体结构百年以上的耐久年限、厨卫居室均可变更和住户参与设计为长期目标,突破了传统建筑的局限性。但根据我国住宅建设的基本现状、标准规定和现行的一系列管理体制,距离这一目标的实现尚需一段时间,因而在目前 CSI 住宅发展的起步阶段,应本着脚踏实地的原则,立足于推进近期可实现的"普适型 CSI 住宅"建设,其核心特点包括：支撑体部分与填充体基本分离；卫生间实现同层排水和干式架空；部品模数化、集成化，套内接口标准化；室内布局具有部分可变更性；按耐久年限和权属关系划分部品群；强调住宅维修和维护管理体系等。

6. 同层排水

与传统的异层排水 (图 1-7) 不同，同层排水 (图 1-8) 是指在建筑排水系统中，器具排水管及排水支管不穿越本层结构楼板到下层空间，与卫生器具同层敷设并接入排水立管的排水方式。

图 1-7　异层排水

图 1-8　同层排水

装配式建筑宜采用同层排水设计，住宅建筑卫生间和经济型旅馆宜优先采用同层排水方式，并应结合房间净高、楼板跨度、设备管线等因素确定降板方案。这一技术从使用体验角度来看有明显的优势：

(1) 物业归属明确，房屋产权明晰。卫生间排水管路系统设置在本层业主家中，一旦出现渗漏现象或需要清理疏通的现象，可在本层套内解决问题，管道检修过程和疏通过程不必介入下层住户，相对传统的异层排水问题处理，彻底摆脱了上下层住户间的关联。另外，传统异层排水中的"楼上漏水、楼下遭殃"问题也在很大程度上可以避免，用水器具的排水支管一旦出现渗漏会留存在结构板以上，敦促本层住户积极解决问题。

(2) 防水细部构造减少，渗漏水可能性降低。卫生间结构楼板仅由排水立管穿越，不被用水器具的排水支管穿越，在防水构造中避免了大量的管根加强构造，也大大降低了渗漏水的概率，能有效地防止病菌的传播。同层排水不需要安装旧式的 P 型管道或是 S 型管道，所以在排出污水时会更通畅，发生管道堵塞的情况也较少。

(3) 卫生器具设置自由，满足个性化需求。排水支管布置在楼板上，可以解决卫生器具在结构楼板上预留排水管道孔洞的约束问题，满足卫生器具空间设置的个性化需求，布局更加灵活合理。

(4) 降低排水噪声，避免邻里打扰。设置在本层的排水支管被回填层或架空层覆盖后有较好的隔音效果，从而降低了排水噪音，尤其避免了异层排水时楼上用水器具一旦冲排水，楼下住户受到的噪声干扰的问题。

(5) 可不设吊顶，卫生间净高增加。同层排水没有用水器具支管穿越楼板结构，所以能在下层顶棚保持平整美观，无需做吊顶掩盖水管，减少了卫生死角，也增加了卫生间的净高。

但同层排水也存在一定的缺点，首先是这种新的排水方式会增加装修成本，比如回填层或架空层的构造施工费用会高于传统吊顶做法，并且在维修和疏通时需要破坏本层地面装饰层，而传统的异层排水疏通维修仅抠开吊顶面板即可进行，相对而言前者代价更大；其次，想要同时满足本层排水支管埋设和装修后卫生间楼面的标高要求，则需要用到大降板方案，于结构不利。这些问题是当前同层排水的瓶颈，但也在逐步解决中，比如，优化本层支管布置方案、提高材料质量和耐久性、利用墙体中的装饰层铺设用水器具的排水管，从而减少支管在楼面层中的设置等。

任务二　装配式结构分类

装配式建筑是一个系统工程，其建筑整体是各种部品部件的系统集成。装配式混凝土建筑、装配式钢结构建筑、装配式木结构建筑的结构承重材料不同，且根据不同的荷载传递路径，又可以分为框架结构、框架剪力墙结构和剪力墙结构等结构体系。不同的建筑类型有历史传承、也有新的发展，各类建筑的使用功能与性能仍在一步步完善。

装配式建筑分类

子任务一　装配式混凝土结构建筑

装配式混凝土结构是由预制混凝土构件通过可靠的连接方式装配而成的混凝土结构。全部由预制构件装配形成的混凝土结构，称作全装配式混凝土结构。由预制混凝土构件通过可靠的方式进行连接并与现场后浇混凝土、水泥基灌浆料形成整体的装配式混凝土结构，称作装配整体式混凝土结构。根据结构形式和预制方案，大致可将装配整体式混凝土结构分为装配整体式框架结构、装配整体式框架 - 现浇剪力墙结构、装配整体式剪力墙结构、预制叠合剪力墙结构等，并构成装配式混凝土结构体系。

目前我国应用最多的装配式混凝土结构体系是装配整体式混凝土剪力墙结构，装配整体式混凝土框架结构也有一定的应用，装配整体式混凝土框架 - 现浇剪力墙结构有少量应用。

一、装配整体式混凝土剪力墙结构

新型的装配式混凝土建筑发展是从装配式混凝土住宅开始的，其剪力墙结构无梁、柱外露，深受住宅用户的认可。近年来装配整体式混凝土剪力墙结构住宅在国内发展迅速，已经有大量工程实践。装配整体式混凝土剪力墙结构主要做法有以下四种。

1. 部分或全部预制剪力墙承重体系

部分或全部预制剪力墙承重体系通过竖缝节点区后浇混凝土和水平缝节点区后浇混凝土带或圈梁实现结构的整体连接。竖向受力钢筋采用套筒灌浆、浆锚搭接等连接技术进行连接。有保温要求的剪力墙外墙板一般采用预制夹心保温墙板，它由内叶墙板、夹心保温层、外叶墙板三部分组成，内叶墙板和外叶墙板之间通过拉结件联系，可实现外装修、保温、承重一体化（图 1-9）。

图 1-9　预制夹心保温外剪力墙板吊装

2. 双面叠合式剪力墙

双面叠合式剪力墙即将剪力墙从厚度方向划分为三层，内外两层预制，通过桁架钢筋连接，中间现浇混凝土（图 1-10），墙板竖向分布钢筋和水平分布钢筋通过附加钢筋实现间接搭接。

图 1-10　双面叠合式剪力墙

3. 预制剪力墙外墙模板

在工厂制作的具有外墙模板功能的预制构件，简称预制剪力墙外墙模板 (PCF，Precast Concrete Follow)。PCF 板由一定厚度的混凝土外叶墙保护层和一定厚度的保温层组成。即剪力墙由预制的混凝土外墙模板和现浇部分形成，其中预制外墙模板设桁架钢筋与现浇部分连接，仅后浇的内叶墙部分参与结构受力。该构件常用于预制夹心保温外墙板水平转角位置处的连接 (图 1-11)。

图 1-11　预制剪力墙外墙模板

4. 装配整体式剪力墙结构混凝土模块化集成建筑

装配整体式剪力墙结构混凝土模块化集成建筑利用"标准化＋工业化＋数字化＋智慧化＋绿色化"解决方案，将建筑拆分成模块在工厂内进行高标准的工业化预制，完成结构、暖通、水电、设备管线、卫浴设施等主要工序，通过运用智慧工地系统、工厂智能化系统、智慧运输调度系统、BIM 装配式编码体系与 BIM 进度管理系统完成现场装配。该建筑结构建造工期短、工业标准化程度高、固废排放少，是新型建筑工业化与智能建造有机融合的有效途径 (图 1-12)。

图 1-12　装配整体式剪力墙结构混凝土模块化集成建筑

二、装配整体式混凝土框架结构

框架结构是指由梁和柱构成承重体系的结构，即由梁和柱组成框架共同抵抗使用过程中出现的水平荷载和竖向荷载，结构中的墙体不承重，仅起到围护和分隔的作用。若整栋房屋均采用这种结构形式，则称为框架结构体系或框架结构房屋。框架的主要传力结构有板、梁、柱。全部或部分框架梁、柱采用预制构件构成的装配式混凝土结构，称作装配整体式混凝土框架结构，简称装配整体式框架结构 (图 1-13)。

图 1-13 装配整体式混凝土框架结构

装配整体式混凝土框架结构体系主要参考了日本和我国台湾地区的技术，柱竖向受力钢筋采用套筒灌浆技术进行连接，主要做法分为两种。

(1) 节点区域预制，或梁柱节点区域和周边部分构件一并预制。这种做法将框架结构施工中最为复杂的节点部分在工厂进行预制，避免了节点区各个方向钢筋交叉避让的问题，但要求构件精度较高，且预制构件尺寸比较大，运输比较困难。

(2) 梁、柱各自预制为线性构件，节点区域现浇。这种做法的预制构件非常规整，但节点区域钢筋相互交叉现象比较严重，这也是该做法需要考虑的最为关键的环节。该种做法目前应用较为广泛。

三、装配整体式混凝土框架 - 现浇剪力墙结构

装配整体式混凝土框架 - 现浇剪力墙结构体系以预制装配框架柱为主，并布置一定数

量的现浇剪力墙，通过水平刚度很大的楼盖将二者联系在一起共同抵抗水平荷载。这种结构形式称作装配整体式框架 - 现浇剪力墙结构。

装配整体式框架 - 现浇剪力墙结构特点是：在水平荷载作用下，框架与剪力墙通过楼盖形成框架 - 剪力墙结构时，各层楼盖因其巨大的水平刚度使框架与剪力墙的变形协调一致，因而其侧向变形介于弯曲型与剪切型之间 (图 1-14)。

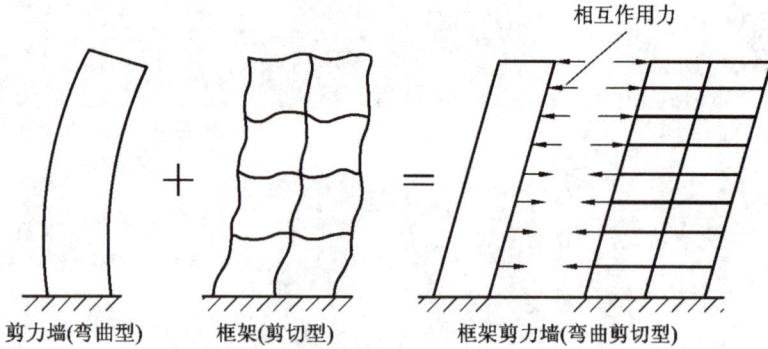

图 1-14　侧向力作用下框架剪力墙结构的侧向变形

四、外墙挂板体系

外墙挂板体系 (图 1-15) 有多种类型，包括梁式外挂板、柱式外挂板和墙式外挂板。它们之间的区别主要在于挂板在建筑中安装的位置不同，因此设计计算和连接节点也不同。

图 1-15　外墙挂板体系

外墙挂板按构件构造可分为钢筋混凝土外墙挂板、预应力混凝土外墙挂板两种形式，按与主体结构连接节点构造的不同可分为点支承连接、线支承连接两种形式，按保温形式可分为无保温、外保温、夹心保温等三种形式，按建筑外墙功能定位可分为围护墙板和装饰墙板等。

五、装配式部分框支剪力墙结构

由于剪力墙结构的平面局限性，有时将墙的下部做成框架，形成框支剪力墙 (图 1-16)，框支层的空间加大，扩大了使用功能。将底部一层或多层做成部分框支剪力墙和部分落地剪力墙的结构形式，称为部分框支剪力墙结构。转换层以上的全部或部分剪力墙采用预制墙板，称为装配整体式部分框支剪力墙结构。该结构可应用于底部带商业的多高层公寓住宅、旅店等。

图 1-16 框支剪力墙结构

子任务二 钢结构建筑

钢结构是主要由钢制材料组成的结构，是主要的建筑结构类型之一。钢结构主要由型钢和钢板等制成的钢梁、钢柱等构件组成，各构件或部件之间通常采用焊缝、螺栓连接。由于其强重比较大且施工简便，因此广泛应用于大型厂房、场馆、超高层等领域。钢结构建筑是建筑工业化最好的诠释，是目前最为安全、可靠的装配式建筑。

钢结构建筑的常见结构形式种类繁多，主要有多高层钢结构、大跨度钢结构、门式钢架轻型房屋钢结构和低层冷弯薄壁型钢结构等，本节以前三种结构为例进行介绍。

一、多高层钢结构

多高层钢结构分为以下三种。

(1) 钢框架结构 (图 1-17)：采用钢梁和钢柱形成框架作为抗侧力体系的结构形式。钢框架结构基本的组成构件是钢柱、钢梁、混凝土板等。一般情况下，楼盖采用叠合楼板。

图 1-17 钢框架结构

(2) 钢框架 - 支撑结构 (图 1-18)：由钢框架及钢支撑作为抗侧力体系的结构形式。钢

框架 - 支撑结构基本的组成构件为钢柱、钢梁、钢支撑、混凝土板等。一般情况下，楼盖采用叠合楼板。

图 1-18　钢框架 - 支撑结构

(3) 钢框架 - 剪力墙结构 (图 1-19)：由钢框架及钢板剪力墙作为抗侧力体系的结构形式。钢框架 - 剪力墙结构基本的组成构件为钢柱、钢梁、钢板剪力墙、混凝土板等。一般情况下，楼盖采用叠合楼板。

图 1-19　钢框架 - 剪力墙结构

二、大跨度钢结构

大跨度钢结构主要是指空间钢结构体系。空间钢结构常见的结构形式主要有网架结构 (图 1-20)、网壳结构 (图 1-21)、悬索结构 (图 1-22)、膜结构 (图 1-23) 等。

图 1-20　网架结构

图 1-21　网壳结构 (采用双层空腹椭球壳的国家大剧院)

图 1-22　悬索结构 (石家庄国际会展中心内部结构)　　　　图 1-23　膜结构

三、门式钢架轻型房屋钢结构

门式钢架轻型房屋钢结构 (图 1-24) 主要由门式钢架、屋盖体系、屋面支撑体系和柱间支撑体系等组成。门式钢架结构横向抗侧力体系为钢梁及钢柱组成的门式刚架，纵向侧力体系为柱间支撑体系。根据跨度、高度和荷载的不同，门式钢架的梁、柱均可采用变截面或等截面的实腹式焊接工字钢或轧制 H 型钢。屋面为轻型屋面，可采用双坡或单坡排水。轻型门式钢架结构特点为：重量轻、强度高；工业化程度高，施工周期短；结构布置灵活，综合经济效益高；可回收再利用，符合可持续发展要求。

图 1-24　门式钢架轻型房屋钢结构

子任务三　木结构建筑

木结构建筑是用木材组成的建筑。木材是一种取材容易、加工简便的结构材料。木结构自重较轻，抗震性能好；木构件便于运输、装拆，能多次使用，在古代被广泛地用于房屋建筑中，也是天然的装配式建筑形式。中国建筑源远流长，有深厚的历史文化底蕴，留下了大量的木结构建筑 (图 1-25)。我国形成了以榫卯技术为特点的木结构框架体系，如悬臂梁结构、拱结构，从皇家宫殿、宗教寺庙到民居民宅形成了完整的建筑特点及结构技术体系。

现代木结构建筑按构件材料类型和结构形式的不同，可分为轻型木结构、梁柱结构、原木结构和混合结构几种类型。

图 1-25 木结构 (五台山南禅寺)

一、轻型木结构

轻型木结构是指主要采用规格材及木基结构板或石膏板制作的木构架墙体、木楼盖和木屋盖系统构成的单层或多层建筑结构体系。轻木房屋大多采用夹心墙，内部填充岩棉或玻璃纤维棉，隔音隔热效果优于传统的砖混砌体结构。构件之间的连接可采用钉连接、螺栓连接、齿槽连接或专用金属件连接等。利用轻型木结构可建造住宅建筑、商业建筑、学校等。

二、梁柱结构

梁柱结构是指承重构件主要采用层板胶合木构件制作的单层或多层建筑结构。房屋墙体可以采用轻型木结构、玻璃幕墙、砌体墙以及其他结构形式。构件之间主要通过螺栓、销钉以及各种金属件连接。梁柱结构多用于单层工业建筑和具有多种使用功能的体育场馆、展览建筑的建造。

三、原木结构

原木结构是指承重构件主要采用规格及形状统一的方木、圆木或胶合木叠合制作，形成的集承重结构与围护体系于一体的单层或多层建筑结构。其承重墙基本上用一根根经过工厂加工过的实木堆砌起来，既能保持传统木结构优势，有优良的气密、水密、保温、保湿、隔声、阻燃等性能，又能调节室内湿度，适用于住宅、度假村、医院、疗养院、养老院等建筑类型。

四、混合结构

混合结构是指由木结构和其他材料 (如钢、钢筋混凝土或砌体等) 构件共同组成的受力结构体系。木结构与钢筋混凝土结构可通过预埋在混凝土中的螺栓和抗拔连接件连接，实现结构中轴力、剪力和弯矩的传递。首层使用钢筋混凝土结构或砌体结构，可获得较强的承载力和隔湿防潮作用。混合结构能充分发挥各类材料的优势，实现更强的实用性。

思政小课堂

装配式木结构在我国拥有悠久历史

在世界建筑史上，我国古代木结构建筑有自己的独特风格，以各种柱梁、枋、拱、挑斡、阑额等构件，通过巧妙的榫卯，组成不同样式的骨架并构成丰富多彩的优美外形，驰名于世界。

保国寺（图 1-26）始建于东汉时期，初名灵山寺，它是长江以南的第一木构建筑，是宋代《营造法式》的活化石。保国寺并不是以其宗教寺庙著名，而是以其精湛绝伦的建筑工艺闻名于世的。

图 1-26　保国寺及其内部斗拱

保国寺有着复杂的斗拱结构（图 1-27），与《营造法式》的用材规定吻合。更为厉害的地方在于，斗拱用材断面高宽比为 3∶2，这个比例兼顾了构件的刚性、强度和出材率等问题，达到了最理想的受力效果和最高出材率的经济适用性。

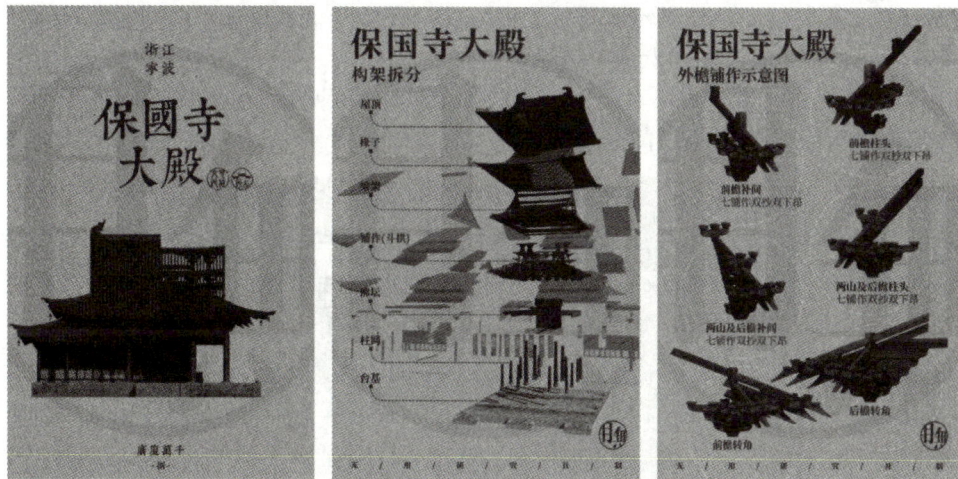

图 1-27　保国寺构架拆分及外檐铺作示意图

保国寺是《营造法式》编纂时参考的建筑之一。学习古建筑屋顶的构件，了解其名称、内涵及作用，可以感受中国传统建筑中体现出的智慧和技艺。了解古建筑巨作《营造法式》，学习选材用材、断面比例关系、下昂与榫卯要求、构件结构关系与安装过程等，可以更好地传承中华建筑文化。

能力提升实训项目

保国寺檐角斗拱装配

实训目标：结合VR技术，读懂古代匠人对房屋构造的求索，触摸千年前古人的匠心与巧思，完成其正门檐角的斗拱装配。

1.认识各构件名称

不同构件的名称与介绍如下。

(1)栌斗，是立于柱头或阑额上的斗，乃斗栱最底层的构件，承载了整座斗栱的全部重量。故而栌斗的体型最壮实，其大小相当于八个齐心斗。栌斗为十字开口，华栱与泥道栱相交卧于其上。

(2)泥道栱，由于古建筑的栱眼壁常用土坯封闭，其表面用灰泥抹平，故名"泥道栱"。泥道栱是斗栱最底端的横栱，与华栱相交，安于栌斗口内。

(3)华栱，与墙面垂直，向内外出跳，与栌斗一样，是斗栱中起承重作用的主干构件，因此柱头上的华栱用的是足材，用料厚实，且开的卯口向下，口开得也较浅。补间铺作的华栱因受力强度小，用单材即可，体型相对较小。

(4)令栱，用于斗栱中位于最里或最外跳的上层跳头之上，通常承托檐下枋，有耍头的情况下与耍头相交。

(5)交互斗，位于向外出跳的栱和昂之上，通常为十字开口，上承十字交叉的栱、昂。

(6)昂，主要作用是调整檐的高度，古代木结构房屋中一般有较深的檐，是为保护木结构本身和夯筑的土墙，所以建筑的高度增加，出檐也要随之增加。建筑的出檐加深，那么檐下的斗栱的出跳级数必然要增加。因此，如果要达到各方面的比例协调，在不改变不便调整的建筑高度和出檐深度的情况下，自然是改变斗栱的构件形式，这时就出现了昂。昂就是弥补斗栱出跳多而不增加建筑高度的方法。

(7)耍头，最上一层栱或昂之上，与令栱相交而向外伸出如蚂蚱头状的部分。木结构屋顶的各典型构件示意图如图1-28所示。

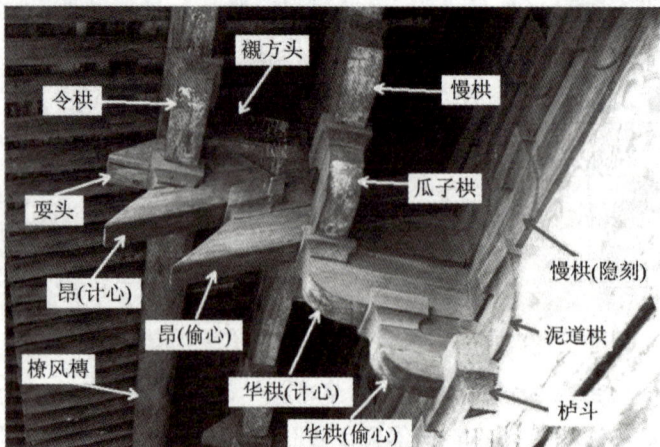

图1-28　木结构屋顶各典型构件示意图

2. 完成各构件安装

实训操作过程如下。

拾取栌斗、校准栌斗位置、放置栌斗；拾取华栱、校准华栱位置、放置华栱；拾取泥道栱、校准泥道栱位置、放置泥道栱；拾取华栱、校准华栱位置、放置华栱；拾取令栱、校准令栱位置、放置令栱；拾取泥道栱、校准泥道栱位置、放置泥道栱；拾取令栱、校准令栱位置、放置令栱；拾取令栱、校准令栱位置、放置令栱；拾取昂、校准昂位置、放置昂；拾取交互斗、校准交互斗位置、放置交互斗；拾取令栱、校准令栱位置、放置令栱；拾取昂、校准昂位置、放置昂；拾取令栱、校准令栱位置、放置令栱；拾取耍头、校准耍头位置、放置耍头。

任务三　装配式建筑评价标准

当前，我国的装配式建筑已经进入快速发展阶段，在保证装配式建筑健康发展目标的同时，要遵循适合我国国情的装配式建筑评价体系，对其进行科学、统一、规范的评价。《装配式建筑评价标准》是由中华人民共和国住房和城乡建设部发布的国家标准，编号为 GB/T 51129—2017，自 2018 年 2 月 1 日起实施。按照"立足当前实际，面向未来发展，简化评价操作"的原则，该标准从建筑系统及建筑的基本性能、使用功能等方面提出装配式建筑评价方法和指标体系。评价内容和方法结合当前工程建设整体发展水平，并兼顾远期发展目标，具有科学性、先进性、系统性、导向性和可操作性。

装配式建筑
评价标准

现阶段装配式建筑发展的重点推进方向有三个：一是主体结构由预制部品部件的应用向建筑各系统集成转变；二是装饰装修与主体结构的一体化发展，推广全装修，鼓励装配化装修方式；三是部品部件的标准化应用和产品集成。

装配式建筑评价标准的评价对象包括居住建筑和公共建筑，尤其是公共建筑，建设总量较大，标准化程度较高，更适宜装配式建造。对装配式建筑的装配化程度和水平进行评价，要了解其主要部品部件的类型及国家法律法规和有关标准的预制方式、预制程度、评价方法。

一、民用建筑装配化程度评价基本规定

装配率计算和装配式建筑等级评价应以单体建筑作为计算和评价单元，并应符合下列规定。

(1) 单体建筑应按项目规划批准文件的建筑编号确认。

(2) 建筑由主楼和裙房组成时，主楼和裙房可按不同的单体建筑进行计算和评价。

(3) 单体建筑的层数不大于 3 层，且地上建筑面积不超过 500 m^2 时，可由多个单体建筑组成建筑组团作为计算和评价单元。

装配式建筑应同时满足下列要求。

(1) 主体结构部分的评价分值不低于 20 分。

(2) 围护墙和内隔墙部分的评价分值不低于 10 分。

(3) 采用全装修。

(4) 装配率不低于 50%。

装配式建筑宜采用装配化装修。

二、装配率计算方法

（一）装配率计算

装配率应根据表 1-1 中的评价项得分值，按下式计算：

$$P = \frac{Q_1 + Q_2 + Q_3}{100 - Q_4} \times 100\% \tag{1-1}$$

式中：P——装配率；

　　　Q_1——主体结构指标实际得分值；

　　　Q_2——围护墙和内隔墙指标实际得分值；

　　　Q_3——装修和设备管线指标实际得分值；

　　　Q_4——评价项目中缺少的评价项分值总和。

表 1-1　装配式建筑评分表

评价项		评价要求	评价分值	最低分值
主体结构 （50 分）	柱、支撑、承重墙、延性墙板等竖向构件	35%≤比例≤80%	20～30*	20
	梁、板、楼梯、阳台、空调板等构件	70%≤比例≤80%	10～20*	
围护墙和内隔墙 （20 分）	非承重围护墙非砌筑	比例≥50%	5	10
	围护墙与保温、隔热、装饰一体化	50%≤比例≤80%	2～5*	
	内隔墙非砌筑	比例≥50%	5	
	内隔墙与管线、装修一体化	50%≤比例≤80%	2～5*	
装修和设备管线 （30 分）	全装修	—	6	6
	干式工法楼面、地面	比例≥70%	6	—
	集成厨房	70%≤比例≤90%	3～6*	
	集成卫生间	70%≤比例≤90%	3～6*	
	管线分离	50%≤比例≤70%	4～6*	

注：表中带"*"项的分值采用"内插法"计算，计算结果取小数点后 1 位。

评价项目的装配率计算结果应按照四舍五入法取整数。若计算过程中，评价项目缺少表 1-1 中对应的某建筑功能评价项（例如，公共建筑中没有设置厨房），则该评价项分值计入装配率计算公式的 Q_4 中。部分评价项目在评价要求部分只列出了比例范围，在工程评价过程中，如果实际计算的评价比例小于比例范围中的最小值，则评价分值取 0 分；如果实际计算的评价比例大于比例范围中的最大值，则评价分值取比例范围中最大值对应的评价分值。例如：当楼（屋）盖构件中预制部品部件的应用比例小于 70% 时，该项评价分值为 0 分；当应用比例大于 80% 时，该项评价分值为 20 分。由表 1-1 可知，装配式钢结构建筑、装配式木结构建筑主体结构竖向构件评价项得分可为满分 30 分。

（二）柱、支撑、承重墙、延性墙板等主体结构竖向构件应用比例计算

柱、支撑、承重墙、延性墙板等主体结构竖向构件主要采用混凝土材料时，预制部品部件的应用比例应按式 (1-2) 计算：

$$q_{1a} = \frac{V_{1a}}{V} \times 100\% \tag{1-2}$$

式中：q_{1a}——柱、支撑、承重墙、延性墙板等主体结构竖向构件中预制部品部件的应用比例；

V_{1a}——柱、支撑、承重墙、延性墙板等主体结构竖向构件中预制部品部件中预制混凝土体积之和；

V——柱、支撑、承重墙、延性墙板等主体结构竖向构件混凝土总体积。

当符合下列规定时，主体结构竖向构件间连接部分的后浇混凝土可计入预制混凝土体积计算：

(1) 预制剪力墙墙板之间宽度不大于 600 mm 的竖向现浇段和高度不大于 300 mm 的水平后浇带、圈梁的后浇混凝土体积。

(2) 预制框架柱框架梁之间柱梁节点的后浇混凝土体积。

(3) 预制柱间高度不大于柱截面较小尺寸的连接区后浇混凝土体积。

（三）梁、板、楼梯、阳台、空调板等构件应用比例计算

梁、板、楼梯、阳台、空调板等构件中预制部品部件的应用比例应按式 (1-3) 计算：

$$q_{1b} = \frac{A_{1b}}{A} \times 100\% \tag{1-3}$$

式中：q_{1b}——梁、板、楼梯、阳台、空调板等构件中预制部品部件的应用比例；

A_{1b}——各楼层中预制装配梁、板、楼梯、阳台、空调板等构件的水平投影面积之和；

A——各楼层建筑平面总面积。

预制装配式楼板、屋面板的水平投影面积可包括：

(1) 预制装配式叠合楼板、屋面板的水平投影面积。

(2) 预制构件间宽度不大于 300 mm 的后浇混凝土带水平投影面积。

(3) 金属楼承板和屋面板、木楼盖和屋盖及其他在施工现场免支模的楼盖和屋盖的水平投影面积。

（四）非承重围护墙中非砌筑墙体应用比例

非承重围护墙中非砌筑墙体应用比例应按式 (1-4) 计算：

$$q_{2a} = \frac{A_{2a}}{A_{w1}} \times 100\% \tag{1-4}$$

式中：q_{2a}——非承重围护墙中非砌筑墙体的应用比例；

A_{2a}——各楼层非承重围护墙中非砌筑墙体的外表面积之和，计算时可不扣除门、窗及预留洞口等的面积；

A_{w1}——各楼层非承重围护墙外表面总面积，计算时可不扣除门、窗及预留洞口等的面积。

新型建筑围护墙体的应用对提高建筑质量和品质、改变建造模式等都具有重要意义，积极引导和逐步推广新型建筑围护墙体也是装配式建筑的重点工作。非砌筑是新型建筑围护墙体的共同特征之一。非砌筑类型墙体包括各种中大型板材、幕墙、木骨架或轻钢骨架复合墙体等，应满足工厂生产、现场安装、以"干法"施工为主的要求。

（五）围护墙采用墙体、保温、隔热、装饰一体化的应用比例

围护墙采用墙体、保温、隔热、装饰一体化的应用比例应按式 (1-5) 计算：

$$q_{2b} = \frac{A_{2b}}{A_{w2}} \times 100\% \tag{1-5}$$

式中：q_{2b}——围护墙采用墙体、保温、隔热、装饰一体化的应用比例；

A_{2b}——各楼层围护墙采用墙体、保温、隔热、装饰一体化的墙面外表面积之和，计算时可不扣除门、窗及预留洞口等的面积；

A_{w2}——各楼层围护墙外表面总面积，计算时可不扣除门、窗及预留洞口等的面积。

围护墙采用墙体、保温、隔热、装饰一体化强调的是"集成性"，通过集成，满足结构、保温、隔热、装饰要求，同时还强调了从设计阶段就需进行一体化集成设计，实现多功能一体的"围护墙系统"。

（六）内隔墙中非砌筑墙体的应用比例

内隔墙中非砌筑墙体的应用比例应按式 (1-6) 计算：

$$q_{2c} = \frac{A_{2c}}{A_{w3}} \times 100\% \tag{1-6}$$

式中：q_{2c}——内隔墙中非砌筑墙体的应用比例；

A_{2c}——各楼层内隔墙中非砌筑墙体的墙面面积之和，计算时可不扣除门、窗及预留洞口等的面积；

A_{w3}——各楼层内隔墙墙面总面积，计算时可不扣除门、窗及预留洞口等的面积。

（七）内隔墙采用墙体、管线、装修一体化的应用比例

内隔墙采用墙体、管线、装修一体化的应用比例应按式 (1-7) 计算：

$$q_{2d} = \frac{A_{2d}}{A_{w3}} \times 100\% \tag{1-7}$$

式中：q_{2d}——内隔墙采用墙体、管线、装修一体化的应用比例；

A_{2d}——各楼层内隔墙采用墙体、管线、装修一体化的墙面面积之和，计算时可不扣除门、窗及预留洞口等的面积。

内隔墙采用墙体、管线、装修一体化强调的是"集成性"。内隔墙从设计阶段就需进行一体化集成设计，在管线综合设计的基础上，实现墙体与管线的集成以及土建与装修的一体化，从而形成"内隔墙系统"。

（八）干式工法楼面、地面的应用比例

干式工法楼面、地面的应用比例应按式 (1-8) 计算：

$$q_{3a} = \frac{A_{3a}}{A} \times 100\% \qquad (1-8)$$

式中：q_{3a}——干式工法楼面、地面的应用比例；

A_{3a}——各楼层采用干式工法楼面、地面的水平投影面积之和。

（九）集成厨房干式工法应用比例

集成厨房的橱柜和厨房设备等应全部安装到位。墙面、顶面和地面中干式工法的应用比例应按式 (1-9) 计算：

$$q_{3b} = \frac{A_{3b}}{A_k} \times 100\% \qquad (1-9)$$

式中：q_{3b}——集成厨房干式工法的应用比例；

A_{3b}——各楼层厨房墙面、顶面和地面采用干式工法的面积之和；

A_k——各楼层厨房的墙面、顶面和地面的总面积。

（十）集成卫生间干式工法应用比例

集成卫生间的洁具设备等应全部安装到位。墙面、顶面和地面中干式工法的应用比例应按式 (1-10) 计算：

$$q_{3c} = \frac{A_{3c}}{A_b} \times 100\% \qquad (1-10)$$

式中：q_{3c}——集成卫生间干式工法的应用比例；

A_{3c}——各楼层卫生间墙面、顶面和地面采用干式工法的面积之和；

A_b——各楼层卫生间墙面、顶面和地面的总面积。

（十一）管线分离比例

管线分离比例应按式 (1-11) 计算：

$$q_{3d} = \frac{L_{3d}}{L} \times 100\% \qquad (1-11)$$

式中：q_{3d}——管线分离比例；

L_{3d}——各楼层管线分离的长度，包括裸露于室内空间以及敷设在地面架空层、非承重墙体空腔和吊顶内的电气、给水排水和采暖管线长度之和；

L——各楼层电气、给水排水和采暖管线的总长度。

考虑到工程实际需要，纳入管线分离比例计算的管线专业包括电气（强电、弱电、通信等）、给水排水和采暖等专业。对于裸露于室内空间以及敷设在地面架空层、非承重墙体空腔和吊顶内的管线应认定为管线分离；而对于埋置在结构构件内部（不含横穿）或敷设在湿作业地面垫层内的管线应认定为管线未分离。

三、评价等级划分

当评价项目满足本任务中对装配式建筑的四点基本要求且主体结构竖向构件中预制部品部件的应用比例不低于 35% 时，可进行装配式建筑等级评价。

装配式建筑评价等级应划分为 A 级、AA 级、AAA 级，并应符合下列规定。

(1) 装配率达到 60%～75% 时，评价为 A 级装配式建筑。

(2) 装配率达到 76%～90% 时，评价为 AA 级装配式建筑。

(3) 装配率达到 91% 及以上时，评价为 AAA 级装配式建筑。

本节介绍的装配式建筑评价标准，适用于民用建筑的装配化程度评价，工业建筑的装配化程度评价可参照执行。这里提到的民用建筑，包括居住建筑和公共建筑。装配式建筑评价除符合本节介绍的标准外，还应符合国家现行有关标准的规定。

课 后 习 题

一、填空题

1. 装配式混凝土建筑应遵循 _____、_____ 的可持续性原则，满足 _____ 设计、_____ 生产、_____ 施工、_____ 装修、_____ 管理和 _____ 应用等全产业链工业化生产的需求。

2. 装配式建筑强调集成设计，突出在设计的过程中，应将 _____ 系统、_____ 系统、_____ 系统以及 _____ 系统进行综合考虑，一体化设计。

3. 装配式建筑根据主体结构的材料不同，可分为 _____、_____、_____ 建筑。

4. 钢结构建筑的常见结构形式有 _____、_____、_____、_____。

5. 现代木结构建筑按构件材料类型和结构形式的不同可分为 _____、_____、_____ 和 _____ 几种类型。

二、问答题

1. 采用装配式装修的设计建造方式有哪些优势？

2. 何为 CSI 住宅体系？

3. 装配式建筑采用同层排水设计的优点有哪些？

4. 何为全装配式混凝土结构？何为装配整体式混凝土结构？

5. 什么是装配率？

三、计算题

1. 某民用建筑工程项目根据《装配式建筑评价标准》(GBT 51129—2017) 的评分表计算可得：主体结构指标实际得分值为 45 分；围护墙和内隔墙指标实际得分值为 17 分；装修与设备管线指标实际得分值为 16 分，采用全装修；Q_4 评价项目中缺少的评价项分值总和为 0 分。请计算装配率 P。

2. 该工程能否认定为装配式建筑？

3. 假设主体结构竖向构件中预制部品部件应用比率为 70%，请进行装配式建筑等级评价。

模块 2 | 装配式混凝土构件与连接构造

知识目标

- 掌握规范中常见的装配式混凝土结构现浇节点连接构造要求。
- 掌握预制混凝土构件的各部分组成。
- 了解预制混凝土构件的构造要求。
- 了解预制混凝土构件的制作工序。

能力目标

- 能够拆分装配式混凝土结构构件。
- 能够设计装配式混凝土结构构件的节点构造。

素质目标

- 具有拓展思维、创新发展的能力，会查阅规范、标准、图集中的构造要求，并能结合实际工程应用进行反馈，推动现有技术资料的完善与优化。

任务一　认识混凝土预制构件

装配式混凝土结构建筑的基本预制构件，按照组成建筑的构件位置、特征和性能划分如表 2-1 所示。各种预制构件根据工艺特征的不同，还可以进一步细分。

表 2-1　典型预制构件分类

构件位置	构件特征	构件性能
典型水平预制构件	预制楼板	预制实心板、预制空心板、预制叠合板
	预制梁	全预制梁、预制叠合梁
	预制阳台板	全预制阳台板、预制叠合阳台板
	预制楼梯	预制楼梯段、预制休息平台
	其他水平预制构件	预制空调板等
典型竖向预制构件	预制柱	预制实心柱、预制空心柱
	预制墙板	预制实心剪力墙、预制空心墙、预制夹心保温外剪力墙、预制叠合式剪力墙、预制非承重墙
	其他竖向预制构件	预制飘窗、预制带飘窗外墙、预制转角外墙模、预制整体厨房卫生间

以典型的剪力墙结构住宅为例，组成建筑整体的典型预制构件如图 2-1 所示。

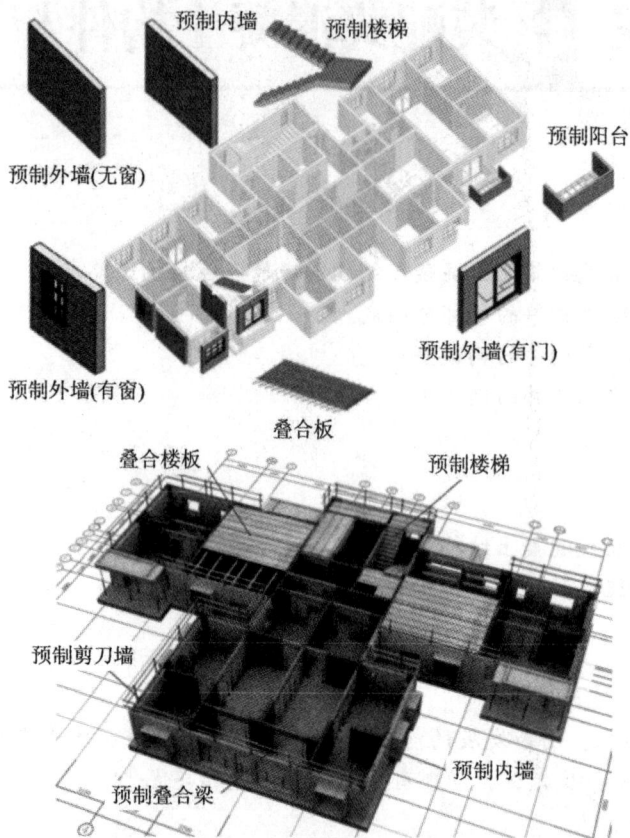

预制内墙　预制楼梯

预制外墙(无窗)

预制阳台

预制外墙(有门)

预制外墙(有窗)

叠合板

叠合楼板　预制楼梯

预制剪刀墙

预制内墙

预制叠合梁

图 2-1　剪力墙结构典型预制构件拆分

以典型的预制混凝土框架结构为例，组成建筑整体的典型预制构件如图 2-2 所示。

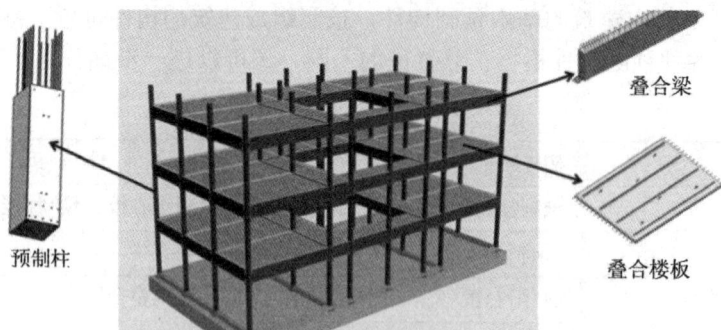

叠合梁

预制柱

叠合楼板

图 2-2　框架结构典型预制构件拆分

子任务一　预制混凝土水平构件

预制混凝土水平构件有以下几种。

1. 预制叠合板

预制叠合板通常由上、下两层叠加而成。下层采用预制混凝土底板，上层采用后浇混凝土形成的整体受弯楼板。预制混凝土底板是在工厂或现场预先制作的混凝土板，用作叠合板的底板，简称预制底板，根据其支撑与受力情况的不同可分为双向板 (图 2-3) 和单向板 (图 2-4)。

图 2-3 预制叠合板 (双向板)

图 2-4 预制叠合板的安装 (单向板)

2. 预制叠合梁

在装配整体式混凝土结构中，常将梁做成下部预制，在安装完预制梁及其上部预制板后，再现浇上部混凝土形成整体，这部分在前期预制的梁称为预制叠合梁 (图 2-5)。梁下部和腰部的纵筋设置于预制构件中，上部纵筋在后浇混凝土浇筑前现场安装并锚固于节点。箍筋可根据设计要求，设置为封闭箍筋 (图 2-6)，也可设置为开口箍筋 (图 2-7)。

图 2-5 预制叠合梁安装

图 2-6 预制叠合梁 (封闭箍筋)

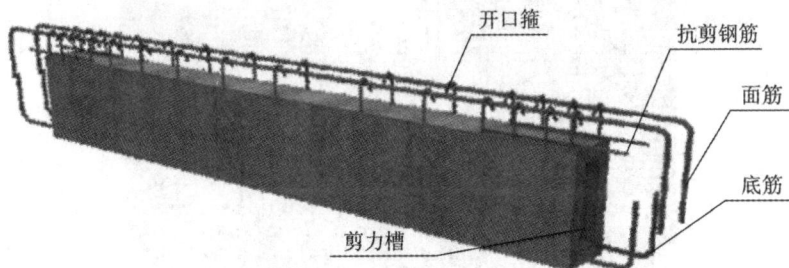

图 2-7 预制叠合梁 (开口箍筋 + 后期组合式封闭箍筋)

3. 预制楼梯

预制混凝土楼梯是由工厂制作的在两个平台之间的若干连续踏步或由若干连续踏步和平板组合的混凝土构件，简称预制楼梯，包括板式楼梯和梁板式楼梯两种。因板式楼梯的梯段板底部平整，更适合工业化生产，因此较常采用。预制楼梯在构件厂的生产方式主

要有立式生产 (图 2-8) 与卧式生产 (图 2-9) 两种。因预制楼梯的表面观感好，安装后 (图 2-10) 在楼梯保护措施到位的情况下，楼梯表面不再需要进行装修面处理即可使用，应用较广。

图 2-8 预制梯段生产与存放 (立式)

图 2-9 预制梯段生产与存放 (卧式)

图 2-10 预制楼梯吊装安装

4. 预制阳台

预制混凝土阳台是指在工厂或现场预先制作好的阳台构件，可分为全预制板式阳台 (图 2-11) 和叠合板式阳台 (图 2-12)。预制阳台通过其与主体结构连接侧设置的外伸钢筋，或其上部设置的后浇区钢筋进行安装后的连接 (图 2-13)。

图 2-11　全预制板式阳台

图 2-12　叠合板式阳台

图 2-13　预制阳台安装

5. 预制空调板

预制空调板是采用工厂浇筑混凝土预制的空调板，常在连接主体结构的位置预留外伸钢筋，设置吊点及加强钢筋、预埋件和水电管线预留口，板结合面应做成粗糙面 (图 2-14)。

图 2-14　预制空调板

子任务二　预制混凝土竖向构件

预制混凝土竖向构件分为以下几种。

1. 预制柱

预制柱是采用工厂浇筑混凝土预制的柱子 (图 2-15)，通常为框架结构中的框架柱。预制柱常用套筒灌浆技术完成竖向钢筋连接，在柱子底部预埋有灌浆套筒，柱子顶部有外伸钢筋，结合面做成粗糙面或键槽。

图 2-15   预制柱及其安装支撑

2. 预制夹心保温外墙板

预制夹心保温外墙板 (图 2-16) 具有结构、保温、装饰一体化的特点，根据其在结构中的作用，可以分为承重墙板和非承重墙板两类。当其作为承重墙板时，与其他结构构件共同承担垂直力和水平力；当其作为非承重墙板时，仅作为外围护墙体使用。

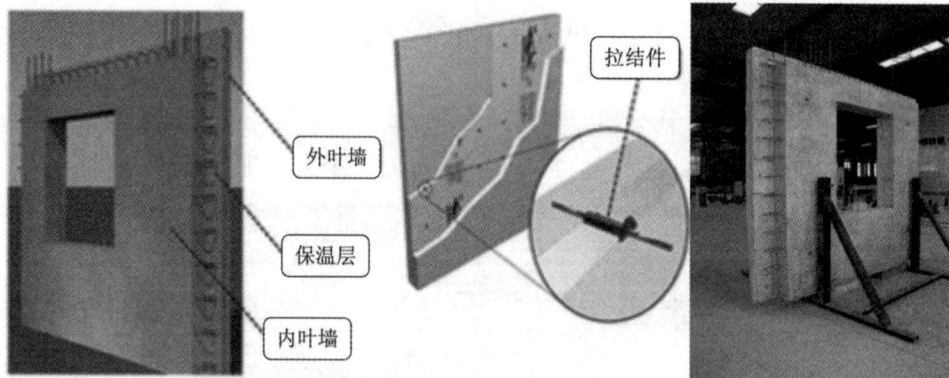

图 2-16   预制夹心保温外墙板

预制夹心外墙板根据其内、外叶墙板间的连接构造，又可以分为组合墙板和非组合墙板。组合墙板的内、外叶墙板可通过拉结件的连接共同工作；非组合墙板的内、外叶墙板不共同受力，外叶墙板仅作为荷载，通过拉结件作用在内叶墙板上。在实际工程中，通常采用非组合式墙板。当作为承重墙时，内叶墙板的要求与普通剪力墙板的要求相同。

3. 预制内剪力墙

预制内剪力墙是指在工厂或现场预先用钢筋混凝土制作的剪力墙，在房屋或构筑物中主要承受风荷载或地震作用引起的水平荷载和竖向荷载 (图 2-17)。

图 2-17　预制内剪力墙及其吊装

4. 预制带飘窗外墙

预制带飘窗外墙是指用钢筋混凝土浇筑而成的外墙及飘窗一体化预制构件，一般由结构层、保温层、外叶层、飘窗板四部分组成。预制带飘窗外墙减少了门窗洞口渗漏，提高了装配化施工效率 (图 2-18)。

图 2-18　预制带飘窗外墙及其吊装

5. 预制整体卫生间

预制整体卫生间通常是指将结构体、装饰层 (如地面、吊顶、墙面和洁具设备) 及管线等通过设计集成、工厂生产，最后在工地主要采用整体装配完成连接的卫生间 (图 2-19)。

图 2-19　预制整体卫生间

任务二　装配式混凝土结构楼盖设计

装配整体式混凝土结构的楼盖宜采用叠合楼盖。叠合楼盖包括桁架钢筋混凝土叠合板、预制平板底板混凝土叠合板、预制带肋底板混凝土叠合板、叠合空心楼板等。

但是在高层装配整体式混凝土结构中，楼盖的设计在某些特殊部位宜采用现浇来达到结构的整体性。宜用现浇的部位有以下几种。

(1) 当设置地下室时，宜采用现浇混凝土。

(2) 剪力墙结构和部分框支剪力墙结构底部加强部位宜采用现浇混凝土。

(3) 框架结构的首层柱宜采用现浇混凝土，顶层采用现浇楼盖结构。

(4) 带转换层的装配整体式结构，当采用部分框支剪力墙结构时，底部框支层不宜超过2层，且框支层及相邻上一层应采用现浇结构；部分框支剪力墙以外的结构中，转换梁、转换柱宜现浇。这些位置的结构整体性及传递水平力的要求较高，宜采用现浇楼盖来保证其性能的正常发挥。

当采用叠合楼盖时，楼板的后浇混凝土叠合层厚度不应小于100 mm，且后浇层内应采用双向通长配筋，钢筋直径不宜小于8 mm，间距不宜大于200 mm。当顶层楼板采用叠合楼板时，为增强顶层楼板的整体性，需提高后浇混凝土叠合层的厚度和配筋要求，同时叠合楼板应设置桁架钢筋。

一、叠合板设计要求

叠合板的设计应该在满足《混凝土结构设计规范》(GB 50010—2010) 的基础上同时满足以下规定：

(1) 叠合板的预制板厚度不宜小于60 mm，后浇混凝土叠合层厚度不应小于60 mm。

(2) 当叠合板的预制板采用空心板时，板端空腔应封堵。

(3) 跨度大于3 m 的叠合板，宜采用桁架钢筋混凝土叠合板。

(4) 跨度大于6 m 的叠合板，宜采用预应力混凝土预制板。

(5) 板厚大于180 mm 的叠合板，宜采用混凝土空心板。

叠合板后浇层最小厚度的规定考虑了楼板整体性要求以及管线预埋、面筋铺设、施工误差等因素。预制板最小厚度的规定考虑了脱模、吊装、运输、施工等因素。在采取可靠的构造措施的情况下，当设置了桁架钢筋或板肋等或增加了预制板刚度时，可以考虑将其厚度适当减少。

当预制板跨度较大时，为了增加预制板的整体刚度和水平界面抗剪性能，可在预制板内设置桁架钢筋 (图 2-20)。钢筋桁架的下弦钢筋可视情况作为楼板下部的受力钢筋使用。在施工阶段，验算预制板的承载力及变形时，可考虑桁架钢筋的作用，减小预制板下的临时支撑。

当预制板跨度超过6 m 时，采用预应力混凝土预制板的经济性较好。板厚大于180 mm 时，为了减轻楼板自重、节约材料，推荐采用空心楼板，可在预制板上设置各种轻质模具，浇筑混凝土后形成空心。

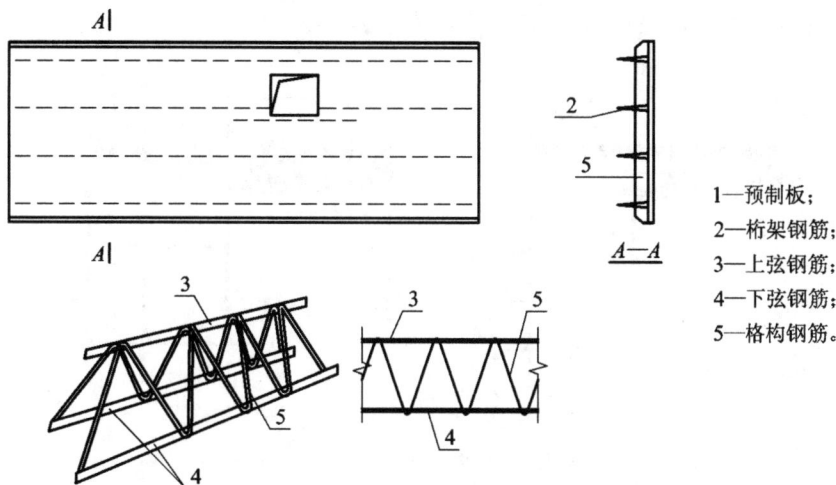

1—预制板；
2—桁架钢筋；
3—上弦钢筋；
4—下弦钢筋；
5—格构钢筋。

图 2-20　叠合板的预制板设置桁架钢筋构造示意

叠合板可根据预制板的接缝构造、支座构造、长宽比，按单向板或双向板设计。当预制板之间采用分离式接缝时，该板块内的几块叠合板可各自按单向板设计 (图 2-21(a))；对长宽比不大于 3 的四边支承叠合板，当其预制板之间采用整体式接缝或无接缝时，可按双向板设计 (图 2-21(b) 和 (c))。

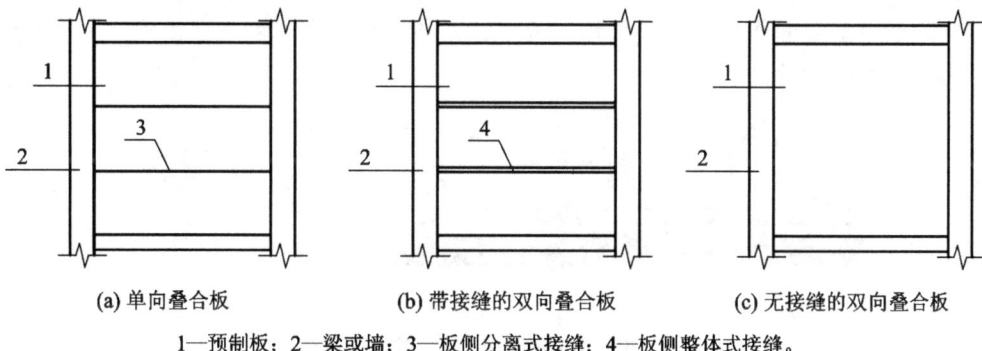

(a) 单向叠合板　　　　(b) 带接缝的双向叠合板　　　　(c) 无接缝的双向叠合板

1—预制板；2—梁或墙；3—板侧分离式接缝；4—板侧整体式接缝。

图 2-21　叠合板的预制板布置形式示意

二、叠合板支座处构造要求

叠合板支座处的纵向钢筋应符合下列规定。

(1) 板端支座处，预制板内的纵向受力钢筋宜从板端伸出并锚入支承梁或墙的后浇混凝土中，锚固长度不应小于 $5d(d$ 为纵向受力钢筋直径)，且宜伸过支座中心线 (图 2-22(a))。预制板内的纵向受力钢筋在板端伸入支座时要符合现浇楼板下部纵向钢筋的构造要求，主要是保证楼板的整体性及传递水平力的性能。

(2) 单向叠合板的板侧支座处，当预制板内的板底分布钢筋伸入支承梁或墙的后浇混凝土中时，应符合上述板端支座的要求；当为了加工及施工方便，板底分布钢筋不伸入支座时，应在紧邻预制板顶面的后浇混凝土叠合层中设置附加钢筋，以保证楼面的整体性和连续性。附加钢筋截面面积不宜小于预制板内的同向分布钢筋面积，间距不宜大于 600 mm，在板的后浇混凝土叠合层内锚固长度不应小于 15d，在支座内锚固长度不应小于

$15d(d$ 为附加钢筋直径) 且宜伸过支座中心线 (图 2-22(b))。

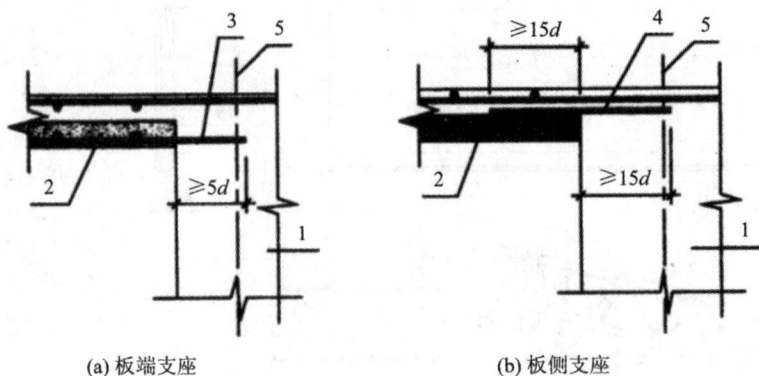

(a) 板端支座　　　　　　　　　(b) 板侧支座

1—支承梁或墙；2—预制板；3—纵向受力钢筋；4—附加钢筋；5—支座中心线。

图 2-22　叠合板端及板侧支座构造示意

三、单向叠合板板侧分离式接缝构造要求

单向叠合板板侧的分离式接缝宜配置附加钢筋 (图 2-23)，并应符合下列规定。

(1) 接缝处紧邻预制板顶面宜设置垂直于板缝的附加钢筋，附加钢筋伸入两侧后浇混凝土叠合层的锚固长度不应小于 $15d(d$ 为附加钢筋直径)。

(2) 附加钢筋截面面积不宜小于预制板中该方向钢筋面积，钢筋直径不宜小于 6 mm，间距不宜大于 250 mm。

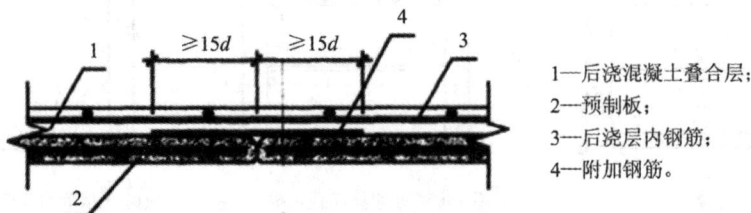

1—后浇混凝土叠合层；
2—预制板；
3—后浇层内钢筋；
4—附加钢筋。

图 2-23　单向叠合板板侧分离式接缝构造示意

上述接缝形式较简单，利于构件生产及施工。这种构造的叠合板整体受力性能介于按板缝划分的单向板和整体双向板之间，且与楼板的尺寸、后浇层与预制板的厚度比例、接缝钢筋数量等因素有关；开裂特征类似于单向板；承载力高于单向板；挠度小于单向板但大于双向板。板缝接缝边界主要传递剪力，弯矩传递能力较差。在没有可靠依据时，可偏于安全地按照单向板进行设计，接缝位置处的钢筋按构造要求确定，主要目的是保证接缝处不发生剪切破坏，且控制接缝处裂缝的开展。

当后浇层厚度较大 (>75 mm)，且设置有钢筋桁架并配有足够数量的接缝钢筋时，接缝可承受足够大的弯矩及剪力，此时也可将其作为整体式接缝，几块预制板通过接缝和后浇层组成的叠合板可按照整体叠合双向板进行设计。此时，应按照接缝处的弯矩设计值及后浇层的厚度计算接缝处需要的钢筋数量。

四、双向叠合板板侧整体式接缝构造要求

双向叠合板板侧的整体式接缝可采用后浇带形式，宜设置在叠合板的次要受力方向且

宜避开跨中最大弯矩位置。这是因为，与整体现浇板比较，预制板接缝处应变集中，裂缝宽度较大，导致构件的挠度比整体现浇板略大，接缝处受弯承载力略有降低。如果接缝由于客观原因限制而必须设置在主要受力位置，应该考虑其影响，在设计时应按照弹性板计算的内力及配筋结果对构造进行调整，适当增大两个方向的纵向受力钢筋，加强钢筋连接和锚固措施。

当预制板接缝可实现钢筋与混凝土的连续受力，即形成"整体式接缝"时，可按照整体双向板进行设计。整体式接缝一般采用后浇带的形式，后浇带应有一定的宽度以保证钢筋在后浇带中的搭接或锚固空间，并保证后浇混凝土与预制板的整体性。后浇带两侧的板底受力钢筋需要可靠连接，在构造上应符合下列规定。

(1) 后浇带宽度不宜小于 200 mm。

(2) 后浇带两侧板底纵向受力钢筋可在后浇带中焊接、搭接、弯折锚固、机械连接。

(3) 当后浇带两侧板底纵向受力钢筋在后浇带中搭接连接时，应符合现行国家标准《混凝土结构设计规范》(GB 50010—2010) 的有关规定。

当预制板板底外伸钢筋为直线形搭接时应满足规范规定的钢筋锚固长度要求。

当后浇带两侧板底纵向受力钢筋在后浇带中弯折锚固时，叠合板的整体性较好。利用预制板边侧向伸出的钢筋在接缝处搭接并弯折锚固于后浇混凝土层中，可以实现接缝两侧钢筋的传力，从而传递弯矩，形成双向板受力状态。接缝处伸出钢筋的锚固和重叠部分的搭接应有一定长度，以实现应力传递；弯折角度应较小，以实现顺畅传力；后浇混凝土层应有一定厚度，弯折处应配构造钢筋以防止挤压破坏。相关规定如下。

(1) 预制板板底外伸钢筋端部为 90° 或 135° 弯钩搭接锚固时，其弯钩钢筋的弯后直段长度分别为 12d 和 5d(d 为钢筋直径)(图 2-24)。

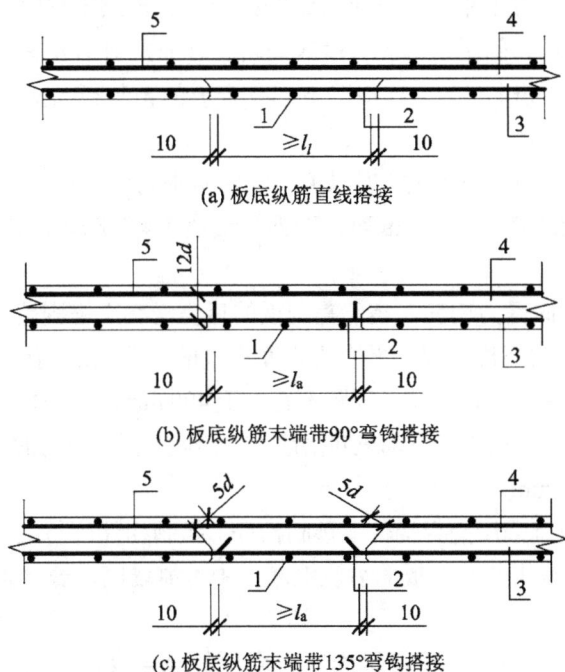

(a) 板底纵筋直线搭接

(b) 板底纵筋末端带90°弯钩搭接

(c) 板底纵筋末端带135°弯钩搭接

1—通长钢筋；2—纵向受力钢筋；3—预制板；4—后浇混凝土叠合层；5—后浇层内钢筋。

图 2-24　双向叠合板整体式接缝构造示意图 a

(2) 叠合板厚度不应小于 10d，且不应小于 120 mm(d 为弯折钢筋直径的较大值)。

(3) 接缝处预制板侧伸出的纵向受力钢筋应在后浇混凝土叠合层内锚固，且锚固长度不应小于 l_a，两侧钢筋在接缝处重叠的长度不应小于 10d，钢筋弯折角度不应大于 30°，弯折处沿接缝方向应配置不少于 2 根通长构造钢筋，且直径不应小于该方向预制板内钢筋直径 (图 2-25)；其中，l_l 为纵向受拉钢筋搭接长度，l_a 为受拉钢筋锚固长度。

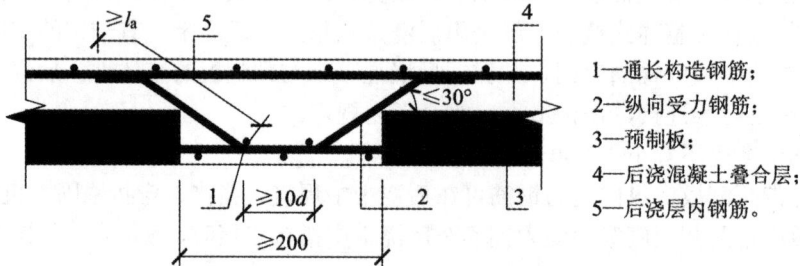

1—通长构造钢筋；
2—纵向受力钢筋；
3—预制板；
4—后浇混凝土叠合层；
5—后浇层内钢筋。

图 2-25　双向叠合板整体式接缝构造示意图 b

当然，后浇带内的钢筋也可采用经论证可靠的其他连接方式。如果在双向叠合板板侧采用密拼整体式接缝形式，需在结构设计时采用合理的计算模型进行分析。

五、预制板与后浇混凝土叠合层间连接构造

在叠合板跨度较大、有相邻悬挑板的上部钢筋锚入等情况下，叠合面在外力、温度等作用下，截面上会产生较大的水平剪力，需配置界面抗剪构造钢筋来保证水平界面的抗剪能力。当有桁架钢筋时，可不单独配置抗剪钢筋；当没有桁架钢筋时，配置的抗剪钢筋可采用马镫形状，钢筋直径、间距及锚固长度应满足叠合面抗剪的要求。具体规定如下。

(1) 当未设置桁架钢筋时，在下列情况下，叠合板的预制板与后浇混凝土叠合层之间应设置抗剪构造钢筋。

① 单向叠合板跨度大于 4.0 m 时，距支座 1/4 跨范围内；

② 双向叠合板短向跨度大于 4.0 m 时，距四边支座 1/4 短跨范围内；

③ 悬挑叠合板；

④ 悬挑板的上部纵向受力钢筋在相邻叠合板的后浇混凝土锚固范围内。

(2) 叠合板的预制板与后浇混凝土叠合层之间设置的抗剪构造钢筋应符合下列规定。

① 抗剪构造钢筋宜采用马镫形状，间距不宜大于 400 mm，钢筋直径 d 不应小于 6 mm；

② 马镫钢筋宜伸到叠合板上、下部纵向钢筋处，预埋在预制板内的总长度不应小于 15d，水平段长度不应小于 50 mm。

(3) 阳台板、空调板宜采用叠合构件或预制构件。预制构件应与主体结构可靠连接；叠合构件的负弯矩钢筋应在相邻叠合板的后浇混凝土中可靠锚固。叠合构件中预制板底钢筋的锚固应符合下列规定。

① 当板底为构造配筋时，其钢筋锚固应符合预制叠合板内的纵向受力钢筋板端支座处伸出并锚入支承梁或墙的后浇混凝土中的相关规定；

② 当板底为计算要求配筋时，钢筋应满足受拉钢筋的锚固要求。

六、桁架钢筋混凝土叠合板基本要求

桁架钢筋混凝土叠合板的基本要求如下。

(1) 桁架钢筋应沿主要受力方向布置。

(2) 桁架钢筋距板边不应大于 300 mm，间距不宜大于 600 mm。

(3) 桁架钢筋弦杆钢筋直径不宜小于 8 mm，腹杆钢筋直径不应小于 4 mm。

(4) 桁架钢筋弦杆混凝土保护层厚度不应小于 15 mm。

七、桁架钢筋混凝土叠合板支承端构造

当桁架钢筋混凝土叠合板的后浇混凝土叠合层厚度不小于 100 mm 且不小于预制板厚度的 1.5 倍时，预制板板底钢筋可采用分离式搭接锚固，即将预制板板底钢筋伸到预制板板端，在现浇层内设置附加钢筋伸入支座锚固，支承端预制板内纵向受力钢筋采用间接搭接方式锚入支承梁或墙的后浇混凝土中。这种板底钢筋采用分离式搭接锚固的做法，有利于预制板加工，也方便施工。构造设置同时应符合下列规定 (图 2-26)。

(1) 附加钢筋的面积应通过计算确定，且不应小于受力方向跨中板底钢筋面积的 1/3。

(2) 附加钢筋直径不宜小于 8 mm，间距不宜大于 250 mm。

(3) 当附加钢筋为构造钢筋时，伸入楼板的长度不应小于与板底钢筋的受压搭接长度，伸入支座的长度不应小于 $15d$(d 为附加钢筋直径) 且宜伸过支座中心线；当附加钢筋承受拉力时，伸入楼板的长度不应小于与板底钢筋的受拉搭接长度，伸入支座的长度不应小于受拉钢筋锚固长度。

(4) 垂直于附加钢筋的方向应布置横向分布钢筋，在搭接范围内不宜少于 3 根，且钢筋直径不宜小于 6 mm，间距不宜大于 250 mm。

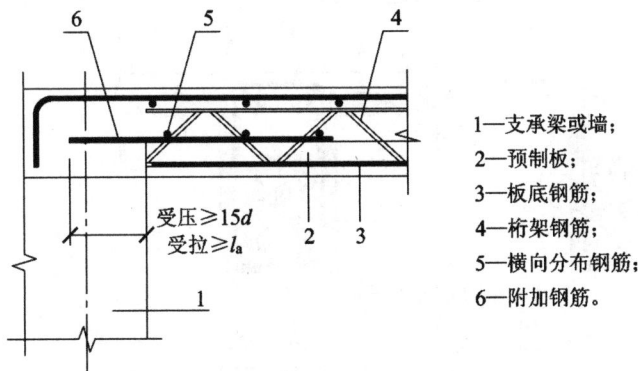

1—支承梁或墙；
2—预制板；
3—板底钢筋；
4—桁架钢筋；
5—横向分布钢筋；
6—附加钢筋。

受压 $\geqslant 15d$
受拉 $\geqslant l_a$

图 2-26　桁架钢筋混凝土叠合板板端构造示意

八、次梁与主梁的连接构造

次梁与主梁宜采用铰接连接，也可采用刚接连接。当采用铰接连接时，受制于混凝土次梁与主梁连接节点的实际构造特点，在实际工程中很难完全实现理想的铰接连接节点，在次梁铰接端的端部实际受到部分约束，存在一定的负弯矩作用。为避免次梁端部产生负弯矩裂缝，需在次梁端部配置足够的上部纵向钢筋。

任务三　装配整体式框架结构节点设计

一、叠合梁的箍筋配置规定

叠合梁的箍筋配置有以下规定。

(1) 抗震等级为一、二级的叠合框架梁的梁端箍筋加密区宜采用整体封闭箍筋；当叠合梁受扭时宜采用整体封闭箍筋，且整体封闭箍筋的搭接部分宜设置在预制部分 (图 2-27(a))。

(2) 当采用组合封闭箍筋 (图 2-27(b)) 时，开口箍筋上方两端应做成 135° 弯钩，对框架梁弯钩平直段长度不应小于 $10d(d$ 为箍筋直径)，次梁弯钩平直段长度不应小于 $5d$。现场应采用箍筋帽封闭开口箍，箍筋帽宜两端做成 135° 弯钩，也可做成一端 135° 另一端 90° 弯钩，但 135° 弯钩和 90° 弯钩应沿纵向受力钢筋方向交错设置，框架梁弯钩平直段长度不应小于 $10d(d$ 为箍筋直径)，次梁 135° 弯钩平直段长度不应小于 $5d$。

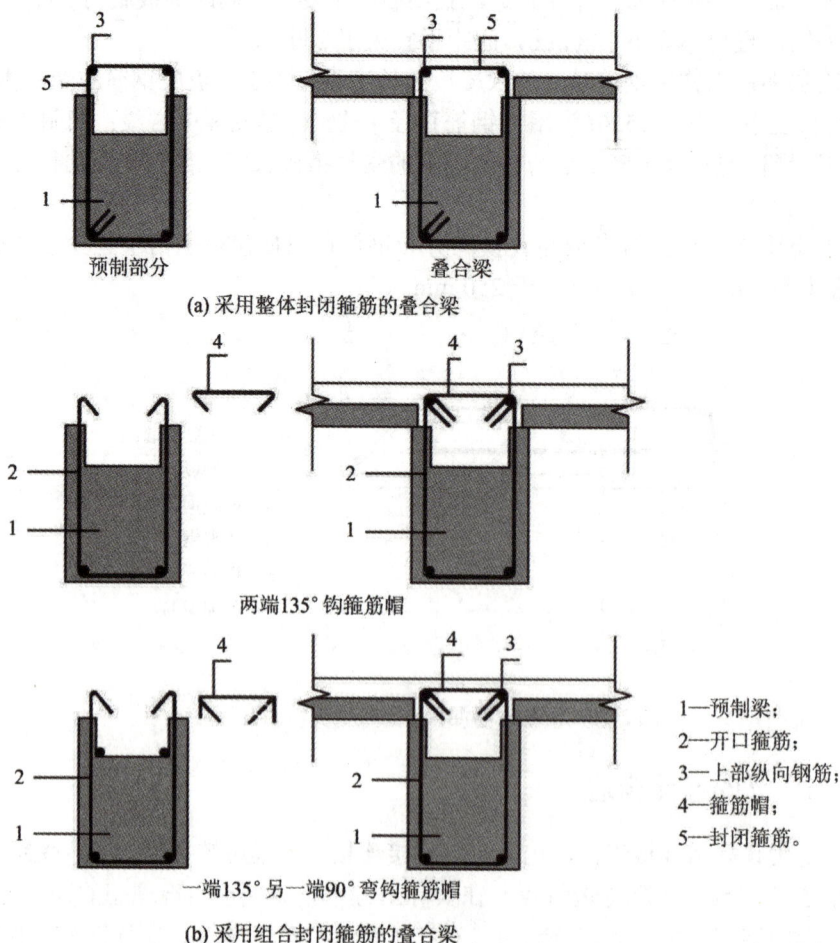

(a) 采用整体封闭箍筋的叠合梁

两端135°钩箍筋帽

一端135°另一端90°弯钩箍筋帽

(b) 采用组合封闭箍筋的叠合梁

1—预制梁；
2—开口箍筋；
3—上部纵向钢筋；
4—箍筋帽；
5—封闭箍筋。

图 2-27　叠合梁箍筋构造示意

采用叠合梁时，在施工条件允许的情况下，箍筋宜采用整体封闭箍筋。当采用整体封闭箍筋无法安装上部纵筋时，可采用组合封闭箍筋，即开口箍筋加箍筋帽的形式。研究表明，当箍筋帽两端均做成135°弯钩时，叠合梁的性能与采用封闭箍筋的叠合梁一致。当箍筋帽做成一端135°另一端90°弯钩，但135°和90°弯钩交错放置时，在静力弯、剪及复合作用下，叠合梁的刚度、承载力等性能与采用封闭箍筋的叠合梁一致，但在扭矩作用下，承载力略有降低。因此，规定在受扭的叠合梁中不宜采用此种形式。对于受往复荷载作用且采用组合封闭箍筋的叠合梁，当构件发生破坏时箍筋对混凝土及纵筋的约束作用略弱于整体封闭箍筋，因此在叠合框架梁梁端加密区中不建议采用组合封闭箍筋。

(3) 框架梁箍筋加密区长度内的箍筋肢距：一级抗震等级，不宜大于 200 mm 和 20 倍箍筋直径的较大值，且不应大于 300 mm；二、三级抗震等级，不宜大于 250 mm 和 20 倍箍筋直径的较大值，且不应大于 350 mm；四级抗震等级，不宜大于 300 mm，且不应大于 400 mm。

以上是对现行国家标准《混凝土结构设计规范》(GB 50010—2010) 中的梁箍筋肢距要求进行的补充规定。当叠合梁的纵筋间距及箍筋肢距较小导致安装困难时，可以适当增大钢筋直径并增加纵筋间距和箍筋肢距。当梁纵筋直径较大且间距较大时，应注意控制梁的裂缝宽度。

二、预制柱的结构设计规定

预制柱的结构设计有以下规定。

(1) 矩形柱截面边长不宜小于 400 mm，圆形柱截面直径不宜小于 450 mm，且不宜小于同方向梁宽的 1.5 倍。采用较大直径钢筋及较大的柱截面，可减少钢筋根数，增大间距，便于柱钢筋连接及节点区钢筋布置。要求柱截面宽度大于同方向梁宽的 1.5 倍，有利于避免节点区梁钢筋和柱纵向钢筋的位置冲突，便于安装施工。

(2) 柱纵向受力钢筋在柱底连接时，柱箍筋加密区长度不应小于纵向受力钢筋连接区域长度与 500 mm 之和；当采用套筒灌浆连接或浆锚搭接连接等方式时，套筒或搭接段上端第一道箍筋距离套筒或搭接段顶部不应大于 50 mm(图 2-28)。研究表明，套筒连接区域柱截面刚度及承载力较大，柱的塑性铰区可能会上移至套筒连接区域以上，因此需将套筒连接区域以上至少 500 mm 高度范围内的柱箍筋加密。预制柱箍筋可采用连续复合箍筋。

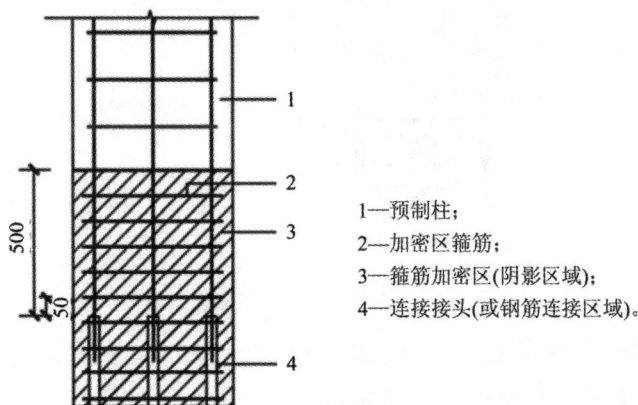

1—预制柱；
2—加密区箍筋；
3—箍筋加密区(阴影区域)；
4—连接接头(或钢筋连接区域)。

图 2-28　柱底箍筋加密区域构造示意

(3) 柱纵向受力钢筋直径不宜小于 20 mm，纵向受力钢筋的间距不宜大于 200 mm，且不应大于 400 mm。柱的纵向受力钢筋可集中于四角配置且宜对称布置。柱中可设置纵向辅助钢筋，其直径不宜小于 12 mm，且不小于箍筋直径，当正截面承载力计算不计入纵向辅助钢筋时，纵向辅助钢筋可不伸入框架节点 (图 2-29)。

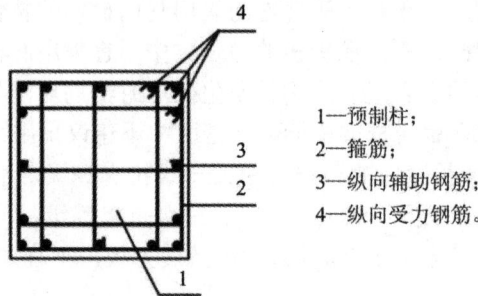

1—预制柱；
2—箍筋；
3—纵向辅助钢筋；
4—纵向受力钢筋。

图 2-29　柱集中配筋构造平面示意

根据采用较大间距纵筋的框架柱抗震性能试验，以及装配式框架梁柱节点的试验结果，当柱纵向钢筋面积相同时，纵向钢筋间距为 480 mm 和 160 mm 的柱，其承载力和延性基本一致，均可采用现行规范中的方法进行设计。因此，为了提高装配式框架梁柱节点的安装效率和施工质量，当梁的纵筋和柱的纵筋在节点区位置有冲突时，柱可采用较大的纵筋间距，并将钢筋集中在角部布置。当纵筋间距较大导致箍筋肢距不满足现行规范要求时，可在受力纵筋之间设置纵向辅助钢筋，并设置箍筋箍住纵向辅助钢筋，(可采用拉筋、菱形箍筋等形式)，纵向辅助钢筋可不伸入节点。为了保证对混凝土的约束作用，纵向辅助钢筋直径不宜过小。为了保证柱的延性，建议采用复合箍筋。

三、柱底后浇段箍筋要求

当上、下层相邻预制柱纵向受力钢筋采用挤压套筒连接时，柱底后浇段箍筋要求 (图 2-30) 如下。

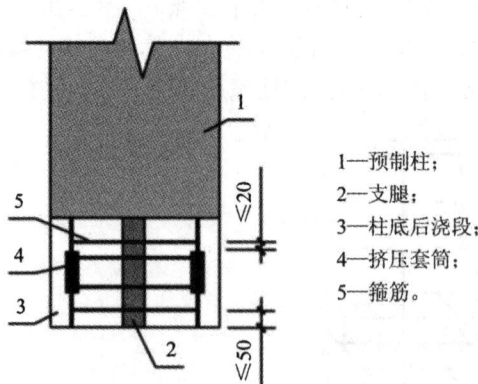

1—预制柱；
2—支腿；
3—柱底后浇段；
4—挤压套筒；
5—箍筋。

图 2-30　柱底后浇段箍筋配置示意

(1) 套筒上端第一道箍筋距离套筒顶部不应大于 20 mm，柱底部第一道箍筋距柱底面不应大于 50 mm，箍筋间距不宜大于 75 mm。

(2) 抗震等级为一、二级时，箍筋直径不应小于 10 mm；抗震等级为三、四级时，箍筋直径不应小于 8 mm。

预制柱底设置支腿，目的是方便施工安装。支腿的高度可根据挤压套筒的施工工艺确定。支腿可采用方钢管混凝土，其截面尺寸可根据施工安装确定。柱底后浇段的箍筋应满足柱端箍筋加密区的构造要求及配箍特征值的要求。

四、梁纵筋伸入后浇节点区锚固连接要求

采用预制柱及叠合梁的装配整体式框架节点，梁纵向受力钢筋应伸入后浇节点区内锚固或连接，并应符合下列规定。

(1) 框架梁预制部分的腰筋不承受扭矩时，可不伸入梁柱节点核心区。

(2) 对于框架中间层中节点，节点两侧的梁下部纵向受力钢筋宜锚固在后浇节点核心区内 (图 2-31(a))，也可采用机械连接或焊接的方式连接 (图 2-31(b))；梁的上部纵向受力钢筋应贯穿后浇节点核心区。

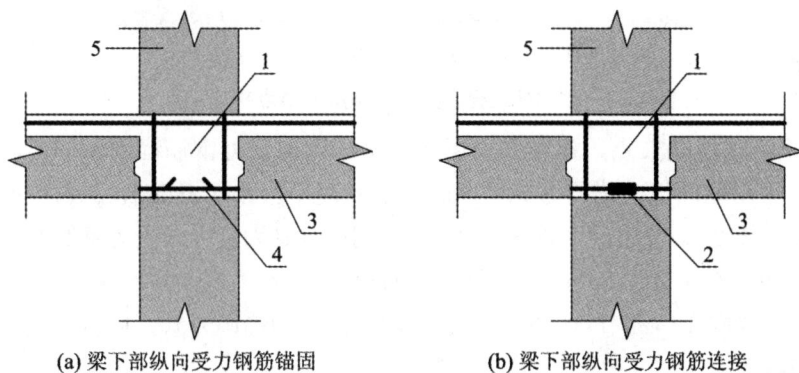

(a) 梁下部纵向受力钢筋锚固   (b) 梁下部纵向受力钢筋连接

1—后浇区；2—梁下部纵向受力钢筋连接；3—预制梁；4—梁下部纵向受力钢筋锚固；5—预制柱。

图 2-31 预制柱及叠合梁框架中间层中节点构造示意

(3) 对于框架中间层端节点，当柱截面尺寸不满足梁纵向受力钢筋的直线锚固要求时，宜采用锚固板锚固 (图 2-32)，也可采用 90°弯折锚固。

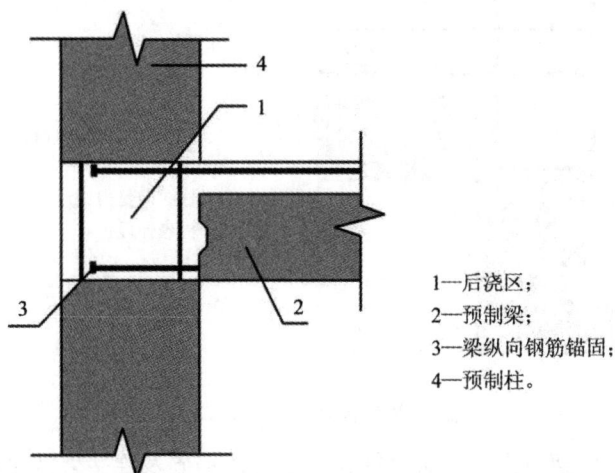

1—后浇区；
2—预制梁；
3—梁纵向钢筋锚固；
4—预制柱。

图 2-32 预制柱及叠合梁框架中间层端节点构造示意

(4) 对于框架顶层中节点，梁纵向受力钢筋的构造应与中间层中节点规定相同。柱纵向受力钢筋宜采用直线锚固；当梁截面尺寸不满足直线锚固要求时，宜采用锚固板锚固（图 2-33）。

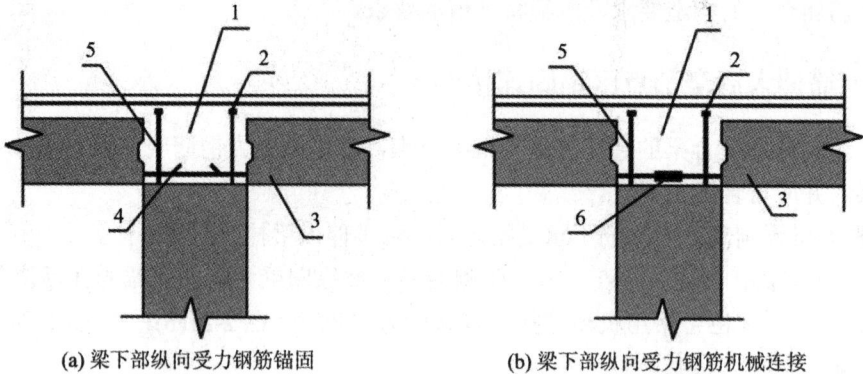

(a) 梁下部纵向受力钢筋锚固   (b) 梁下部纵向受力钢筋机械连接

1—后浇区；2—锚固板；3—预制梁；4—梁下部纵向受力钢筋锚固；
5—柱纵向受力钢筋；6—梁下部纵向受力钢筋连接。

图 2-33　预制柱及叠合梁框架顶层中节点构造示意

(5) 对于框架顶层端节点，柱宜伸出屋面并将柱纵向受力钢筋锚固在伸出段内，柱纵向受力钢筋宜采用锚固板的锚固方式，此时锚固长度不应小于 $0.6l_{abE}$（l_{abE} 为抗震设计时受拉钢筋基本锚固长度）。伸出段内箍筋直径不应小于 $d/4$（d 为柱纵向受力钢筋的最大直径），伸出段内箍筋间距不应大于 $5d$（d 为柱纵向受力钢筋的最小直径）且不应大于 100 mm；梁纵向受力钢筋应锚固在后浇节点区内，且宜采用锚固板的锚固方式，此时锚固长度不应小于 $0.6l_{abE}$（图 2-34）。

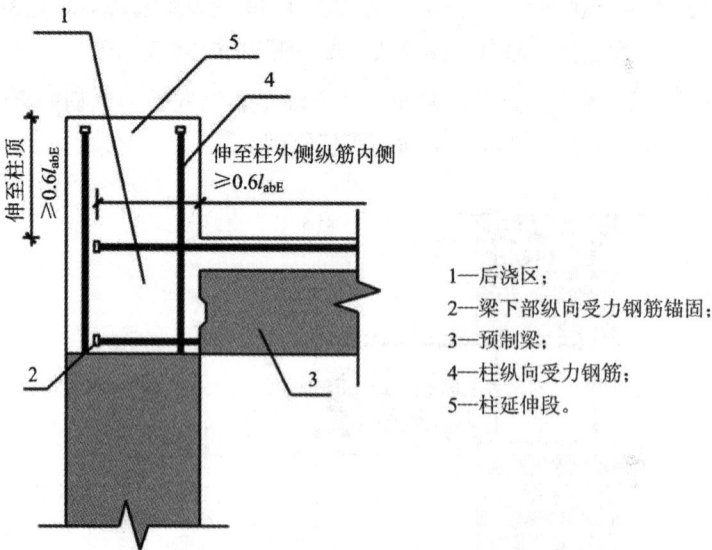

1—后浇区；
2—梁下部纵向受力钢筋锚固；
3—预制梁；
4—柱纵向受力钢筋；
5—柱延伸段。

图 2-34　预制柱及叠合梁框架顶层端节点构造示意

在预制柱叠合梁框架节点中，梁钢筋在节点中的锚固及连接方式是决定施工可行性以及节点受力性能的关键。梁、柱构件尽量采用较粗直径、较大间距的钢筋布置方式，节点区的主梁钢筋较少，有利于节点的装配施工，保证施工质量。设计过程中，应充分考虑施工装配的可行性，合理确定梁、柱截面尺寸及钢筋的数量、间距及位置等。在十字形节点中，两侧梁的钢筋在节点区内锚固时，位置可能冲突，可采用弯折避让的方式，弯折角度不宜大于 1：6。节点区施工时，应注意合理安排节点区箍筋、预制梁和梁上部钢筋的安装顺序，使得节点区箍筋的间距满足要求。低周反复荷载试验研究表明，在保证构造措施与施工质量时，上述形式节点均具有良好的抗震性能，与现浇节点基本等同。

叠合梁预制部分的腰筋一般用于控制梁的收缩裂缝，有时用于受扭。当主要用于控制收缩裂缝时，由于预制构件的收缩在安装时已经基本完成，因此腰筋不用锚入节点，可简化安装。但腰筋用于受扭矩时，应按照受拉钢筋的要求锚入后浇节点区。

当不需要计算承载力时，叠合梁的下部纵筋可按照现行国家标准相关规定进行截断，减少伸入节点区内的钢筋数量，方便安装。

五、柱两侧叠合梁底部水平钢筋挤压套筒连接要求

当采用预制柱及叠合梁的装配整体式框架结构节点，两侧叠合梁底部水平钢筋采用挤压套筒连接时，可在核心区外一侧梁端后浇段内连接（图 2-35），也可在核心区外两侧梁端后浇段内连接（图 2-36），连接接头距柱边不小于 $0.5h_b$（h_b 为叠合梁截面高度）且不小于 300 mm，叠合梁后浇叠合层顶部的水平钢筋应贯穿后浇核心区。叠合梁底部水平钢筋在梁端后浇段采用挤压套筒连接，这种预制柱 - 叠合梁装配整体式框架中节点试件试验表明，可以按试验设计要求实现梁端弯曲破坏和核心区剪切破坏，承载力试验值大于规范公式的计算值，极限位移角大于 1/30。梁端后浇段内，箍筋宜适当加密并应满足下列要求。

(1) 箍筋间距不宜大于 75 mm。

(2) 抗震等级为一、二级时，箍筋直径不应小于 10 mm；抗震等级为三、四级时，箍筋直径不应小于 8 mm。

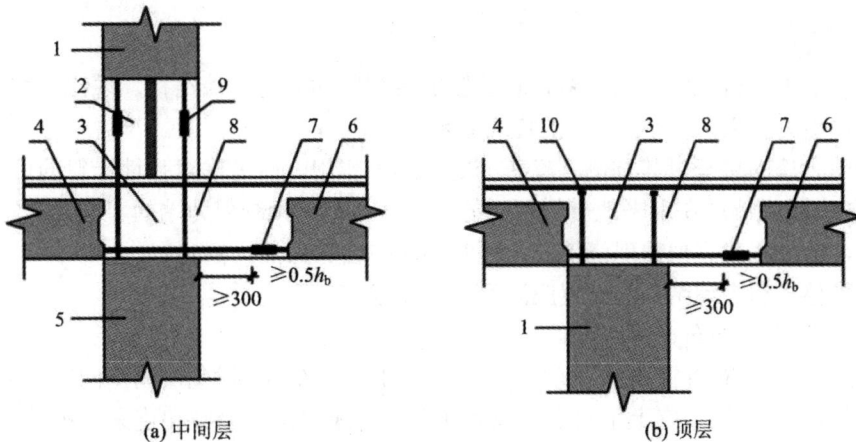

(a) 中间层　　　　　　　　　　(b) 顶层

1、5—预制柱；2—柱底后浇段；3—后浇区；4、6—叠合梁预制部分；7、9—挤压套筒；
8—梁端后浇区；10—锚固板。

图 2-35　框架节点叠合梁底部水平钢筋在一侧梁端后浇段内采用挤压套筒连接示意

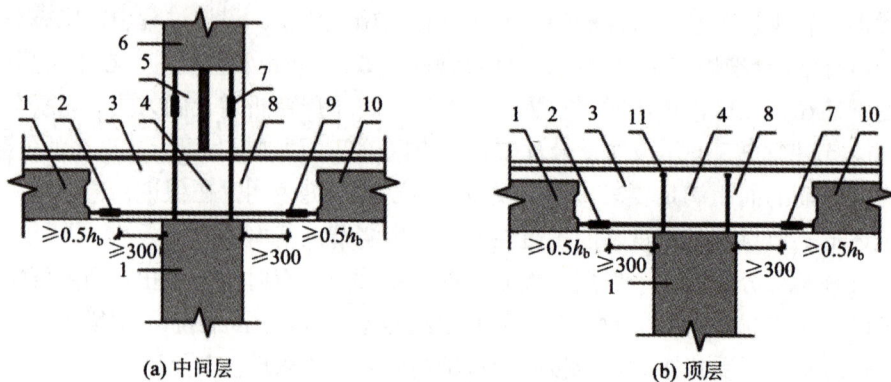

图 2-36   框架节点叠合梁底部水平钢筋在两侧梁端后浇段内采用挤压套筒连接示意

1、10—叠合梁预制部分；2、7、9—挤压套筒；3、8—梁端后浇段；4—后浇区；
5—柱底后浇区；6—预制柱；11—锚固板。

六、抗震设计的延性要求

抗震设计中，为保证后张预应力混凝土框架结构的延性要求，梁端塑性铰应具有足够的塑性转动能力。国内外研究表明，将后张预应力混凝土叠台梁设计为部分预应力混凝土，即采用预应力筋与非预应力筋混合配筋的方式，对于保证后张预应力装配整体式混凝土框架结构的延性具有良好的作用。装配整体式框架采用后张预应力叠合梁时，应符合现行行业标准《预应力混凝土结构设计规范》(JGJ 369—2016)、《预应力混凝土结构抗震设计标准》(JGJ/T 140—2019) 及《无黏结预应力混凝土结构技术规程》(JGJ 92—2016) 的有关规定。

任务四   装配整体式剪力墙结构节点设计

一、一般规定

对同一层内既有现浇墙肢也有预制墙肢的装配整体式剪力墙结构，现浇墙肢水平地震作用弯矩和剪力宜乘以不小于 1.1 的增大系数。

预制剪力墙的接缝对其抗侧刚度有一定的削弱作用，应考虑对弹性计算的内力进行调整，适当放大现浇墙肢在水平地震作用下的剪力和弯矩；预制剪力墙的剪力及弯矩不减小，偏于安全，放大系数宜根据现浇墙肢与预制墙肢弹性剪力的比例确定。

装配整体式剪力墙结构的布置应满足下列要求。

(1) 应沿两个方向布置剪力墙。

(2) 剪力墙平面布置宜简单、规则，宜自下而上连续布置，避免层间侧向发生刚度突变。

(3) 剪力墙门窗洞口宜上下对齐、成列布置，形成明确的墙肢和连梁。抗震等级为一、二、三级的剪力墙底部加强部位不应采用错洞墙，结构全高均不应采用叠合错洞墙。

上述要求是对装配整体式剪力墙结构的规则性要求。在建筑方案设计中，应注意结构的规则性。如某些楼层出现扭转不规则及侧向刚度不规则与承载力突变，宜采用现浇混凝土结构。具有不规则洞口布置的错洞墙，可由设计人员按弹性平面有限元方法进行应力分析，不考虑混凝土的抗拉作用，按应力进行截面配筋设计或校核，并加强构造措施。

二、预制剪力墙设计

预制剪力墙设计应符合下列规定。

(1) 剪力墙底部竖向钢筋连接区域，裂缝较多且较为集中，对该区域的水平分布筋应加强，以提高墙板的抗剪能力和变形能力，并使该区域的塑性铰可以充分发展，提高墙板的抗震性能。预制剪力墙竖向钢筋采用套筒灌浆连接时，自套筒底部至套筒顶部并向上延伸 300 mm 范围内，预制剪力墙的水平分布钢筋应加密 (图 2-37)，加密区水平分布钢筋的最大间距及最小直径应符合表 2-2 的规定，套筒上端第一道水平分布钢筋距离套筒顶部不应大于 50 mm。

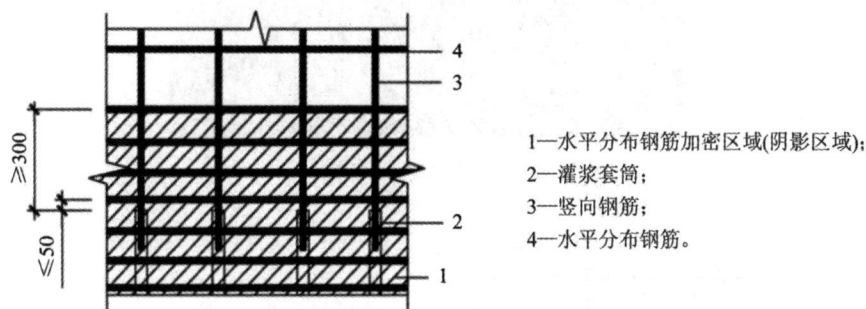

1—水平分布钢筋加密区域(阴影区域)；
2—灌浆套筒；
3—竖向钢筋；
4—水平分布钢筋。

图 2-37　钢筋套筒灌浆连接部位水平分布钢筋加密构造示意

表 2-2　加密区水平分布钢筋的要求　　　　　　　单位：mm

抗震等级	最大间距	最小直径
一、二级	100	8
三、四级	150	8

(2) 预制剪力墙竖向钢筋采用浆锚搭接连接时，应符合下列规定。

① 墙体底部预留的灌浆孔道直线段长度应大于下层预制剪力墙连接钢筋伸入孔道内的长度加上 30 mm，孔道上部应根据灌浆要求设置合理弧度。孔道直径不宜小于 40 mm 和 $2.5d$(d 为伸入孔道的连接钢筋直径) 的较大值，孔道之间的水平净间距不宜小于 50 mm，孔道外壁至剪力墙外表面的净间距不宜小于 30 mm。当采用预埋金属波纹管成孔时 (图 2-38)，金属波纹管的钢带厚度及波纹高度应符合规范规定；当采用其他成孔方式时，应对不同预留成孔工艺、孔道形状、孔道内壁的粗糙度或花纹深度及间距等形成的连接接头进行力学性能以及适用性的试验验证。

② 竖向钢筋连接长度范围内的水平分布钢筋应加密 (图 2-39)，加密范围自剪力墙底部至预留灌浆孔道顶部，且不应小于 300 mm。加密区水平分布钢筋的最大间距及最小直径应符合表 2-2 的规定，最下层水平分布钢筋距离墙身底部不应大于 50 mm。当剪力墙竖向分布钢筋连接长度范围内未采取有效横向约束措施时，水平分布钢筋加密范围内的拉筋

应加密；拉筋沿竖向的间距不宜大于 300 mm 且不少于 2 排；拉筋沿水平方向的间距不宜大于竖向分布钢筋的间距，直径不应小于 6 mm；拉筋应紧靠被连接钢筋，并钩住最外层分布钢筋。

图 2-38　金属波纹管浆锚搭接连接

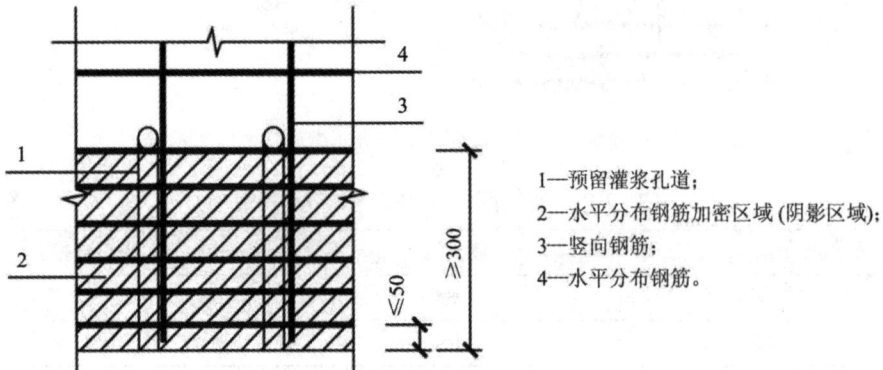

1—预留灌浆孔道；
2—水平分布钢筋加密区域 (阴影区域)；
3—竖向钢筋；
4—水平分布钢筋。

图 2-39　钢筋浆锚搭接连接部位水平分布钢筋加密构造示意

③ 边缘构件竖向钢筋连接长度范围内应采取加密水平封闭箍筋的横向约束措施或其他可靠措施。当采用加密水平封闭箍筋约束时，应沿预留孔道直线段全高加密。箍筋沿竖向的间距，抗震等级为一级时不应大于 75 mm，二、三级时不应大于 100 mm，四级时不应大于 150 mm；箍筋沿水平方向的肢距不应大于竖向钢筋间距，且不宜大于 200 mm，抗震等级为一、二级时箍筋直径不应小于 10 mm，为三、四级时不应小于 8 mm，宜采用焊接封闭箍筋 (图 2-40)。

钢筋浆锚搭接连接方法主要适用于钢筋直径为 18 mm 及以下的装配整体式剪力墙结构竖向钢筋连接。该连接技术已开展了多项试验研究和细部构造改进，并已在多个高层装配式剪力墙住宅工程中应用，在总结相关试验研究成果及工程应用经验的基础上做出了上述规定。预制剪力墙中预留灌浆孔道的构造规定是参照后张法预应力构件中预留孔道的构造给出的。

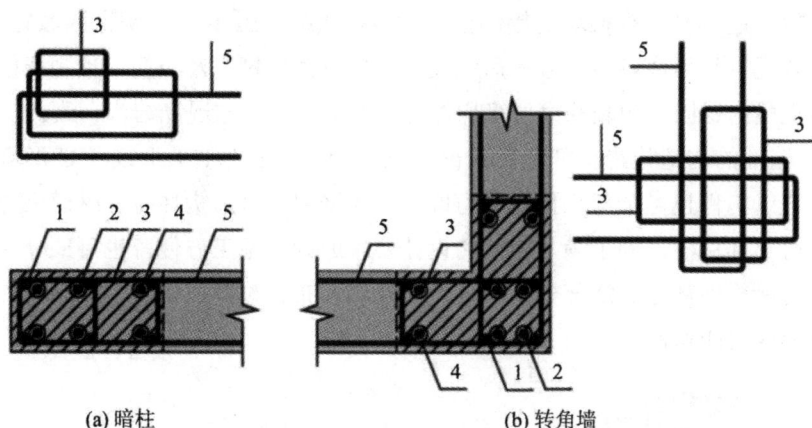

(a) 暗柱　　　　　　　　　　(b) 转角墙

1—上层预制剪力墙边缘构件竖向钢筋；2—下层预制剪力墙边缘构件竖向钢筋；
3—封闭箍筋；4—预留灌浆孔道；5—水平分布钢筋。

图 2-40　钢筋浆锚搭接连接长度范围内加密水平封闭箍筋约束构造示意

④ 对钢筋浆锚搭接连接长度范围内施加横向约束措施有助于改善连接区域的受力性能。预制剪力墙竖向钢筋采用浆锚搭接连接的试验研究结果表明，加强预制剪力墙边缘构件部位底部浆锚搭接连接区的混凝土约束是提高剪力墙及整体结构抗震性能的关键。通过加密钢筋浆锚搭接连接区域的封闭箍筋，可有效增强对边缘构件混凝土的约束，进而提高浆锚搭接连接钢筋的传力效果，保证预制剪力墙具有与现浇剪力墙相近的抗震性能。预制剪力墙边缘构件区域加密水平箍筋约束措施的具体构造要求主要根据试验研究确定。目前有效的横向约束措施主要为加密水平封闭箍筋的方式。当采用其他约束措施时，应有理论、试验依据或经工程实践验证。

⑤ 预制剪力墙竖向分布钢筋采用浆锚搭接连接时，可采用在墙身水平分布钢筋加密区域增设拉筋的方式进行加强，拉筋应紧靠被连接钢筋，并钩住最外层分布钢筋。

(3) 楼层内相邻预制剪力墙之间接缝连接。楼层内相邻预制剪力墙之间应采用整体式接缝连接，且应符合下列规定。

① 当接缝位于纵横墙交接处的约束边缘构件区域时，约束边缘构件的阴影区域（图2-41）宜全部采用后浇混凝土，并应在后浇段内设置封闭箍筋；当接缝位于纵横墙交接处的构造边缘构件区域时，构造边缘构件宜全部采用后浇混凝土（图 2-42）；当仅在一面墙上设置后浇段时，后浇段的长度不宜小于 300 mm（图 2-43）。

② 边缘构件内的配筋及构造要求、预制剪力墙的水平分布钢筋在后浇段内的锚固和连接应符合规范中抗震的有关规定。非边缘构件位置，相邻预制剪力墙之间应设置后浇段，后浇段的宽度不应小于墙厚且不宜小于 200 mm；后浇段内应设置不少于 4 根竖向钢筋，钢筋直径不应小于墙体竖向分布钢筋直径且不应小于 8 mm，两侧墙体的水平分布钢筋在后浇段内的连接应符合规定。

③ 确定剪力墙竖向接缝位置的主要原则是便于标准化生产、吊装、运输和就位，并尽量避免接缝对结构整体性能产生不良影响。当一字形约束边缘构件位于墙肢端部时，通

常将它与墙板一起预制。纵横墙交接部位一般存在接缝，图 2-41 中阴影区域宜全部后浇，纵向钢筋主要配置在后浇段内，且在后浇段内应配置封闭箍筋及拉筋，预制墙板中的水平分布筋在后浇段内锚固。预制约束边缘构件的配筋构造要求与现浇结构一致。

④ 墙肢端部的构造边缘构件通常全部预制，当采用 L 形、T 形或者 U 形墙板时，拐角处的构造边缘构件也可全部在预制剪力墙中。当采用一字形构件时，纵横墙交接处的构造边缘构件可全部后浇，为了满足构件的设计要求或为了施工方便，也可部分后浇部分预制。当构造边缘构件部分后浇部分预制时，需要合理布置预制构件及后浇段中的钢筋，使边缘构件内形成封闭箍筋。

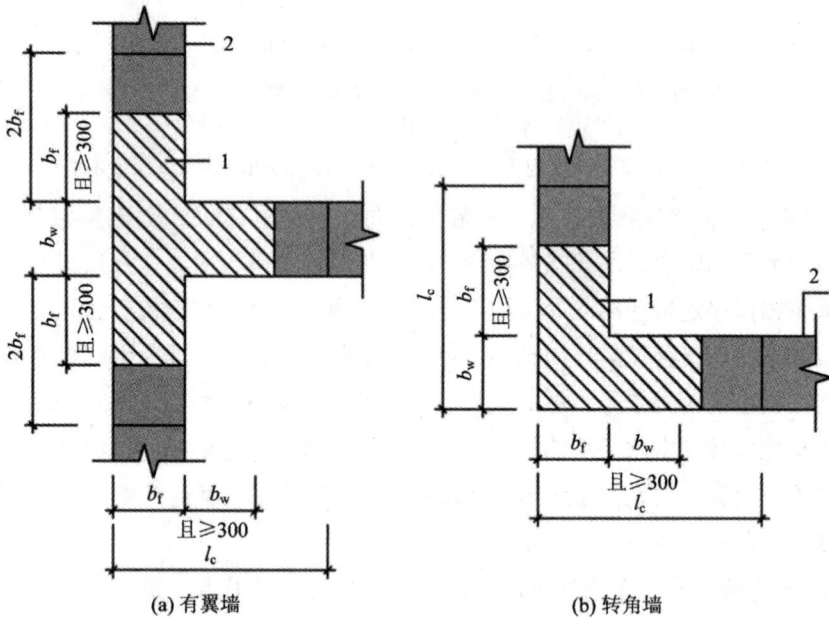

(a) 有翼墙　　　　　　　　(b) 转角墙

1—后浇段；2—预制剪力墙。

图 2-41　约束边缘构件阴影区域全部后浇构造示意 (阴影区域为斜线填充范围)

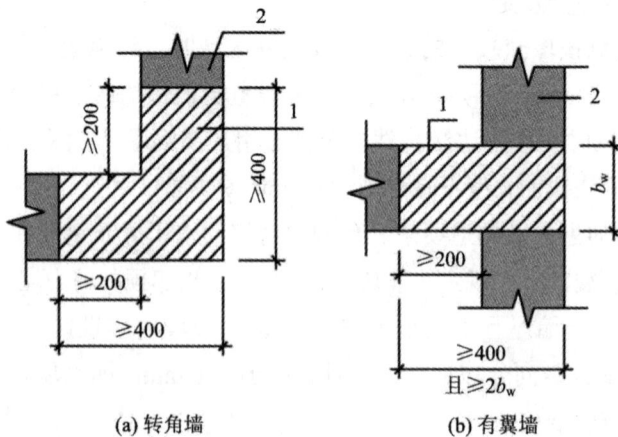

(a) 转角墙　　　　　　　　(b) 有翼墙

1—后浇段；2—预制剪力墙。

图 2-42　构造边缘构件全部后浇构造示意 (阴影区域为构造边缘构件范围)

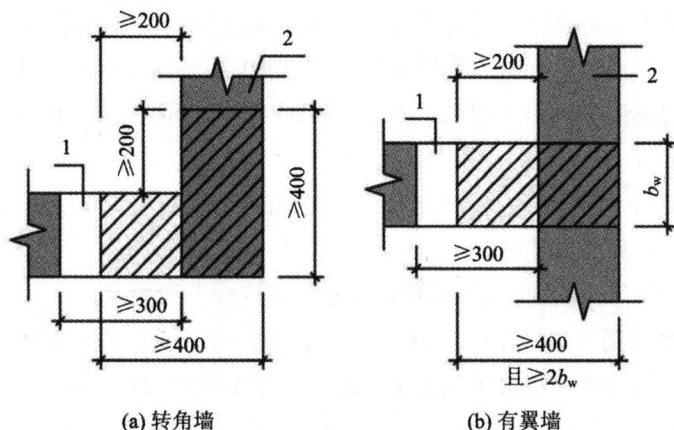

(a) 转角墙　　　　　　**(b) 有翼墙**

1—后浇段；2—预制剪力墙。

图 2-43　构造边缘构件部分后浇构造示意 (阴影区域为构造边缘构件范围)

⑤ 当采用套筒灌浆连接或浆锚搭接连接时，预制剪力墙底部接缝宜设置在楼面标高处。接缝高度不宜小于 20 mm，宜采用灌浆料将水平接缝同时灌满。灌浆料强度较高且流动性好，接缝处后浇混凝土上表面应设置粗糙面，有利于保证接缝承载力。

(4) 地震状况下的预制剪力墙水平接缝受剪承载力设计值的计算，主要根据剪切摩擦的原理，考虑了钢筋和轴力的共同作用。其计算公式如下。

$$V_{uE} = 0.6f_y A_{sd} + 0.8N \qquad (2\text{-}1)$$

式中：V_{uE}——剪力墙水平接缝受剪承载力设计值 (N)；

　　　f_y——垂直穿过结合面的竖向钢筋抗拉强度设计值 (N/mm^2)；

　　　A_{sd}——垂直穿过结合面的竖向钢筋面积 (mm^2)；

　　　N——与剪力设计值 V 相应的垂直于结合面的轴向力设计值 (N)，为压力时取正值，为拉力时取负值。当其值大于 $0.6f_c bh_0$ 时，取为 $0.6f_c bh_0$，此处 f_c 为混凝土轴心抗压强度设计值，b 为剪力墙厚度，h_0 为剪力墙截面有效高度。

进行预制剪力墙底部水平接缝受剪承载力计算时，计算单元的选取分以下三种情况：不开洞或者开小洞口整体墙，作为一个计算单元；小开口整体墙作为一个计算单元，各墙肢联合抗剪；开口较大的双肢及多肢墙，各墙肢作为单独的计算单元。

(5) 上下层预制剪力墙的竖向钢筋连接应符合下列规定。

边缘构件是保证剪力墙抗震性能的重要构件，且钢筋较粗，每根钢筋应逐根连接。所以，参照现行行业标准有关规定，预制剪力墙的竖向分布钢筋宜采用双排连接，根据具体情况和要求也可采用"梅花形"部分连接或单排连接。

剪力墙的分布钢筋直径小且数量多，全部连接会导致施工繁琐且造价较高，连接接头数量太多对剪力墙的抗震性能也有不利影响，故允许剪力墙非边缘构件内的竖向分布钢筋采用"梅花形"部分连接。

但应注意，墙身分布钢筋采用单排连接时，属于间接连接，钢筋间接连接的传力效果取决于连接钢筋与被连接钢筋的间距以及横向约束情况。考虑到地震作用的复杂性，在没有充分依据的情况下，对于剪力墙塑性发展集中和延性要求较高的部位，墙身分布钢筋不宜采用单排连接。在墙身竖向分布钢筋采用单排连接时，为提高墙肢的稳定性，对墙肢侧向楼板的支撑和约束情况提出了要求，对于无翼墙或翼墙间距太大的墙肢，限制墙身分布钢筋采用单排连接。

对于抗震等级为一级的剪力墙以及二、三级底部加强部位的剪力墙，剪力墙的边缘构件竖向钢筋宜采用套筒灌浆连接。

(6) 上下层预制剪力墙竖向钢筋套筒灌浆连接应符合下列规定。

竖向分布钢筋采用"梅花形"部分连接时 (图 2-44)，连接钢筋的配筋率不应小于抗震规定的剪力墙竖向分布钢筋最小配筋率要求，连接钢筋的直径不应小于 12 mm，同侧间距不应大于 600 mm，且在剪力墙构件承载力设计和分布钢筋配筋率计算中不得计入未连接的分布钢筋，未连接的竖向分布钢筋直径不应小于 6 mm。

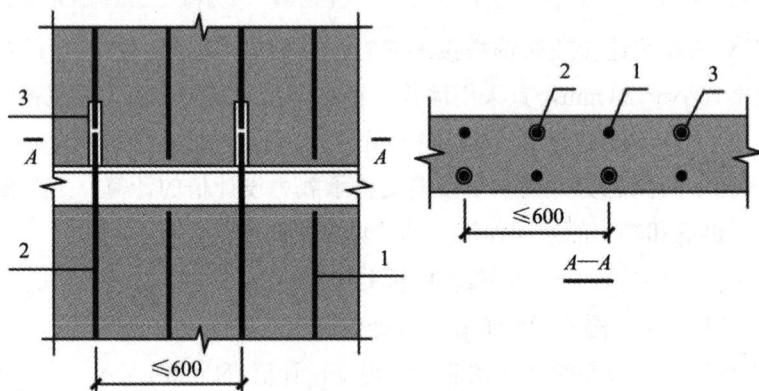

1—未连接的竖向分布钢筋；2—连接的竖向分布钢筋；3—灌浆套筒。

图 2-44　竖向分布钢筋"梅花形"套筒灌浆连接构造示意

竖向分布钢筋采用单排连接时 (图 2-45)，应满足正截面承载力要求。为控制连接钢筋和被连接钢筋之间的间距，限定只能采用一根连接钢筋与两根被连接钢筋进行连接，剪力墙两侧竖向分布钢筋与配置于墙体厚度中部的连接钢筋搭接连接，连接钢筋位于内、外侧被连接钢筋的中间。连接钢筋受拉承载力不应小于上下层被连接钢筋受拉承载力较大值的 1.1 倍，间距不宜大于 300 mm。下层剪力墙连接钢筋自下层预制墙顶算起的埋置长度不应小于 $1.2l_{aE} + b_w/2(b_w$ 为墙体厚度)，上层剪力墙连接钢筋自套筒顶面算起的埋置长度不应小于 l_{aE}，上层连接钢筋顶部至套筒底部的长度不应小于 $1.2l_{aE} + b_w/2$，l_{aE} 按连接钢筋直径计算 (l_{aE} 为纵向受拉钢筋的抗震锚固长度，按照相关规范进行查表或计算)。

为增强连接区域的横向约束，应对连接区域的水平分布钢筋进行加密，并增设横向拉筋，拉筋应同时满足间距、直径和配筋面积要求。具体要求为：钢筋连接长度范围内应配置拉筋，同一连接接头内的拉筋配筋面积不应小于连接钢筋的面积；拉筋沿竖向的间距不应大于水平分布钢筋间距，且不宜大于 150 mm；拉筋沿水平方向的间距不应大于竖向分布钢筋间距，直径不应小于 6 mm；拉筋应紧靠连接钢筋，并钩住最外层分布钢筋。

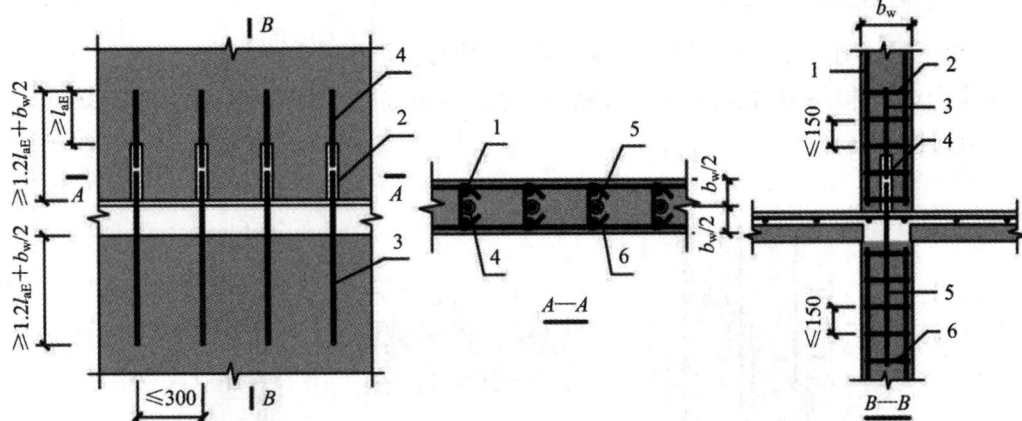

1—上层预制剪力墙竖向分布钢筋；2，6—拉筋；3—上层剪力墙连接钢筋；4—灌浆套筒；5—下层剪力墙连接钢筋。

图 2-45　竖向分布钢筋单排套筒灌浆连接构造示意

(7) 上下层预制剪力墙竖向钢筋挤压套筒连接应符合下列规定。

预制剪力墙底后浇段内的水平钢筋直径不应小于 10 mm 和预制剪力墙水平分布钢筋直径的较大值，间距不宜大于 100 mm。楼板顶面以上第一道水平钢筋距楼板顶面不宜大于 50 mm，套筒上端第一道水平钢筋距套筒顶部不宜大于 20 mm(图 2-46)。

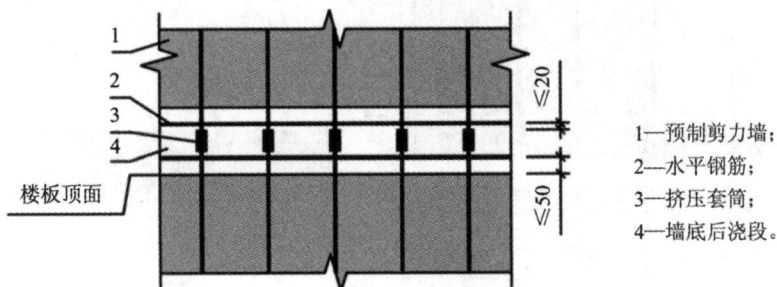

1—预制剪力墙；
2—水平钢筋；
3—挤压套筒；
4—墙底后浇段。

图 2-46　预制剪力墙底后浇段水平钢筋配置示意

当竖向分布钢筋采用 "梅花形" 部分连接时，其连接构造示意如图 2-47 所示。

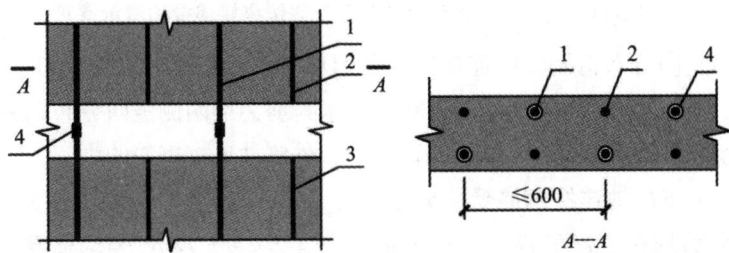

1—连接的竖向分布钢筋；2，3—未连接的竖向分布钢筋；4—挤压套筒。

图 2-47　竖向分布钢筋 "梅花形" 挤压套筒连接构造示意

预制剪力墙底部后浇段的混凝土现场浇筑质量是挤压套筒连接的关键，实际工程应用时应采取有效的施工措施。考虑到挤压套筒连接作为预制剪力墙竖向钢筋连接的一种新技术，其应用经验有限，因此其墙身竖向分布钢筋仅采用逐根连接和 "梅花形" 部分连接两种形式，不建议采用单排连接形式。

(8) 上下层预制剪力墙竖向钢筋浆锚搭接连接应符合下列规定。

当竖向钢筋非单排连接时，下层预制剪力墙连接钢筋伸入预留灌浆孔道内的长度不应小于 $1.2l_{aE}$(图 2-48)。

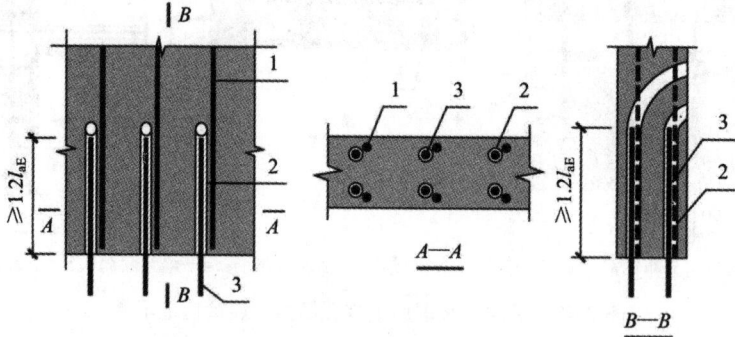

1—上层预制剪力墙竖向钢筋；2—预留灌浆孔道；3—下层预制剪力墙竖向钢筋。

图 2-48　竖向钢筋浆锚搭接连接构造示意

当竖向分布钢筋采用"梅花形"部分连接时，其连接构造示意如图 2-49 所示。

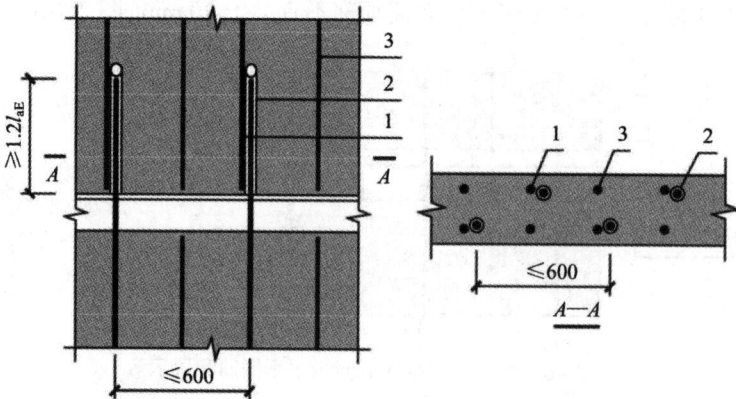

1—连接的竖向分布钢筋；2—预留灌浆孔道；3—未连接的竖向分布钢筋。

图 2-49　竖向分布钢筋"梅花形"浆锚搭接连接构造示意

预制剪力墙竖向分布钢筋浆锚连接接头采用单排连接形式时 (图 2-50)，为增强连接区域的横向约束，对其连接构造提出了如下相关要求。剪力墙两侧竖向分布钢筋与配置于墙体厚度中部的连接钢筋搭接连接，连接钢筋位于内、外侧被连接钢筋的中间。连接钢筋的受拉承载力不应小于上下层被连接钢筋受拉承载力较大值的 1.1 倍，间距不宜大于 300 mm。连接钢筋自下层剪力墙顶算起的埋置长度不应小于 $1.2l_{aE} + b_w/2(b_w$ 为墙体厚度)，自上层预制墙体底部伸入预留灌浆孔道内的长度不应小于 $1.2l_{aE} + b_w/2$，其中 l_{aE} 按连接钢筋直径计算。钢筋连接长度范围内应配置拉筋，同一连接接头内的拉筋配筋面积不应小于连接钢筋的面积。拉筋沿竖向的间距不应大于水平分布钢筋间距，且不宜大于 150 mm。拉筋沿水平方向的肢距不应大于竖向分布钢筋间距，直径不应小于 6 mm。拉筋应紧靠连接钢筋，并钩住最外层分布钢筋。

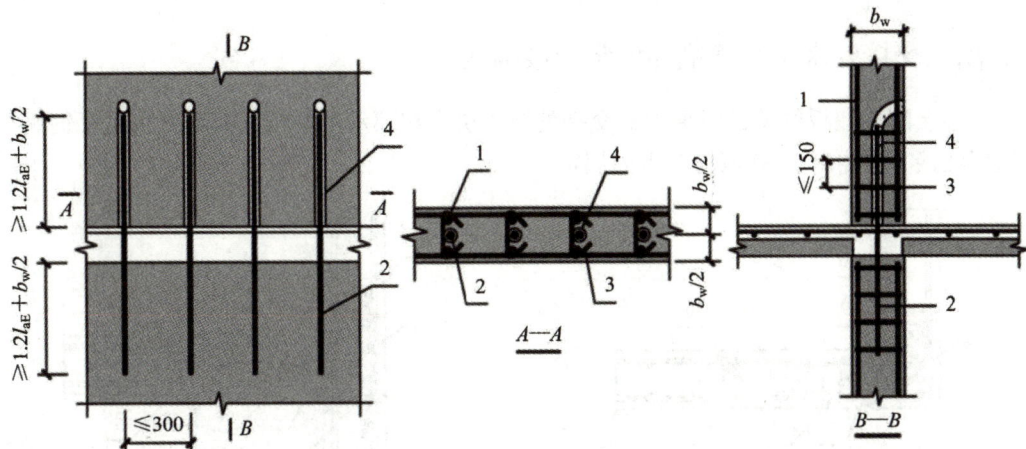

1—上层预制剪力墙竖向钢筋；2—下层预制剪力墙连接钢筋；3—拉筋；4—预留灌浆孔道。

图 2-50 竖向分布钢筋单排浆锚搭接连接构造示意

任务五 多层装配式墙板结构节点设计

多层装配式墙板结构适用于抗震设防类别为丙类的多层装配式墙板住宅结构设计，其规范主要从提高工效的角度出发，结合相关研究成果对多层装配式墙板结构进行规定。

为控制地震作用、降低震害程度，规范提出多层装配式墙板结构房屋的最大适用层数和最大适用高度 (表 2-3)。为避免出现房屋外墙轮廓平面尺寸过小，规范对多层装配式墙板结构房屋的高宽比进行了规定 (表 2-4)。

表 2-3 多层装配式墙板结构房屋的最大适用层数和最大适用高度

设防烈度	6 度	7 度	8 度 (0.2 g)
最大适用层数	9	8	7
最大适用高度 /m	28	24	21

表 2-4 多层装配式墙板结构房屋适用的最大高宽比

设防烈度	6 度	7 度	8 度 (0.2 g)
最大高宽比	3.5	3.0	2.5

一、多层装配式墙板结构设计规定

结构抗震等级在设防烈度为 8 度时取三级，设防烈度为 6、7 度时取四级；综合考虑墙体稳定性、预制墙板生产运输及安装需求，要求预制墙板截面厚度不宜小于 140 mm，且不宜小于层高的 1/25。由于多层装配式墙板结构的预制墙板厚度一般较小，为了保证墙肢的抗震性能，提出了预制墙板的轴压比限值：抗震等级为三级时此值不应大于 0.15，为四级时此值不应大于 0.2；计算轴压比时，若墙体混凝土强度等级超过 C40，则按 C40 计算。

二、墙板交接处水平钢筋锚环灌浆连接构造

多层装配式墙板结构的纵横墙板交接处及楼层内相邻承重墙板之间可采用水平钢筋锚环灌浆连接 (图 2-51),并应符合下列规定。

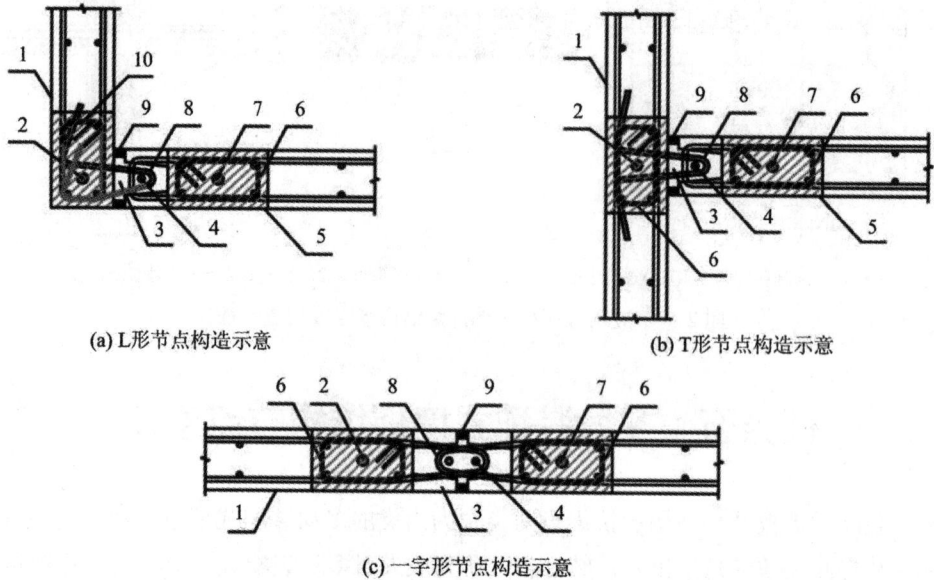

(a) L形节点构造示意　　(b) T形节点构造示意

(c) 一字形节点构造示意

1—纵向预制墙体;2,7—边缘构件纵向受力钢筋;3—后浇段;4—节点后插纵筋;5—横向预制墙体;
6,10—边缘构件箍筋;8—预留水平钢筋锚环;9—密封条。

图 2-51　水平钢筋锚环灌浆连接构造示意

(1) 应在交接处的预制墙板边缘设置构造边缘构件。

(2) 竖向接缝处应设置后浇段,后浇段横截面面积不宜小于 0.01 m²,且截面边长不宜小于 80 mm。后浇段应采用水泥基灌浆料灌实,水泥基灌浆料强度不应低于预制墙板混凝土的强度等级。

(3) 预制墙板侧边应预留水平钢筋锚环,锚环钢筋直径不应小于预制墙板水平分布筋直径,锚环间距不应大于预制墙板水平分布筋间距。同一竖向接缝左右两侧预制墙板预留水平钢筋锚环的竖向间距不宜大于 $4d(d$ 为水平钢筋锚环的直径),且不应大于 50 mm;水平钢筋锚环在墙板内的锚固长度应满足有关规定。竖向接缝内应配置截面面积不小于 200 mm² 的节点后插纵筋,且应插入墙板侧边的钢筋锚环内,上下层节点后插筋可不连接。

楼层内相邻承重墙板之间的拼缝采用锚环连接时,可不设置构造边缘构件。

三、预制墙板构造边缘构件的设置

预制墙板应在水平或竖向尺寸大于 800 mm 的洞边、一字墙墙体端部和纵横墙交接处设置构造边缘构件,并应满足下列要求。

1. 配置钢筋的构造边缘构件规定

构造边缘构件的截面高度不宜小于墙厚,且不宜小于 200 mm,截面宽度同墙厚。构

造边缘构件内应配置纵向受力钢筋、箍筋和箍筋架立筋，纵向受力钢筋应满足设计和构造要求。上下层构造边缘构件纵向受力钢筋应直接连接，可采用灌浆套筒连接、浆锚搭接连接、焊接连接或型钢连接件连接，箍筋架立筋可不伸出预制墙板表面。箍筋架立筋用于架立箍筋，并用于对边缘构件的混凝土进行侧向约束，为非纵向受力钢筋。

2. 配置型钢的构造边缘构件规定

配置型钢的构造边缘构件应满足：根据计算和构造要求得到钢筋面积并按等强度计算相应的型钢截面；型钢应在水平缝位置采用焊接或螺栓连接等方式可靠连接；型钢为一字形或开口截面时，应设置箍筋和箍筋架立筋，配筋量应满足表 2-5 的要求；当型钢为钢管时，钢管内应设置竖向钢筋并采用灌浆料填实。

表 2-5　构造边缘构件的构造配筋要求

抗震等级	底　　　层				其　他　层			
	纵筋最小量	箍筋架立筋最小量	箍筋 / mm		纵筋最小量	箍筋架立筋最小量	箍筋 / mm	
			最小直径	最大间距			最小直径	最大间距
三级	$1\phi25$	$4\phi10$	6	150	$1\phi22$	$4\phi8$	6	200
四级	$1\phi22$	$4\phi8$	6	200	$1\phi20$	$4\phi8$	6	250

任务六　外挂墙板节点设计

外挂墙板是由混凝土板和门窗等围护构件组成的完整结构体系，主要承受自重以及直接作用于其上的风荷载、地震作用、温度作用等。同时，外挂墙板也是建筑物的外围护结构，其本身不分担主体结构承受的荷载和地震作用。作为建筑物的外围护结构，绝大多数外挂墙板均附着于主体结构，其本身必须具有足够的承载能力，避免在风荷载等作用下破碎或脱落，尤其在沿海地区，应该在设计中重视台风袭击影响。除个别台风引起的灾害之外，在风荷载作用下，外挂墙板与主体结构之间的连接件发生拔出、拉断等严重破坏的情况相对较少见，主要问题是保证墙板系统自身的变形能力和适应外界变形的能力，避免因主体结构发生过大的变形而产生破坏。

在地震作用下，墙板构件会受到强烈的动力作用，相对更容易发生破坏。防止或减轻地震危害的主要途径，是在保证墙板本身有足够的承载能力的前提下，加强抗震构造措施。在多遇地震作用下，墙板一般不应产生破坏，或虽有微小损坏但不需修理仍可正常使用；在设防烈度地震作用下，墙板可能有损坏，如个别面板破损等，但不应有严重破坏，经一般修理后仍然可以使用；在预估的罕遇地震作用下，墙板自身可能产生比较严重的破坏，但墙板整体不应脱落、倒塌。这与我国现行国家标准抗震设计规范的指导思想是一致的。

综上所述，外挂墙板的设计和抗震构造措施，应保证在正常使用状态下具有良好的工作性能，在多遇地震作用下应能正常使用，在设防烈度地震作用下经修理后应仍可使用，在预估的罕遇地震作用下不应整体脱落。

一、外挂墙板连接节点设计基本原则

建筑外挂墙板支承在主体结构上，主体结构在荷载、地震作用和温度作用下会产生变形，如水平位移和竖向位移等，这些变形可能会对外墙挂板产生不良影响，应尽量避免。除了结构计算外，构造设计措施是保证外挂墙板变形能力的重要手段，如必要的胶缝宽度、构件之间的弹性或活动连接等。

外挂墙板平面内变形，是由于建筑物受风荷载或地震作用时层间发生相对位移而产生的。由于计算主体结构的变形时，所采用的风荷载或地震作用计算方法不同，故外挂墙板平面内变形要求应区分是否为抗震设计。地震作用时，可近似取主体结构在设防地震作用下弹性层间位移限值的 3 倍为控制指标，即外挂墙板与主体结构的连接节点在墙板平面内应具有不小于主体结构在设防烈度地震作用下弹性层间位移角 3 倍的变形能力，大致相当于罕遇地震作用下的层间位移。

二、外挂墙板对主体结构的影响

外挂墙板对主体结构的影响有以下几点。

(1) 支承于主体结构的外挂墙板的自重。

(2) 当外挂墙板相对于其支承构件有偏心时，应计入外挂墙板重力荷载偏心产生的不利影响。

(3) 采用点支承 (图 2-52) 与主体结构相连的外挂墙板，连接节点具有适应主体结构变形的能力时，可不计入其刚度影响。

(4) 采用线支承 (图 2-53) 与主体结构相连的外挂墙板，应根据等效刚度原则计入其刚度影响，但不得考虑外挂墙板的有利影响。

图 2-52　点挂式外挂墙板

图 2-53　线挂式外挂墙板

三、外挂墙板抗震设计原则

地震中外挂墙板振动频率高，容易受到放大的地震作用。为使设防烈度下外挂墙板不产生破损，减少其脱落后的伤人事故，因此在多遇地震作用计算时考虑动力放大系数。按照现行国家抗震设计规范有关非结构构件的地震作用计算，外挂墙板结构的地震作用动力放大系数约为 5.0。多遇地震作用下，外挂墙板构件应基本处于弹性工作状态，其地震作用可采用简化的等效静力方法计算。

相对传统的幕墙系统，预制混凝土外挂墙板的自重较大。外挂墙板与主体结构的连接往往超静定次数低，也缺乏良好的耗能机制，其破坏模式通常属于脆性破坏。连接破坏一旦发生，会造成外挂墙板整体坠落，产生十分严重的后果。因此，需要对连接节点承载力进行必要的提高。对于地震作用来说，在多遇地震作用计算的基础上通过将作用效应放大2.0，可使结构性能接近达到"中震弹性"的要求。

四、外挂墙板的形式和尺寸

考虑到预制外挂墙板生产和现场安装的需要，外挂墙板系统必须分割成各自独立承受荷载的板片。同时应合理确定板缝宽度，确保各种工况下各板片间不会产生挤压和碰撞。主体结构变形引起的板片位移是确定板缝宽度的控制性因素，为保证外挂墙板的工作性能，根据已有的经验，在层间位移角为 1/300 的情况下，板缝宽度变化不应造成填缝材料的损坏；在层间位移角为 1/100 的情况下，墙板本体的性能保持正常，仅填缝材料需进行修补，且应确保板片间不发生碰撞。

所以在设计时，外挂墙板的形式和尺寸应根据建筑立面造型、主体结构层间位移限值、楼层高度、节点连接形式、温度变化、接缝构造、运输限制条件和现场起吊能力等因素确定。板间接缝宽度应根据计算确定且不宜小于 10 mm，当计算缝宽大于 30 mm 时，宜调整外挂墙板的形式或连接方式。

五、外挂墙板与主体结构连接节点构造要求

外挂墙板与主体结构连接节点构造要求如下。

1. 外挂墙板与主体结构点支承连接节点构造要求

(1) 连接点数量和位置应根据外挂墙板形状、尺寸确定，连接点不应少于 4 个，承重连接点不应多于 2 个。

(2) 在外力作用下，外挂墙板相对主体结构在墙板平面内应能水平滑动或转动。

(3) 连接件的滑动孔尺寸应根据穿孔螺栓直径、变形能力需求和施工允许偏差等因素确定。

2. 外挂墙板与主体结构线支承连接 (图 2-54) 节点构造要求

(1) 外挂墙板顶部与梁连接，且固定连接区段应避开梁端 1.5 倍梁高长度范围。

(2) 外挂墙板与梁的结合面应采用粗糙面并设置键槽。接缝处应设置连接钢筋，连接钢筋数量应经过计算确定且钢筋直径不宜小于 10 mm，间距不宜大于 200 mm；连接钢筋在外挂墙板和楼面梁后浇混凝土中的锚固应符合设计有关规定。

(3) 外挂墙板的底端应设置不少于 2 个仅对墙板有平面外约束的连接节点。

(4) 外挂墙板的侧边不应与主体结构连接。

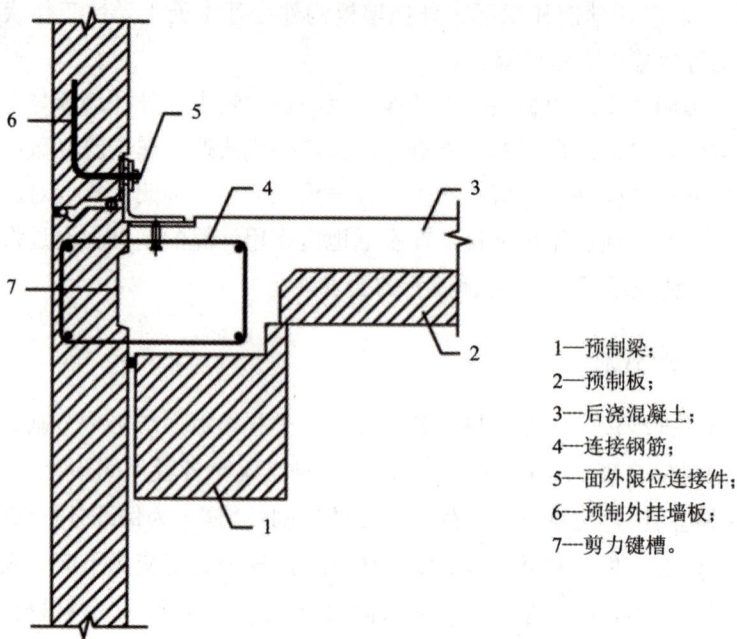

1—预制梁；
2—预制板；
3—后浇混凝土；
4—连接钢筋；
5—面外限位连接件；
6—预制外挂墙板；
7—剪力键槽。

图 2-54 外挂墙板与主体结构线支承连接示意

六、外挂墙板结构变形缝处要求

外挂墙板不应跨越主体结构的变形缝。主体结构变形缝两侧的外挂墙板的构造缝应能适应主体结构的变形要求，宜采用柔性连接设计或滑动型连接设计，并采取易于修复的构造措施。

拓展提高

外挂墙板与主体结构的柔性连接

在很多地区外挂墙板与主体结构的连接节点采用柔性连接的点支承方式。点支承的外挂墙板可区分为平移式外挂墙板和旋转式外挂墙板两种形式 (图 2-55)。它们与主体结构的连接节点又可以分为承重节点和非承重节点两类。

一般情况下，外挂墙板与主体结构的连接宜设置 4 个支承点：当下部两个为承重节点时，上部两个宜为非承重节点；相反，当上部两个为承重节点时，下部两个宜为非承重节点。应注意，平移式外挂墙板与旋转式外挂墙板的承重节点和非承重节点的受力状态和构造要求是不同的，因此设计要求也是不同的。根据工程实践经验，点支承的连接节点一般采用在连接件和预埋件之间设置带有长圆孔的滑移垫片，形成平面内可滑移的支座。当外挂墙板相对于主体结构可能产生转动时，长圆孔宜按垂直方向设置；当外挂墙板相对于主体结构可能产生平动时，长圆孔宜按水平方向设置。

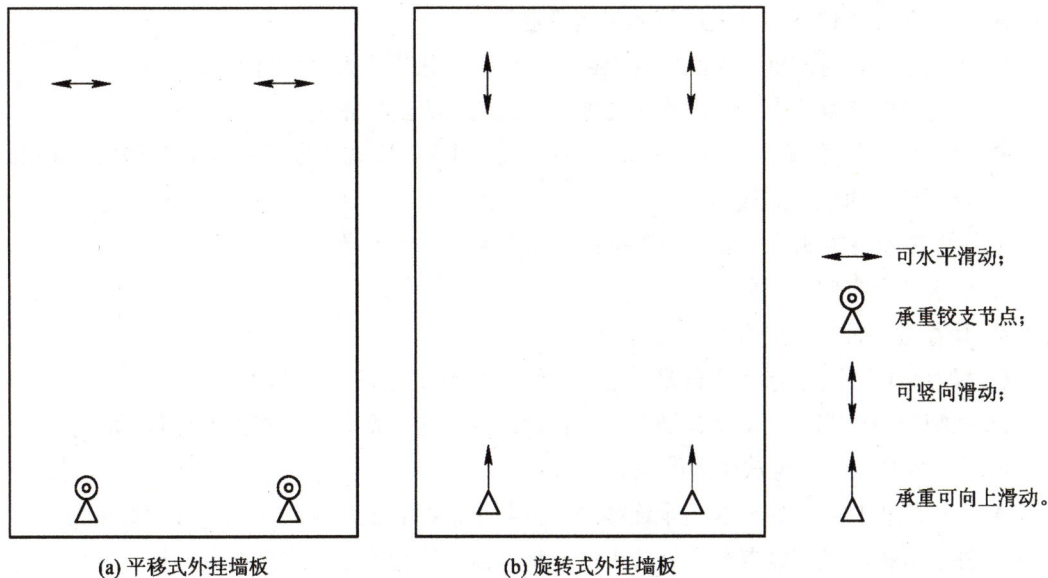

(a) 平移式外挂墙板　　　　(b) 旋转式外挂墙板

图 2-55　点支承式外挂墙板及其连接节点形式示意

课 后 习 题

一、填空题

1. 预制楼梯在构件厂的生产方式主要有 _____ 生产与 _____ 生产两种。

2. 预制夹心外墙板根据其内、外叶墙板间的连接构造，又可以分为 _____ 和 _____ 。

3. 叠合板的预制板厚度不宜小于 _____ ，后浇混凝土叠合层厚度不应小于 _____ ；跨度大于 3 m 的叠合板，宜采用 _____ ；跨度大于 6 m 的叠合板，宜采用 _____ ；板厚大于 _____ 的叠合板，宜采用混凝土空心板。

4. 当预制板之间采用分离式接缝时，该板块内的各叠合板可各自按 _____ 设计。

5. 双向叠合板板侧的整体式接缝可采用 _____ 形式，宜设置在叠合板的 _____ 方向且宜避开 _____ 位置。

6. 当采用套筒灌浆连接或浆锚搭接连接时，预制剪力墙底部接缝宜设置在 _____ ；接缝高度不宜小于 _____ ，接缝处后浇混凝土上表面应设置 _____ ，有利于保证接缝承载力。

二、选择题

1. 柱纵向受力钢筋在柱底连接时，柱箍筋加密区长度不应小于纵向受力钢筋连接区域长度与(　　)之和；当采用套筒灌浆连接或浆锚连接等方式时，套筒或搭接段上端第一道箍筋距离套筒或搭接段顶部不应大于(　　)。

A. 500 mm，100 mm　　　　　　B. 1000 mm，100 mm

C. 500 mm，50 mm　　　　　　 D. 1000 mm，50 mm

2. 关于叠合梁箍筋，以下说法错误的是(　　)。

A. 施工允许条件下，宜采用整体封闭箍筋

B. 当采用整体封闭箍筋无法安装上部纵筋时，可采用组合封闭箍筋

C. 在受扭的叠合梁中，考虑施工方便，宜采用组合封闭箍筋

D. 叠合框架梁梁端加密区中不宜采用组合封闭箍，因构件发生破坏时箍筋对混凝土及纵筋的约束作用较弱

3. 关于装配整体式剪力墙结构的布置，以下说法错误的是 (   )。

A. 应沿两个方向布置剪力墙

B. 剪力墙平面布置宜简单、规则

C. 剪力墙自下而上宜连续布置，避免层间侧向刚度突变

D. 预制剪力墙洞口宜上下错洞布置，使得削弱位置平衡，呈现多变的建筑风格

4. 关于外挂墙板的说法错误的是 (   )。

A. 外挂墙板与主体结构线支承连接时，其与梁的结合面应采用粗糙面并设置键槽

B. 外挂墙板的底端设置平面外约束的连接节点，侧边不应与主体结构连接

C. 外挂墙板不应跨越主体结构的变形缝

D. 变形缝两侧外挂墙板的构造缝宜采用刚性连接设计，以保证足够的强度

三、识图题

1. 识图 2-56：

(1) 该图为 ＿＿＿＿＿＿＿＿＿＿ 构件设置桁架钢筋构造示意。

(2) 请填写图中各部分名称：

1—＿＿＿＿；2—＿＿＿＿；3—＿＿＿＿；4—＿＿＿＿；5—＿＿＿＿。

(3) 桁架钢筋应沿 ＿＿＿＿＿ 方向布置。

(4) 桁架钢筋距板边不应大于 ＿＿＿＿＿，间距不宜大于 ＿＿＿＿＿。

(5) 桁架钢筋弦杆钢筋直径不宜小于 ＿＿＿＿＿，腹杆钢筋直径不应小于 ＿＿＿＿＿。

(6) 桁架钢筋弦杆混凝土保护层厚度不应小于 ＿＿＿＿＿。

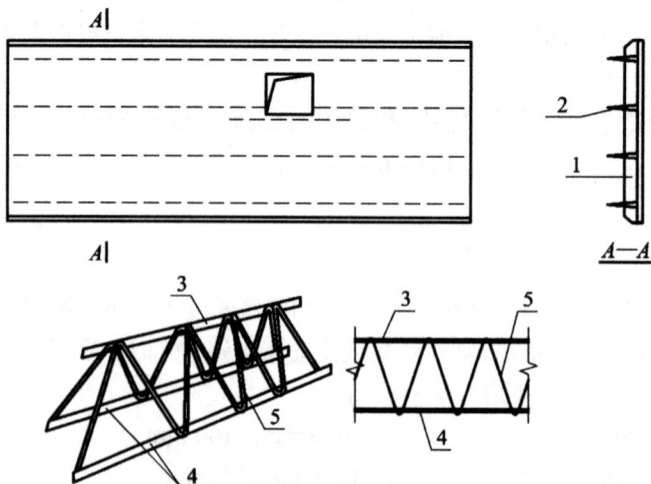

图 2-56 桁架钢筋构造示意

2. 识图 2-57：

(1) 该图为外挂墙板 ＿＿＿＿＿＿ 连接示意。

(2) 请填写图中各部分名称：

1—＿＿＿＿＿；2—＿＿＿＿＿；3—＿＿＿＿＿；4—＿＿＿＿＿；

5—＿＿＿＿＿；6—＿＿＿＿＿；7—＿＿＿＿＿。

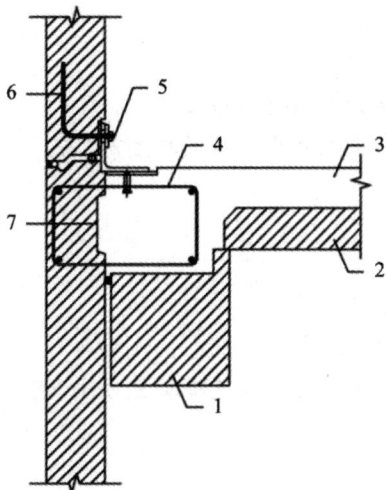

图 2-57　外挂墙板连接示意

3. 识图 2-58：

(1) 图 2-58 为上下层预制剪力墙竖向钢筋 ＿＿＿＿＿＿ 套筒灌浆连接构造示意。

(2) 请填写图中各部分名称：

1—＿＿＿＿＿＿＿＿＿；2—＿＿＿＿＿＿＿＿＿；3—＿＿＿＿＿＿＿＿＿。

(3) 本连接构造中，连接钢筋的直径不应小于 ＿＿＿＿＿＿，同侧间距不应大于 ＿＿＿＿＿＿，且在剪力墙构件承载力设计和分布钢筋配筋率计算中不得计入 ＿＿＿＿＿＿；未连接的竖向分布钢筋直径不应小于 ＿＿＿＿＿＿。

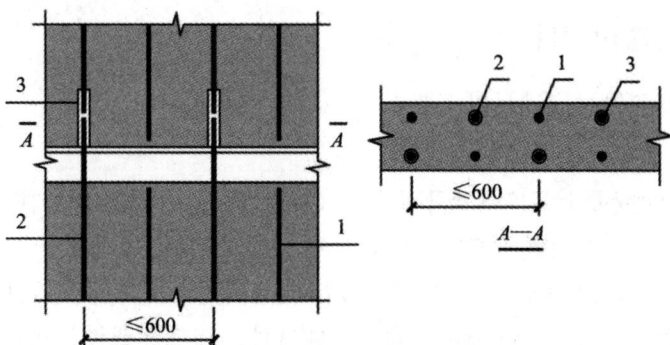

图 2-58　套筒灌浆连接构造示意

四、问答题

1. 高层建筑装配整体式混凝土结构宜采用现浇混凝土的部分有哪些？

2. 外挂墙板的抗震设计目标是什么？

模块 3　装配式混凝土构件制作与生产

知识目标

- 掌握装配式混凝土构件的常用材料与设备。
- 掌握装配式混凝土构件常见的生产模式与生产工艺。

能力目标

- 能够组织装配式构件生产工作。
- 会使用构件生产厂的仪器设备。
- 能够针对不同类型构件的特点合理选择工艺方法和制定生产方案。

素质目标

- 具有集体意识、良好的职业道德修养和与他人合作的精神，能协调同事之间、上下级之间的工作关系。

任务一　装配式混凝土建筑常用材料

装配式混凝土建筑常用材料包括混凝土、钢筋和钢材、连接材料、密封和保温材料、预制构件模具与预制构件内钢筋垫块。

一、混凝土、钢筋和钢材

混凝土、钢筋和钢材应满足以下要求。

1.混凝土

(1) 预制构件的混凝土强度等级不宜低于 C30；预应力混凝土预制构件的混凝土强度等级不宜低于 C40，且不应低于 C30；现浇混凝土的强度等级不应低于 C25。

(2) 混凝土强度等级应按立方体抗压强度标准值确定。立方体抗压强度标准值系指按标准方法制作、养护的边长为 150 mm 的立方体试件，在 28d 或设计规定龄期以标准试验方法测得的具有 95% 保证率的抗压强度值。

2.钢筋

(1) 预制装配式建筑结构中，纵向受力普通钢筋宜采用 HRB400、HRB500、HRBF400、HRBF500 钢筋，也可采用 HPB300、HRB335、HRBF335、RRB400 钢筋。其中梁、柱纵向受力普通钢筋应采用 HRB400、HRB500、HRBF400、HRBF500 钢筋；箍筋宜采用 HPB300、HRB400、HRBF400、HRB500、HRBF500 钢筋，也可采用 HRB335、HRBF335 钢筋。预应力筋宜采用预应力钢丝、钢绞线和预应力螺纹钢筋。

(2) 钢筋的强度标准值应具有不小于 95% 的保证率。

(3) 普通钢筋采用套筒灌浆连接和浆锚搭接连接时，钢筋应采用热轧带肋钢筋。预制构件的吊环应采用未经冷加工的 HPB300 级钢筋制作。吊装用内埋式螺母或吊杆的材料应符合国家现行相关标准的规定。

(4) 钢筋焊接网应符合相关现行行业标准的规定。

3. 钢材

(1) 为保证承重结构的承载能力，并防止在一定条件下出现脆性破坏，应根据结构的重要性、荷载特征、结构形式、应力状态、连接方法、钢材厚度和工作环境等因素综合考虑，选用合适的钢材牌号和材性。

(2) 承重结构的钢材宜采用 Q235 钢、Q345 钢、Q390 钢和 Q420 钢，其质量应符合相关现行国家标准的规定。当采用其他牌号的钢材时，尚应符合相应有关标准的规定和要求。

二、连接材料

连接材料包括套筒灌浆连接头、钢筋连接用套筒灌浆料、浆锚搭接材料、钢筋锚固板和夹心保温外墙板拉结件，并应满足以下条件。

1. 套筒灌浆连接接头

(1) 钢筋连接用灌浆套筒，是指通过水泥基灌浆料的传力作用将钢筋对接连接所采用的金属套筒，通常采用铸造工艺或者机械加工工艺制造。

(2) 按加工方式分类，灌浆套筒分为铸造灌浆套筒和机械加工灌浆套筒。

(3) 按结构形式分类，灌浆套筒可分为全灌浆套筒和半灌浆套筒。全灌浆套筒是指接头两端均采用灌浆方式连接钢筋的灌浆套筒；半灌浆套筒是指接头一端采用灌浆方式连接，另一端采用机械连接方式连接钢筋的灌浆套筒，通常另一端采用螺纹连接。

(4) 按照单元组成分类，全灌浆套筒可分为整体式全灌浆套筒和分体式全灌浆套筒，前者是筒体由一个单元组成的全灌浆套筒，后者是筒体由两个单元通过螺纹连接成整体的全灌浆套筒。半灌浆套筒可分为整体式半灌浆套筒和分体式半灌浆套筒，前者是筒体由一个单元组成的半灌浆套筒，后者是由相互独立的灌浆端筒体和螺纹连接单元组成的半灌浆套筒 (图 3-1)。

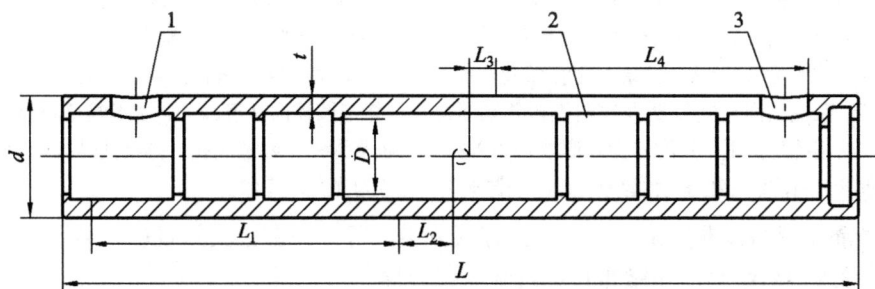

(a) 整体式全灌浆套筒

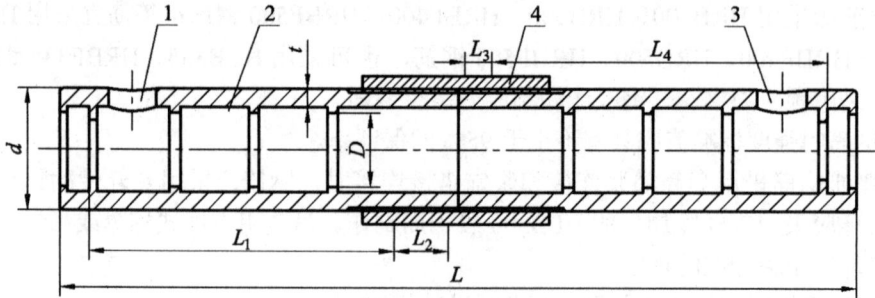

(b) 分体式全灌浆套筒

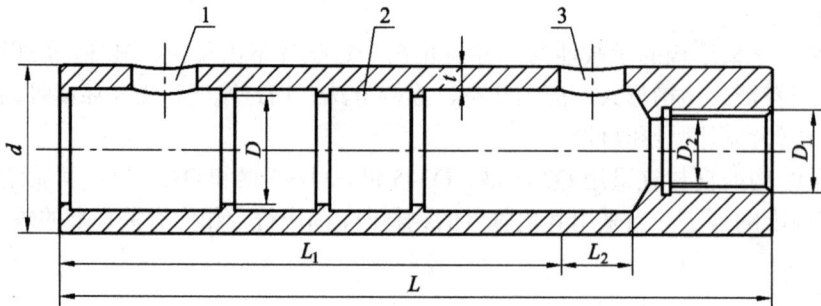

(c) 整体式半灌浆套筒

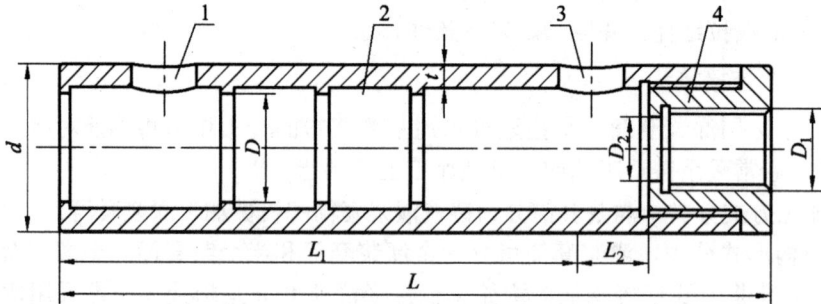

(d) 分体式半灌浆套筒

1—灌浆孔；2—剪力槽；3—排浆孔；4—连接套筒；L—灌浆套筒总长；L_1—注浆端锚固长度；
L_2—装配端预留钢筋安装调整长度；L_3—预制端预留钢筋安装调整长度；L_4—排浆端锚固长度；
t—灌浆套筒名义壁厚；d—灌浆套筒外径；D—灌浆套筒最小内径；
D_1—灌浆套筒机械连接端螺纹的公称直径；D_2—灌浆套筒螺纹端与灌浆端连接处的通孔直径。

图 3-1 灌浆套筒单元组成示意图

注：D 不包括灌浆孔和排浆孔外侧因导向、定位等比锚固段环形突起内径偏小的尺寸，D 可为非等截面。图 a 中间虚线部分为竖向全灌浆套筒设计的中部限位挡片或挡杆。当灌浆套筒为竖向连接套筒时，套筒注浆端锚固长度 L_1 为从套筒端面至挡销圆柱面深度减去调整长度 20 mm；当灌浆套筒为水平连接套筒时，套筒注浆端锚固长度 L_1 为从密封圈内侧端面位置至挡销圆柱面深度减去调整长度 20 mm。

其中，灌浆孔是指用于加注水泥基灌浆料的入料口，通常为光孔或螺纹孔；排浆孔是指用于加注水泥灌浆料时通气并将注满后的多余灌浆料溢出的排料口，通常为光孔或螺纹孔。

(5) 半灌浆套筒按非灌浆一端的连接方式分类，可分为直接滚轧直螺纹半灌浆套筒、剥肋滚轧直螺纹半灌浆套筒和镦粗直螺纹半灌浆套筒。

灌浆套筒型号由名称代号、分类代号、钢筋强度级别主参数代号、加工方式分类代号、钢筋直径主参数代号、特征代号和更新及变型代号组成。灌浆套筒主参数应为被连接钢筋的强度级别和公称直径。灌浆套筒型号 (图 3-2) 表示如下。

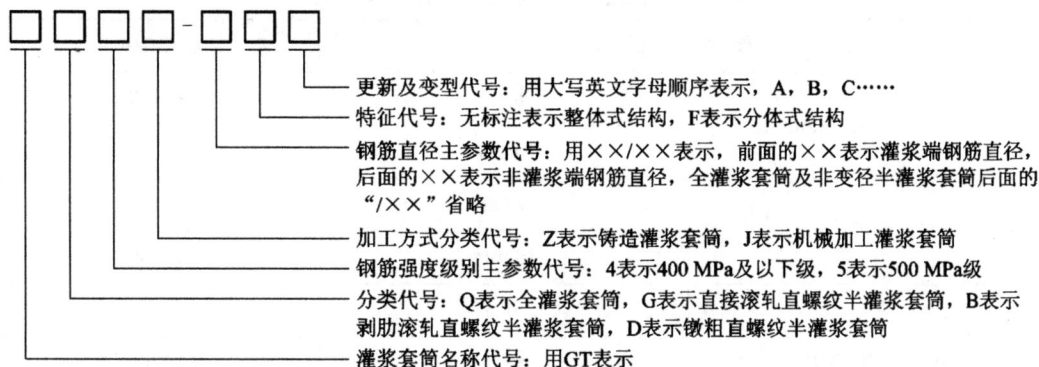

　　更新及变型代号：用大写英文字母顺序表示，A，B，C……
　　特征代号：无标注表示整体式结构，F 表示分体式结构
　　钢筋直径主参数代号：用××/××表示，前面的××表示灌浆端钢筋直径，后面的××表示非灌浆端钢筋直径，全灌浆套筒及非变径半灌浆套筒后面的"/××"省略
　　加工方式分类代号：Z 表示铸造灌浆套筒，J 表示机械加工灌浆套筒
　　钢筋强度级别主参数代号：4 表示 400 MPa 及以下级，5 表示 500 MPa 级
　　分类代号：Q 表示全灌浆套筒，G 表示直接滚轧直螺纹半灌浆套筒，B 表示剥肋滚轧直螺纹半灌浆套筒，D 表示镦粗直螺纹半灌浆套筒
　　灌浆套筒名称代号：用 GT 表示

图 3-2　灌浆套筒型号组成

　　例如，连接标准屈服强度为 400 MPa，直径 40 mm 钢筋，采用铸造加工的整体式全灌浆套筒表示为：GTQ4Z-40；连接标准屈服强度为 500 MPa 钢筋，灌浆端连接直径 36 mm 钢筋，非灌浆端连接直径 32 mm 钢筋，采用机械加工方式加工的剥肋滚轧直螺纹半灌浆套筒的第一次变型表示为：GTB5J-36/32A。

　　2. 钢筋连接用套筒灌浆料

　　钢筋连接用套筒灌浆料，是以水泥为基本材料，配以细骨料，以及混凝土外加剂和其他材料组成的干混料，加水搅拌后具有良好的流动性、早强、高强、微膨胀等性能，填充于套筒和带肋钢筋间隙内的干粉料，简称"套筒灌浆料"。

　　常温型套筒灌浆料是适用于灌浆施工及养护过程中 24 h 内灌浆部位环境温度不低于 5℃ 的套筒灌浆料；低温型套筒灌浆料是适用于灌浆施工及养护过程中 24 h 内温度不低于 −5℃，且灌浆施工过程中温度不高于 10℃ 的套筒灌浆料。

　　常温型套筒灌浆料的性能应符合表 3-1 的规定。

表 3-1　常温型套筒灌浆料的性能指标

检 测 项 目		性能指标
流动度 / mm	初始	≥300
	30 min	≥260
抗压强度 / MPa	1 d	≥35
	3 d	≥60
	28 d	≥85
竖向膨胀率 / %	3 h	0.02～2
	24 h 与 3 h 差值	0.02～0.40
28 d 自干燥收缩 / %		≤0.045
氯离子含量 / %		≤0.03
泌水率 / %		0

注：氯离子含量以灌浆料总量为基准。

低温型套筒灌浆料的性能应符合表 3-2 的规定。

表 3-2   低温型套筒灌浆料的性能指标

检 测 项 目		性能指标
-5℃流动度 / mm	初始	≥300
	30 min	≥260
8℃流动度 / mm	初始	≥300
	30 min	≥260
抗压强度 / MPa	-1 d	≥35
	-3 d	≥60
	-7 d + 21 d	≥85
竖向膨胀率 / %	3 h	0.02～2
	24 h 与 3 h 差值	0.02～0.40
28 d 自干燥收缩 / %		≤0.045
氯离子含量 / %		≤0.03
泌水率 / %		0

注：-1 d 代表在负温养护 1 d；

-3 d 代表在负温养护 3 d；

-7 d + 21 d 代表在负温养护 7 d 转标准养护 21 d；

氯离子含量以灌浆料总量为基准。

钢筋连接用套筒灌浆料多采用预拌成品灌浆料，生产厂家应提供产品合格证、使用说明书和产品质量检测报告。交货时，产品的质量验收可抽取实物试样，以其检验结果为依据，也可以产品同批号的检验报告为依据。采用何种方法验收由买卖双方商定，并在合同或协议中注明。

套筒灌浆料应采用防潮袋 (筒) 包装。每袋 (筒) 净质量宜为 25 kg，且不应小于标志质量的 99%。随机抽取 40 袋 (筒)25 kg 包装的产品，其总净质量不应少于 1000 kg。包装袋 (筒) 上应标明产品名称、型号、净质量、使用要点、生产厂家 (包括单位地址、电话)、生产批号、生产日期、保质期等内容。

产品运输和贮存时不应受潮和混入杂物。产品应贮存于通风、干燥、阴凉处，运输过程中应注意避免阳光长时间照射。

3. 浆锚搭接材料

钢筋浆锚搭接连接接头应采用水泥基灌浆料，灌浆料的性能应满足表 3-3 的要求。

表 3-3　钢筋浆锚搭接连接接头用灌浆料性能要求

项　目		性能指标	试验方法标准
泌水率 / %		0	《普通混凝土拌合物性能试验方法标准》(GB/T 50080—2016)
流动度 / mm	初始值	≥200	《水泥基灌浆材料应用技术规范》(GB/T 50448—2015)
	30 min 保留值	≥150	
竖向膨胀率 / %	3 h	≥0.02	《水泥基灌浆材料应用技术规范》(GB/T 50448—2015)
	24 h 与 3 h 的膨胀率之差	0.02~0.5	
抗压强度 / MPa	1 d	≥35	《水泥基灌浆材料应用技术规范》(GB/T 50448—2015)
	3 d	≥55	
	28 d	≥80	
氯离子含量 / %		≤0.06	《混凝土外加剂匀质性试验方法》(GB/T 8077—2023)

4. 钢筋锚固板 (图 3-3)

锚固板是指设置于钢筋端部用于钢筋锚固的承压板。按照发挥钢筋抗拉强度的不同机理，锚固板分为全锚固板和部分锚固板。全锚固板是指依靠锚固板承压面的混凝土承压作用发挥钢筋抗拉强度的锚固板；部分锚固板是指依靠埋入长度范围内钢筋与混凝土的粘结和锚固板承压面的混凝土承压作用共同发挥钢筋抗拉强度的锚固板。锚固板放置的方向分为正放和反放两种 (图 3-4)。

图 3-3　钢筋锚固板

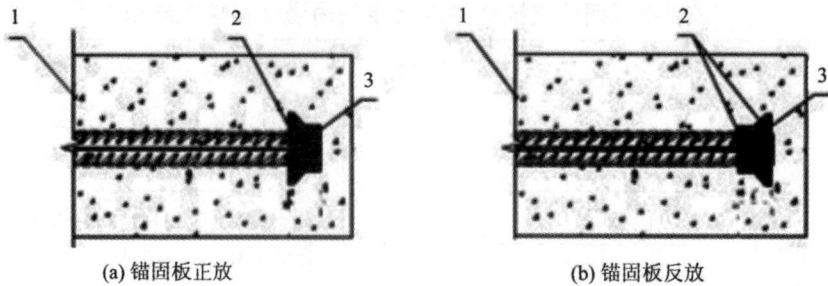

(a) 锚固板正放　　　　　　　　　　　(b) 锚固板反放

1—锚固区钢筋应力最大处截面；2—锚固板承压面；3—锚固板端面。

图 3-4　锚固板放置示意图

锚固板应按照不同分类确定其尺寸，且应符合下列要求。

(1) 全锚固板承压面积不应小于钢筋公称面积的 9 倍。

(2) 部分锚固板承压面积不应小于钢筋公称面积的 4.5 倍。

(3) 锚固板厚度不应小于被锚固钢筋直径的 1 倍。

(4) 当采用不等厚或长方形锚固板时，除应满足上述面积和厚度要求外，尚应通过国家、省部级主管部门组织的产品鉴定。

受力预埋件的锚固板及锚筋材料应符合现行国家标准《混凝土结构设计规范》(GB 50010—2010) 的有关规定。专用预埋件及连接件材料应符合国家现行有关标准的规定。

连接用焊接材料，螺栓、锚栓和铆钉等紧固件的材料应符合国家现行标准《钢结构设计标准》(GB 50017—2017)、《钢结构焊接规范》(GB 50661—2011) 和《钢筋焊接及验收规程》(JGJ 18—2022) 等的规定。

5. 夹心保温外墙板拉结件

夹心外墙板可以作为结构构件承受荷载和作用，同时又具有保温节能功能，它集承重、保温、防水、防火和装饰等多项功能于一体，因此应用较为广泛。保证夹心外墙板内外叶墙板拉结件的性能是十分重要的。拉结件通常采用纤维增强复合塑料 (图 3-5) 或不锈钢丝制作，并应符合下列规定。

(1) 金属及非金属材料拉结件均应具有规定的承载力、变形和耐久性能，并应经过试验验证。

(2) 拉结件应满足夹心外墙板的节能设计要求。

图 3-5　纤维增强复合塑料拉结件

(3) 拉结件密度、拉伸强度、拉伸弹性模量、断裂伸长率、热膨胀系数、耐碱性、防火性能以及导热系数等满足相关标准规定。

(4) 拉结件的设置宜采用矩形或梅花形布置，间距一般为 400～600 mm，拉结件距离墙体洞口边缘一般为 100～200 mm，或者按照计算设计相关尺寸。

(5) 拉结件的锚入方式、锚入深度、保护层厚度等参数满足相关标准规定。

三、密封和保温材料

装配式混凝土建筑的密封和保温材料应满足以下标准要求。

1. 外墙板接缝处密封材料

外墙板接缝处的密封材料应符合下列规定。

(1) 密封胶应与混凝土具有相容性，以及规定的抗剪切和伸缩变形能力；密封胶尚应具有防霉、防水、防火和耐候等性能。

(2) 硅酮、聚氨酯、聚硫建筑密封胶应符合相关国家现行标准的规定。

(3) 夹心外墙板接缝处填充用保温材料的燃烧性能应满足国家标准《建筑材料及制品燃烧性能分级》(GB 8624—2012) 中 A 级的要求。

2. 夹心外墙板保温材料

夹心外墙板中的保温材料，其导热系数不宜大于 0.040 W/(m·K)，体积比吸水率不宜大于 0.3%，燃烧性能不应低于国家标准《建筑材料及制品燃烧性能分级》(GB 8624—2012) 中 B_2 级的要求。

《建筑材料及制品燃烧性能分级》(GB 8624—2012) 对建筑材料及制品的燃烧性能等级规定见表 3-4。

表 3-4　建筑材料及制品的燃烧性能等级

燃烧性能等级	名　称
A	不燃材料 (制品)
B_1	难燃材料 (制品)
B_2	可燃材料 (制品)
B_3	易燃材料 (制品)

3. 室内装修材料

装配式建筑采用的室内装修材料应符合现行国家标准《民用建筑工程室内环境污染控制标准》(GB 50325—2020) 和《建筑内部装修设计防火规范》(GB 50222—2017) 的有关规定。通过控制建筑材料和装修材料中污染物的释放，从而控制室内环境污染。规范建筑内部装修设计，可以减少火灾危害，保护人身和财产安全。建筑内部装修设计应积极采用不燃性材料和难燃性材料，避免采用燃烧时产生大量浓烟或有毒气体的材料，做到安全适用、技术先进、经济合理。

四、预制构件模具

装配式混凝土建筑的预制构件模具应满足以下标准。

1. 模具类型

当前模具类型主要有独立式模具和大底模式模具。独立式模具用钢量较大，常针对特殊构件设置，组合多变性有限，适用于构件类型较单一且重复次数多的项目；大底模式模具底模可公用，只加工侧模具组装即可，故为了达到较大的适用性，可在其他工程上重复使用，通常将底模台设置为大尺寸，这种类型应用更广。

主要模具类型有大底模、叠合楼板模具、阳台板模具、楼梯模具、内墙板模具和外墙板模具等。

2. 设计要求

预制构件模具以钢模为主，面板主材选用 Q235 钢板，支撑结构可选用型钢或者钢板，规格可根据模具形式选择，模具应满足以下要求。

(1) 模具应具有足够的承载力、刚度和稳定性，保证在构件生产时能可靠承受浇筑混凝土的重量、侧压力及工作荷载。为了达到模具的设计使用次数，在必要的部位应设置肋板以增强整体刚度。

(2) 模具应支、拆方便，且应便于钢筋安装和混凝土的浇筑、养护。

(3) 模具的部件与部件之间应连接牢固，预制构件上的预埋件均应有可靠的固定措施。

3. 安装与拆除要求

(1) 模具安装做好防漏处理。

侧模、边模的豁口和外漏钢筋数量较多 (图 3-6)，给安装和拆模都带来很大困难。为了便于拆模，豁口设计较大，可以用橡胶等材料将混凝土与侧模、边模分离开，既做好防漏处理，又降低了拆卸难度。

图 3-6　侧模豁口

(2) 边模和预埋件定位准确。

边模与底模通过螺栓连接或磁盒连接。选用螺栓连接时应在每个边模上设置 3～4 个定位销，保证精确地定位。为了快速拆卸，也可采用磁盒 (图 3-7) 固定。磁盒是利用强磁芯与钢模台的吸附力，通过导杆传递至不锈钢外壳上，用卡口横向定位，同时用高硬度可调节紧固螺丝产生强下压力，直接或通过其他紧固件传递压力，从而将模具牢牢的固定于模台上。

图 3-7　磁盒

预制混凝土构件的预埋件较多，且精度要求很高，需在模具上精确定位，有些预埋件的定位在底模上完成，有些预埋件不与底模接触，需要通过靠边模支撑的吊模 (图 3-8) 完成定位。吊模要拆卸方便，定位固定以防止错用。

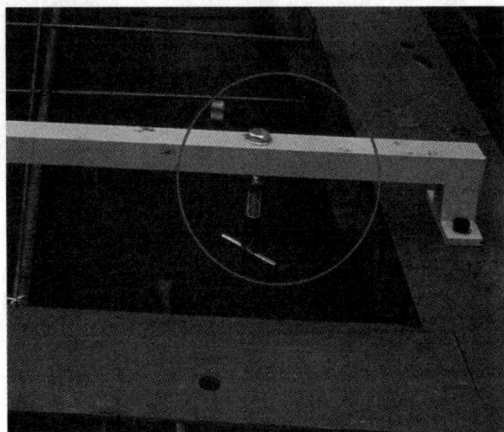

图 3-8　吊模定位预埋螺母

(3) 模具拆除与养护。

模具的拆除和养护应满足以下要求。

① 每个构件均需要若干模具拼接而成，故模具设计较零碎，需按顺序统一编号，防止错用。

② 预制混凝土构件进行蒸气养护之前，应将吊模和防漏浆的相关部件拆除。一是在混凝土强度发展前拆卸较方便，二是无论在流水线上还是在蒸养窑中，均不占用较高的竖向空间。

③ 构件脱模时应首先将边模上的螺栓和定位销全部拆卸掉，为了保证模具使用寿命，禁止使用大锤。拆卸的工具宜为皮锤、羊角锤、小撬棍等工具。

④ 在模具暂时不使用时，需在模具上涂刷一层机油，防止腐蚀。

五、预制构件内钢筋垫块

预制构件内钢筋垫块宜采用塑料类垫块 (图 3-9)，且应与钢筋骨架或网片绑扎牢固，垫块按梅花状布置，间距应满足钢筋限位及控制变形的要求。钢筋骨架入模时应平直、无损伤，表面不得有油污或者锈蚀。应按构件图纸安装好钢筋连接套筒、连接件和预埋件。

图 3-9   垫块

任务二   装配式混凝土构件生产模式与设备

思政小课堂

预制构件生产与智能制造

我国装配式建筑正在积极探索标准化设计、工厂化生产和信息化管理，这是现代化、工业化生产方式的具体表现。生产基地采用"智能制造平台"，通过给所有生产线装上"大脑"，能够同时生产上百种不同尺寸的构件。企业不断探索智能化制造，已实现钢筋全自动化加工、产品自动脱模和混凝土自动浇筑等生产方式。"智能制造平台"还可实现对 PC 构件繁杂生产流程的智慧管理。装配式混凝土结构的典型构件在预制构件厂经由哪些设备生产而成呢？下面将对装配式混凝土构件的生产模式与设备进行学习。

一、构件生产厂基本布局

构件生产厂的区域，主要有混凝土搅拌区、钢筋加工区，混凝土输送线路、构件生产线和构件存储区等。不同类型的构件生产流程是不同的，需要用到的设备也有所不同。比如，叠合板的上表面要形成粗糙面，需要用到拉毛机；而墙板的表面要达到平整光滑，则需用抹光机进行提浆收光，叠合板生产完毕脱模后，水平叠放；墙板则需翻板机将其直立脱模后，竖直存放，墙板、楼板类构件适用于流水线生产的模式，梁、柱、楼梯等特殊构件则适用于固定工位的生产作业。

二、预制构件生产模式

预制构件的制作工艺通常有固定模台法和移动模台法两种。固定模台法是模具布置在固定的位置上,生产设备逐个通过模具或人工移动至模具操作的构件制作方法;移动模台法是模具在流水线上移动,逐步通过各个固定的生产工位进行构件制作方法,也称为流水线工艺。

1. 固定模台法

固定模台法(图 3-10)的构件生产全过程位置不可改变,模具组装、布筋、绑扎、预埋件安放、混凝土浇筑振捣和构件表面的磨平或拉毛均在固定工位进行,待构件强度达到一定要求后可进行移动、翻板或吊装运输。该方法一般用来生产梁、柱、墙板、楼梯、飘窗、阳台等构件。它最大的优势是适用范围广,尤其适合大型构件或形状设计较特殊的构件,灵活方便,适应性强,通过合理的设置也可具备高度机械化、自动化特点。

图 3-10 固定模台

2. 移动模台法

移动模台是通过辊道(图 3-11)或轨道实现位置的改变。模台先移动到组模区进行模具组装,随后移动至钢筋区进行布筋、绑扎和预埋件操作,然后移动至浇筑振捣平台上进行混凝土布料、振捣、抹平、磨平或拉毛处理,运送至养护区养护,最后进行脱模、运输和堆放。流动模台适合生产叠合板、无装饰面层的墙板及其他标准型构件,生产效率和机械化程度高。

图 3-11 移动模台

三、常见构件生产设备

对于装配式混凝土结构而言，预制混凝土构件的设计、加工和生产对项目整体质量及安全性能起决定性作用，预制混凝土构件常见的有梁、板、柱、剪力墙、外挂墙板、楼梯、阳台、空调板、女儿墙等，它们通常是在工厂中通过标准化、机械化方式加工生产的混凝土部件，主要组成材料为混凝土、钢筋、预埋件、保温材料等。

由于构件在工厂内机械化加工生产，构件质量及精度可控，且受环境因素影响较小。采用预制构件进行工程建造，可达到节能减排、减噪降尘、减员增效、缩短工期等目标。以预制夹心保温外墙板生产过程流程为例 (图 3-12)，构件生产各环节需要用到一定的机械设备以达到相应的生产目标。常见的设备如下。

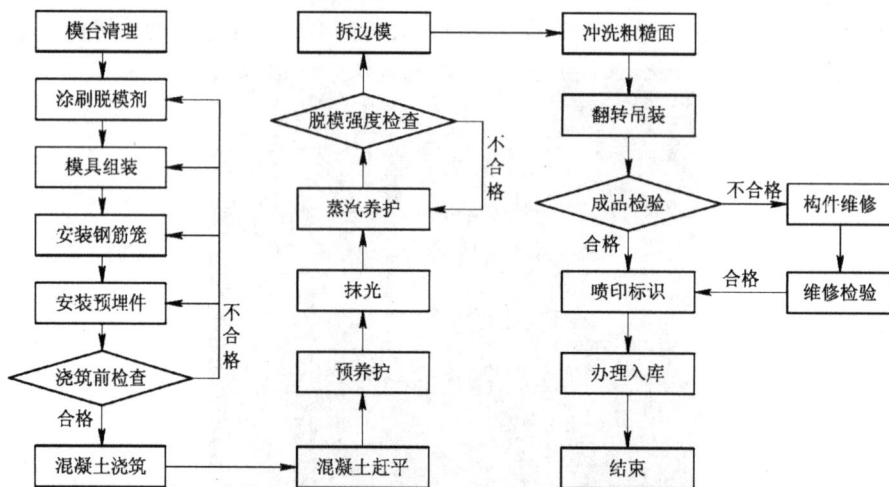

图 3-12　预制夹心保温外墙板生产过程流程

1. 模台清理机

模台清理机的挡板挡住大块的混凝土残渣，旋转滚刷对模台表面进行精细清理，除尘器对清理过程中产生的扬尘进行清理，清理下来的混凝土残渣通过清理机底部的废料箱进行收集 (图 3-13)。

图 3-13　模台清理机

2. 自动划线机

将构件 CAD 图纸传送到划线机的主电脑上，确定基准点后，划线机会自动按图纸在模台上划出模具组装边线，即模具在模台上组装的位置及预埋件安装位置 (图 3-14)。

图 3-14　自动划线机

3. 模台喷涂机

模台喷涂机也称"喷油机"，对模台表面进行脱模剂喷洒，刮平器可以对模台表面喷洒的脱模剂进行扫抹，保证脱模剂的均匀性和厚度 (图 3-15)。

图 3-15　模台喷油机 (喷涂脱模剂)

4. 混凝土空中运输车

混凝土空中运输车也称为混凝土"鱼雷罐"，搅拌站按要求拌制好的混凝土，可以通过该运输设备，向布料机或料斗投料（图3-16）。

图 3-16　混凝土"鱼雷罐"

5. 混凝土布料机

混凝土布料机通过标准的输送管连接，可快速、准确地将混凝土送抵作业面的任一浇注部位并进行连续浇注，在特殊构件浇筑区域，则需要用料斗进行局部精确浇筑（图3-17）。

图 3-17　混凝土布料机

6. 混凝土振动台

混凝土振动台将混凝土预制构件制作模台牢固的固定在振动台面上，通过振动作用将混凝土中的空隙排除，从而提高混凝土的密实性和强度（图3-18）。

图 3-18　混凝土振动台

7. 混凝土刮平机

混凝土刮平机也称混凝土赶平机，在混凝土浇筑后，根据不同稠度采取相应方式，将混凝土构件的表面刮平和整平 (图 3-19)。

图 3-19　混凝土刮平机

8. 混凝土拉毛机

混凝土拉毛机用于叠合板构件的拉毛处理，保证叠合板后续浇筑混凝土的黏性。采用可调节自动升降拉毛方式，精准控制拉毛深度 (图 3-20)。

图 3-20　混凝土拉毛机

9. 构件预养护仓

需要进行混凝土抹光磨平的预制构件，在混凝土浇筑并完成初凝后，才能进行抹光工序。由于混凝土在常温下初凝过程较长，设置可控温度湿度的预养护仓，能使其加速完成初凝过程 (图 3-21)。

图 3-21　构件预养护仓

10. 混凝土抹光机

混凝土抹光机也称磨平机，提浆圆盘可快速装卡于抹刀上，用于混凝土早期的压实、提浆，提高了混凝土表面的强度。其主要用于混凝土构件的提浆、抹平与抹光，使其表面平整光滑（图 3-22）。

图 3-22　磨平机

11. 构件码垛车

构件码垛车也称作构件模台存取机，是一种具备高性能、高智能化的构件存取搬运设备 (图 3-23)。

图 3-23　构件模台存取机和养护窑

12. 养护窑

通过移动升降车将模台上的预制构件水平或垂直移动到窑体库位，可以对预制构件进行加热或加湿的养护处理 (图 3-24)。

图 3-24　养护窑

13. 滚轮输送线

滚轮输送线将移动式模台按照生产流程，从一个工位移动到另一个工位 (图 3-25)。

图 3-25　滚轮输送线

14. 构件摆渡车

构件摆渡车用来转移和短距离运输原材料和预制构件 (图 3-26)。

图 3-26　构件摆渡车

15. 预制竖向构件翻板机

预制竖向构件翻板机可以将水平状态的模台和预制构件翻转至 80°，在起吊设备的辅助下将成品预制构件吊离模台，然后移动至堆放区或装车出厂 (图 3-27)。

图 3-27　预制竖向构件翻板机

任务三　装配式混凝土构件生产工艺

预制构件的制作应有保证生产质量要求的生产工艺和设施设备，生产的全过程应有健全的质量管理体系、安全保证措施及相应的试验检测手段。预制构件的各种原材料和预埋件、连接件等在使用前应进行试验检测，确保质量达标。

预制构件的生产设施、设备应符合环保要求，混凝土搅拌与砂石堆场宜建立封闭设施，无封闭设施的砂石堆场应建立防扬尘及喷淋设施。混凝土生产余料、废弃物应综合利用，生产污水应进行处理后排放。

预制构件制作前应进行深化设计，设计文件应包括预制构件平面图、模板图、配筋图、安装图、预埋件及细部构造图等。带有饰面板材的构件应绘制板材排板图，夹心外墙板应绘制内外叶墙板拉结件布置图和保温板排板图。预制构件脱模、翻转过程中混凝土强度应进行验算。

预制构件制作应编制生产方案，并应由技术负责人审批后实施，包括生产计划、工艺流程、模具方案、质量控制、成品保护、运输方案等。

预制构件的各项性能指标应符合设计要求，建立构件标识系统，有出厂质量检验合格报告、进场验收记录。预制构件生产员工应根据岗位要求进行专业技能岗位培训。

预制构件生产的通用工艺流程为：

模台清理→模具组装→钢筋加工安装→混凝土浇筑→养护→脱模→表面处理→成品验收→运输存放。若包含门窗、水电和装饰材料预埋设计，则具体生产流程结合设计进行优化 (图 3-28)。

一、编制生产方案

预制构件生产前应编制生产方案，生产方案宜包括生产计划及生产工艺、模具方案及计划、技术质量控制措施、成品存放、运输和保护方案等。

预埋件	门窗饰材	主要工程	模具	钢筋	混凝土	养护
○ 接受	○ 接受		○ 制作	○ 接受	○ 原料接受	○ 接受
□ 检查	□ 门窗选别		○ 组装	□ 检查	□ 检查	
▽ 保管	▽ 饰材加工		□ 检查	○ 加工	○ 拌合	□ 检查
◇ 搬运	▽ 保管		◇ 搬运	□ 检查	◇ 运输	
	◇ 搬运			▽ 保管		
				◇ 搬运		
		○ 模台准备				○ 温度记录
		○ 模具拼装				
		○ 饰材铺贴				
		○ 钢筋入模				
		○ 预埋件固定				
		○ 门窗/保温材料固定				
		□ 浇捣前检查				
		○ 混凝土浇捣				
		○ 收水抹面				
		○ 蒸汽养护				
		○ 脱模起吊				
		□ 脱模检查				
		○ 产品清理			○ 加工	
		○ 密封条粘贴			□ 检查	
		□ 质量检查			▽ 保管	
		○ 产品标识			◇ 搬运/运输	

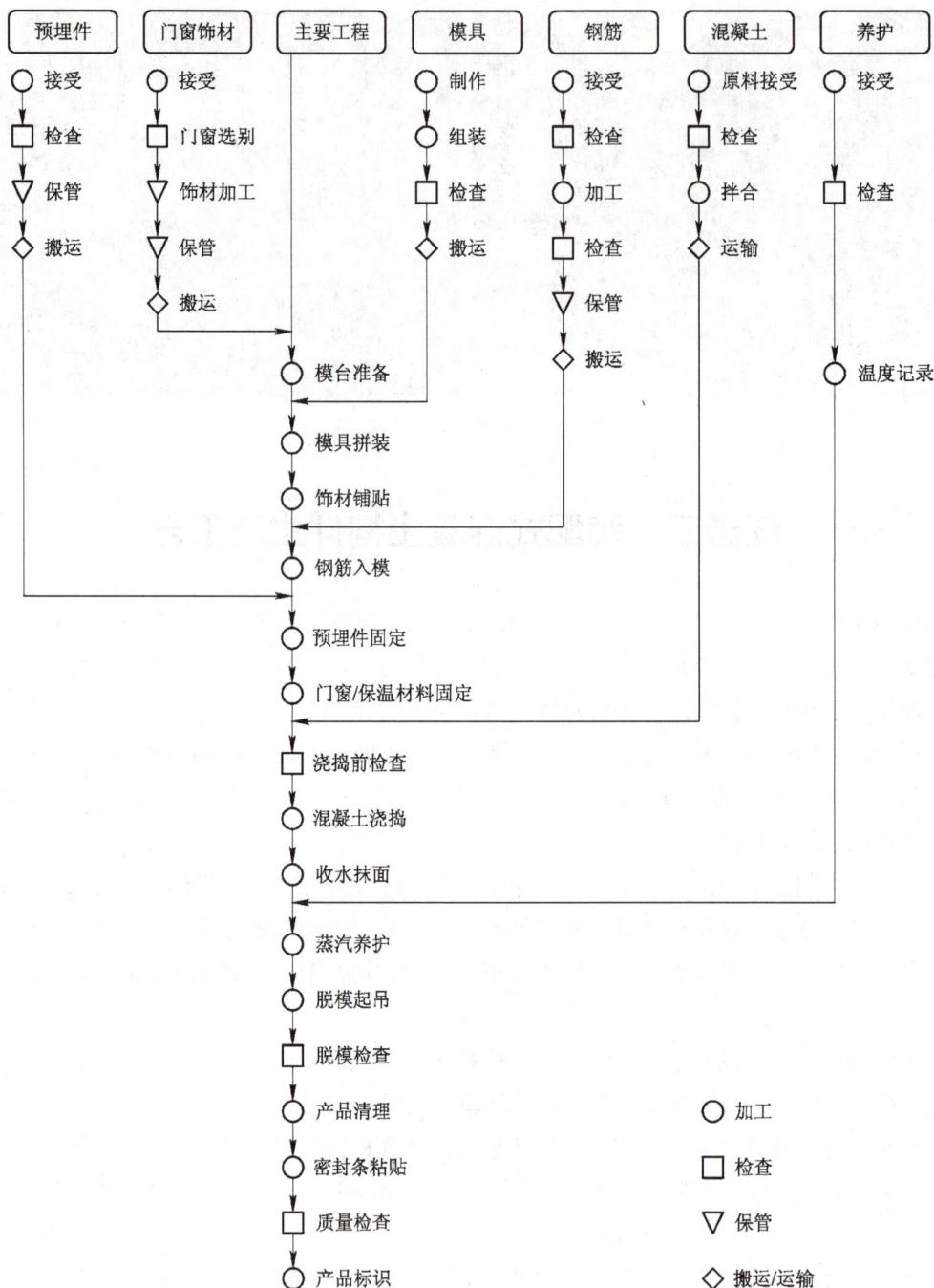

图 3-28　生产工艺流程

二、模具安装

将模台上残留的杂物清理干净，并按照构件生产工艺的要求组装边模，在模台表面和边模内按照要求涂抹脱模剂或缓凝剂 (图 3-29)。模台清理可以应用模台清理机进行，也可由人工完成，但务必保证模台表面无混凝土或砂浆残留。

图 3-29 组装后的模具

三、钢筋加工安装

钢筋骨架、钢筋网片和预埋件必须严格按照构件加工图及下料单的要求制作。钢筋宜采用机械加工的成型钢筋，叠合板类构件中的钢筋桁架(图 3-30)应使用专业化生产的成型钢筋桁架。钢筋网、钢筋骨架应满足构件设计图纸要求，宜采用专用钢筋定位件，入模时钢筋骨架尺寸应准确，保护层满足要求。骨架吊装时应采用多吊点的专用吊架，防止骨架产生变形。

腹杆钢筋
上弦钢筋
支座竖向钢筋
支座水平钢筋
下弦钢筋
底模

图 3-30 叠合板钢筋桁架

纵向钢筋及需要套丝的钢筋，不得使用切断机下料，必须保证钢筋两端平整，套丝长度、丝距及角度必须严格按照图纸设计要求。与半灌浆套筒连接的纵向钢筋应按产品要求套丝，梁底部纵筋按照国标要求套丝 (图 3-31)。

图 3-31 钢筋套丝加工

预制构件表面的预埋件、螺栓孔和预留孔洞应按构件模板图进行配置，应满足预制构件吊装、制作工况下的安全性、耐久性和稳定性。

四、预埋件安放

固定预埋件前，应检查预埋件型号、材料用量、级别、规格尺寸、预埋件平整度、锚固长度、预埋件焊接质量等。预埋件的固定必须位置准确，在混凝土浇筑、振捣过程中不得发生移位 (图 3-32)。

图 3-32 预制墙体窗框预埋

预埋电线盒、电线管或其他管线时，必须与模板或钢筋固定牢固，并将孔隙堵塞严密，避免水泥砂浆进入。预埋螺栓、吊具等应采用工具式卡具固定，并应保护好丝扣。门窗框和预埋管线应在浇筑混凝土前预先放置并固定，固定时应采取防止污染窗体表面的保护措施。当采用铝框时，应采取避免铝框与混凝土直接接触发生电化学腐蚀的措施。门窗预埋时应采取措施控制温度或受力变形对门窗产生的不利影响。

灌浆套筒的安装应符合下列规定。

(1) 连接钢筋与全灌浆套筒安装时，钢筋应逐根插入灌浆套筒内，插入深度应满足设计锚固深度要求。

(2) 钢筋安装时，应将其固定在模具上，灌浆套筒与柱底、墙底模板应垂直，应采用橡胶环、螺杆等固定件避免混凝土浇筑、振捣时灌浆套筒和连接钢筋移位。

(3) 与灌浆套筒连接的注浆管、出浆管应定位准确、安装稳固。

(4) 应采取防止混凝土浇筑时向灌浆套筒内漏浆的封堵措施。

(5) 对于半灌浆套筒连接，机械连接端的钢筋丝头加工和连接安装质量均应符合相关要求。

五、隐蔽工程验收

浇筑混凝土前应进行钢筋、预应力的隐蔽工程检查。隐蔽工程的检查项目应包括：

(1) 钢筋的牌号、规格、数量、位置和间距。

(2) 纵向受力钢筋的连接方式、接头位置、接头质量、接头面积百分率、搭接长度、锚固方式及锚固长度。

(3) 箍筋弯钩的弯折角度及平直段长度。

(4) 钢筋的混凝土保护层厚度。

(5) 预埋件、吊环、插筋、灌浆套筒、预留孔洞、金属波纹管的规格、数量、位置及固定措施。

(6) 预埋线盒和管线的规格、数量、位置及固定措施。

(7) 夹芯外墙板的保温层位置和厚度，拉结件的规格、数量和位置。

(8) 预应力筋及其锚具、连接器和锚垫板的品种、规格、数量和位置。

(9) 预留孔道的规格、数量、位置以及灌浆孔、排气孔、锚固区局部加强构造。

六、混凝土浇筑与振捣

应按照生产计划的混凝土用量制备混凝土。混凝土浇筑前，预埋件及预留钢筋的外露部分宜采取防止污染的措施，混凝土浇筑过程中注意对钢筋网片及预埋件的保护，保证模具、门窗框、预埋件、连接件不发生变形或者移位，如有偏差应采取措施及时纠正。

混凝土应均匀连续浇筑。混凝土从出机到浇筑完毕的延续时间，气温高于 25℃时不宜超过 60 min，气温不高于 25℃时不宜超过 90 min。混凝土投料高度不宜大于 600 mm，并应均匀摊铺。混凝土浇筑 (图 3-33) 时应采取可靠措施按照设计要求在混凝土构件表面制作粗糙面和键槽 (图 3-34)，并应按照构件检验要求制作混凝土试块。

图 3-33　混凝土浇筑

图 3-34　粗糙面与键槽

　　带保温材料的预制构件宜采用水平浇筑方式成型，保温材料宜在混凝土成型过程中放置固定，底层混凝土初凝前进行保温材料铺设，保温材料应与底层混凝土固定，当多层铺设时，上、下层保温材料接缝应相互错开；当采用垂直浇筑成型工艺时，保温材料可在混凝土浇筑前放置固定。连接件穿过保温材料处应填补密实。预制构件制作过程应按设计要求检查连接件在混凝土中的定位偏差。

　　混凝土宜采用机械振捣方式成型。振捣设备应根据混凝土的品种、工作性能、预制构件的规格和形状等因素确定，从而制定振捣成型操作规程。预制构件生产时，混凝土可利用振动台振密，防止振捣过程中的钢筋移位和预埋件移动。当采用振捣棒时，混凝土振捣过程中不应碰触钢筋骨架、面砖和预埋件。混凝土振捣过程中应随时检查模具有无漏浆、变形或预埋件有无移位等现象。

　　混凝土振捣后应当至少进行一次抹压。构件浇筑完成后进行一次收光，收光过程中应当检查外露的钢筋及预埋件，并按照要求调整。

七、构件养护

　　条件允许的情况下，预制构件优先推荐自然养护。梁、柱等体积较大的预制构件宜采用自然养护方式；楼板、墙板等较薄预制构件或冬期生产预制构件，宜采用蒸汽养护方式。

采用加热养护时，按照合理的养护制度进行温控可避免预制构件出现温差裂缝。预制构件养护应符合下列规定。

(1) 应根据预制构件特点和生产任务量选择自然养护、自然养护加养护剂或加热养护方式。

(2) 混凝土浇筑完毕或压面工序完成后应及时覆盖保湿，脱模前不得揭开。

(3) 涂刷养护剂应在混凝土终凝后进行。

(4) 加热养护可选择蒸汽加热、电加热或模具加热等方式。

(5) 加热养护制度应通过试验确定，宜采用加热养护温度自动控制装置。可分为静停、升温、恒温、降温几个步骤，通常在常温下预养护 2～6 h，升、降温速度不宜超过 20℃/h，最高养护温度不宜超过 70℃。

(6) 夹芯保温外墙板最高养护温度不宜大于 60℃。因为有机保温材料在较高温度下会产生热变形，影响产品质量。

八、脱模起吊及表面处理

为避免由于蒸汽温度骤降而引起混凝土构件产生变形或裂缝，应严格控制构件脱模时构件温度与环境温度的差值。预制构件脱模时的表面温度与环境温度的差值不宜超过 25℃。

预制构件脱模起吊时的混凝土强度应计算确定，且不宜小于 15 MPa。平模工艺生产的大型墙板、挂板类预制构件宜采用翻板机翻转直立后再行起吊。对于设有门洞、窗洞等较大洞口的墙板，脱模起吊时应进行加固，防止扭曲变形造成构件开裂。

预制构件脱模后，可根据破损及裂缝情况对构件进行处理（表 3-5)。

表 3-5　构件缺陷检查及处理

项　目	类　　别	处理方法	检查依据和方法
破损	影响结构性能且不能恢复的破损	废弃	观察
	影响结构或安全性能的钢筋、连接件、预埋件锚固的破损	废弃	观察
	破损长度超过 20 mm	修补 1	观察、卡尺测量
	破损长度 20 mm 以下	现场修补	—
裂缝	影响结构性能且不可恢复的裂缝	废弃	裂缝观测仪、结构性能检测报告
	影响钢筋、连接件、预埋件锚固的结构或安全性能的裂缝	废弃	观察
	裂缝宽度大于 0.3 mm 且裂缝长度超过 300 mm	废弃	裂缝观测仪、钢卷尺
	裂缝宽度超过 0.2 mm	修补 2	裂缝观测仪、钢卷尺
	宽度不足 0.2 mm 且在外表面时	修补 3	裂缝观测仪

注：修补浆料性能应符合现行行业标准《混凝土裂缝修补灌浆材料技术条件》(JG/T 333—2011) 相关要求，如有可靠依据，也可用经论证认可的其他材料进行修补。表中：

修补 1：用不低于混凝土设计强度的专用修补浆料修补；

修补 2：用环氧树脂浆料修补；

修补 3：用专用防水浆料修补。

九、质量检验及构件标识喷涂

预制构件在出厂前应进行成品质量验收，其检查项目包括预制构件的外观质量，预制构件的外形尺寸，预制构件的钢筋、连接套筒、预埋件、预留孔洞以及预制构件的外装饰和门窗框。其检查结果和方法应符合现行国家标准的规定。

预制构件验收合格后，应在明显部位标识构件型号、生产日期和质量验收合格标志。预制构件脱模后应在其表面醒目位置按构件设计制作图的规定对每个构件编码 (图 3-35)。

预制构件生产企业应按照有关标准规定或合同要求，对其供应的产品签发产品质量证明书，明确重要参数，有特殊要求的产品还应提供安装说明书。

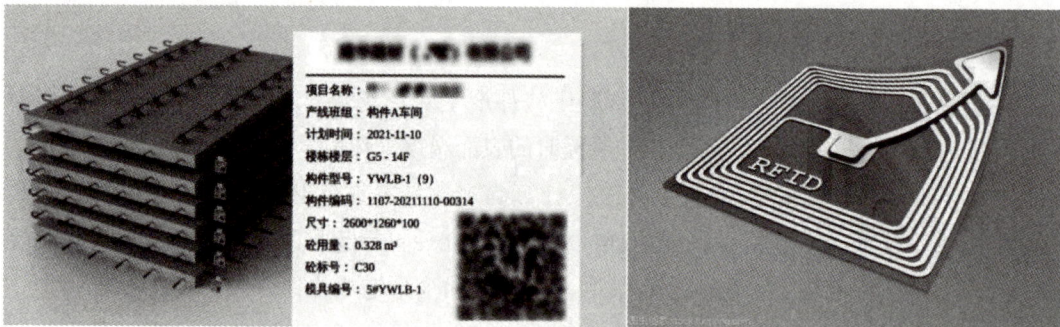

图 3-35　构件标识样例

预制构件生产需根据不同构件类型执行不同的生产流程，且执行满足工程需要的具体工艺。以下各子任务将针对具体构件类型，进行各岗位流程的分析。

能力提升

二维码技术、RFID 无线射频自动识别技术

二维码技术、RFID 无线射频自动识别技术 (电子标签) 等均可以实现构件从生产、堆放、运输、进场到安装全过程的信息化管理。

二维码通常为方形结构点阵形式，用黑白相间的几何图形来记录数据符号信息，由某种特定的几何图形按一定的规律分布在平面上。记录在二维码中的信息可以通过一定的算法转化成计算机容易识别的特殊图形，将其打印到物品上，通过图像输入设备或者图像扫描设备即可自动识别并读取其中的记录，不需数据库就能查看构件的详细信息。在生产成本上，二维码与一维条码一样，只需一个图形，可直接印制在成品构件上，简单方便，几乎是零成本的信息存储技术，故具有很强的推广优势。

无线射频识别芯片 (Radio Frequency Identification chip) 简称 RFID 芯片。RFID 无线射频自动识别技术是一种通信技术，可通过无线电信号识别特定目标并读写相关数据，而无

需识别系统与特定目标之间建立机械或光学接触。该技术可通过制成芯片预埋在预制构件中，记录构件在设计、生产、施工过程中的全部信息。与传统的扫码相比，无线射频自动识别技术具有非接触、阅读速度快、不受环境影响、寿命长、便于使用的特点，且具有防冲突功能。若构件安装有 RFID 标签的话，那么管理者只需在办公室里读取读写器上的数据就可以了，省时省力。RFID 技术在传统商品中推广和使用上的瓶颈源于其较高的成本，但是相对于装配式混凝土构件的成本而言，还是具有很强的推广优势。

子任务一　预制叠合板构件生产

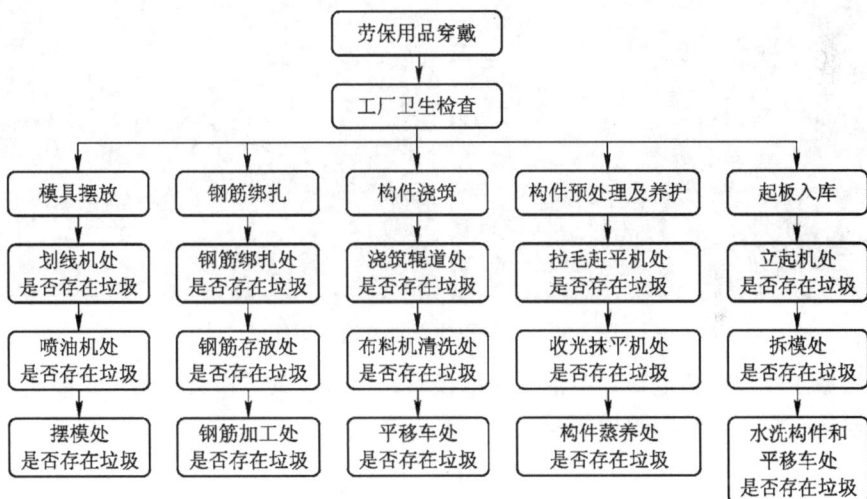

预制叠合板构件生产通常需要完成模具摆放、钢筋绑扎、构件浇筑、构件预处理及养护、起板入库等工序。各个部分需要按要求进行劳保用品穿戴、工厂卫生检查 (图 3-36) 及设备检查工作 (图 3-37)，确保生产工作顺利进行。

预制叠合板
构件生产

图 3-36　工厂卫生检查工作

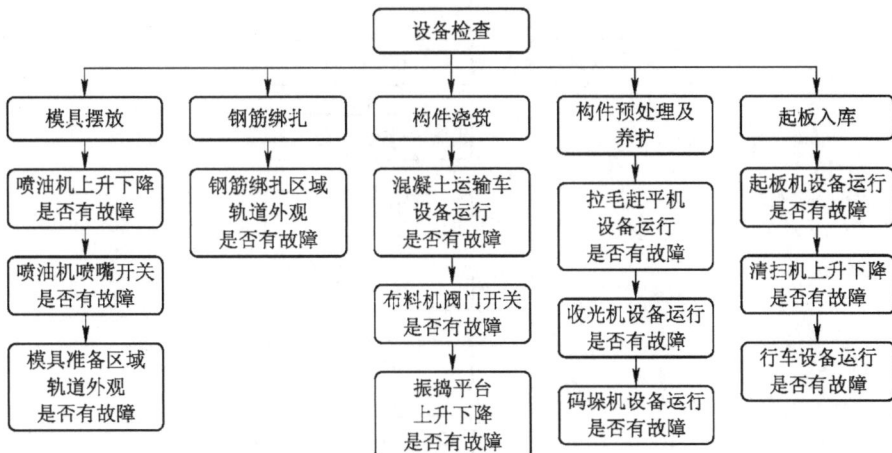

图 3-37　设备检查内容

一、叠合板模具摆放

先进行生产前准备，完成劳保用品穿戴、工厂卫生检查、设备检查三个环节（图 3-38）。

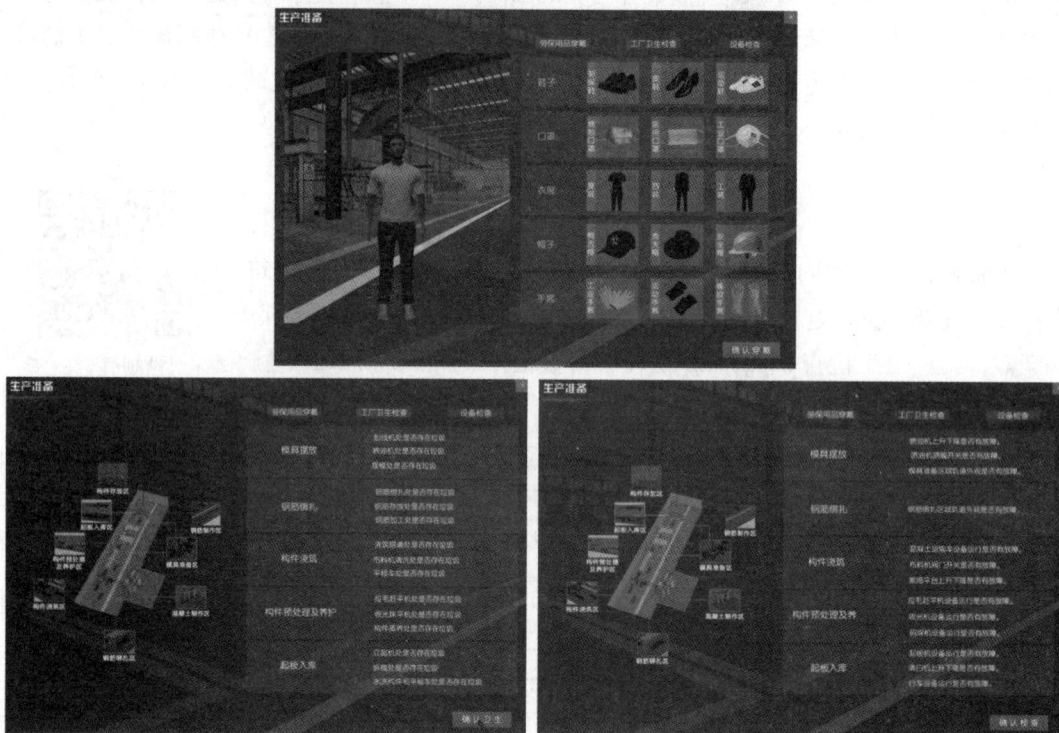

图 3-38　工厂卫生及设备检查工作

模具摆放工作需完成划线、喷油、领取模具、摆放模具、模具初固定、模具测量、模具校正、模具终固定、粉刷脱模剂或缓凝剂等工序（图 3-39）。

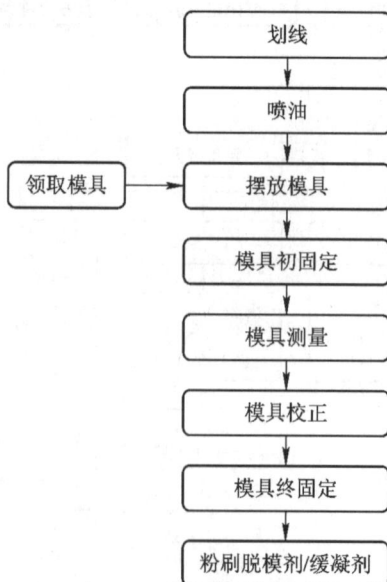

图 3-39　叠合板模具摆放工序

1. 划线

划线前在划线机中录入图纸，依据图纸的相关参数，录入相关参数。预制叠合板的构造仅有一层，在录入图纸时输入预制叠合板的长度与宽度即可。操作划线机依据输入的参数完成划线。划线完成后，即时复位 (图 3-40)。

图 3-40　划线

2. 喷油

喷油，即在模台上喷涂脱模剂。使用操作台将模台移动到喷油机下方，领取脱模剂，添加到喷油机中，打开操作台，使喷油机磨刷下降，依次打开阀门，使用操作台控制喷油机，在模台行进过程中完成喷油。喷油过程中可以根据需要涂刷的区域打开或关闭阀门。喷油完成后依次关闭所有阀门，操作毛刷上升、模台继续前进至摆侧模工位 (图 3-41)。

图 3-41　喷油

3. 领取模具和摆放模具

根据图纸中的相关参数，领取相应的侧模具。领取相应模具后，进行模具质量检查，主要确定模具无侧向弯曲和锈迹等缺陷。领取侧向弯曲工具及卷尺进行检查，若弯曲值已超过规范要求，则需要进行更换，更换完毕需再次进行弯曲量测及锈迹检查，直至完全达标 (图 3-42)。

图 3-42　检查模具

依据图纸及划线位置进行侧模具摆放。拖拽模具至模台上，与划线位置精准重合。摆放确认后即可进行固定工作 (图 3-43)。

图 3-43　摆放模具

4. 模具初固定

领取扳手、螺栓，依次对四条侧模具进行初固定 (图 3-44)。将固定端侧模板直接紧固在模台上，通过螺栓螺母初步连接四条边模，注意螺栓尾部伸出部分不要与叠合板出筋有冲突。

图 3-44　模具初固定

5. 模具测量

领取卷尺，依次测量四条模具尺寸，随后对左右侧模具进行对角线测量 (图 3-45)，若对角线误差超过规范要求则需进行校正。领取橡胶锤，在左右侧模具内侧或外侧适度敲击，进行相应的校正，最终将对角线数值校正至相等或在误差允许值以内，则模具校正完成。

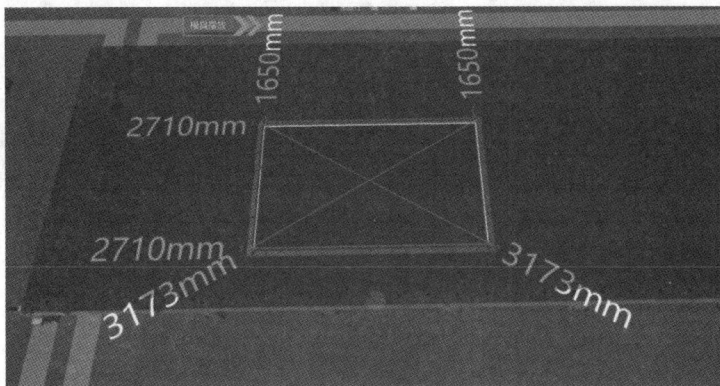

图 3-45　模具测量

6. 模具终固定

领取扳手、螺栓、橡胶锤及磁盒，对校正后的四条模具进行终固定 (图 3-46)。注意磁盒安装位置应合理，居中设置时受力最合理，但是也要考虑是否与出筋位置有冲突。

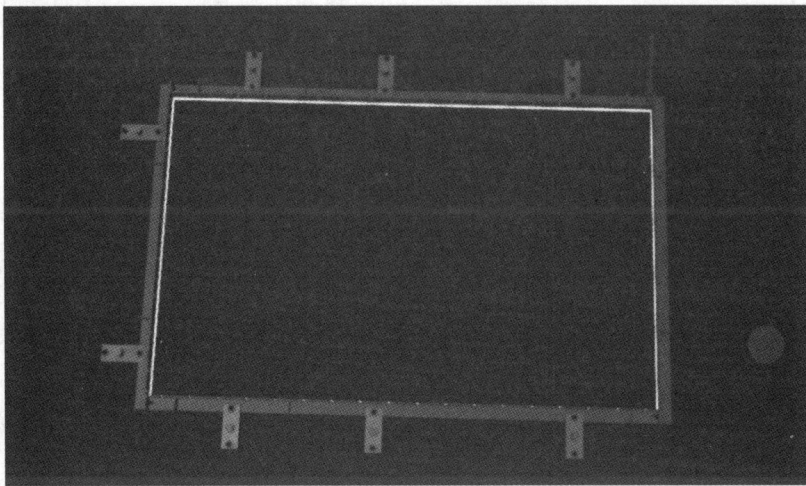

图 3-46　模具终固定

7. 粉刷脱模剂或缓凝剂

粉刷脱模剂或缓凝剂的部位是侧模具的周边，即模具的内侧面 (图 3-47)。这是由于预制叠合板在施工现场需要与后浇混凝土结合，周边需设置为粗糙面增强其粘结作用。故应在构件制作时，在侧模具内侧涂刷缓凝剂，待脱模后用高压水枪冲洗形成粗糙面。领取缓凝剂进行滚刷，依次对四条模具内侧涂刷缓凝剂，应注意涂刷厚度均匀一致，不漏刷。

图 3-47 刷脱模剂或缓凝剂

二、叠合板钢筋绑扎

叠合板钢筋绑扎前先进行生产前准备，完成劳保用品穿戴、工厂卫生检查、设备检查三个环节。

叠合板钢筋绑扎工作需完成摆放垫块、摆放钢筋、钢筋绑扎、摆放埋件、封堵等工序 (图 3-48)。

1. 摆放垫块

根据图纸中保护层厚度信息，领取对应规格的垫块架起钢筋，如梅花形垫块等 (图 3-49)。垫块尺寸即为钢筋外皮至模板的距离，即钢筋的保护层厚度。将梅花形垫块拖拽到模台上，摆放间距取 300～800 mm 之间。

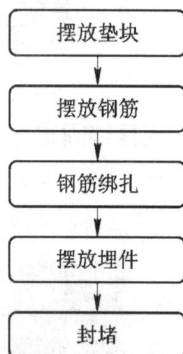

```
摆放垫块
   ↓
摆放钢筋
   ↓
钢筋绑扎
   ↓
摆放埋件
   ↓
封堵
```

图 3-48 叠合板钢筋绑扎工序

图 3-49 叠合板垫块摆放

2. 摆放钢筋

在钢筋摆放前，先进行钢筋下料。根据构件图纸中的配筋表，读取钢筋相关参数，如规格、尺寸、弯钩、平直段等，最后确认摆放完毕 (图 3-50)。

图 3-50　叠合板钢筋摆放

3. 钢筋绑扎

使用手持绑扎机和扎丝，对横纵向钢筋进行绑扎，形成结构稳固的钢筋网 (图 3-51)。

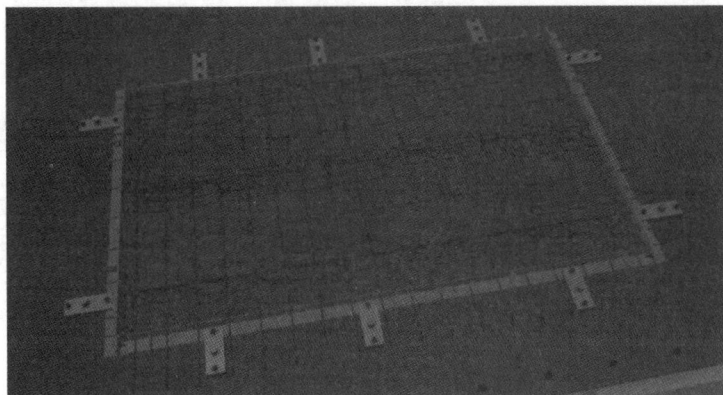

图 3-51　叠合板钢筋绑扎

4. 摆放埋件

预埋线盒摆放前根据图纸信息领取相应规格的线盒放置在模台上 (图 3-52)。根据图纸中的参数，安放的线盒中心距左侧短边模具 910 mm、距下侧长边模具 600 mm。

图 3-52　预埋线盒摆放

5. 封堵

领取封堵材料 (图 3-53)，将其填充于侧模上外伸钢筋的豁口处，防止混凝土浇筑时漏浆。

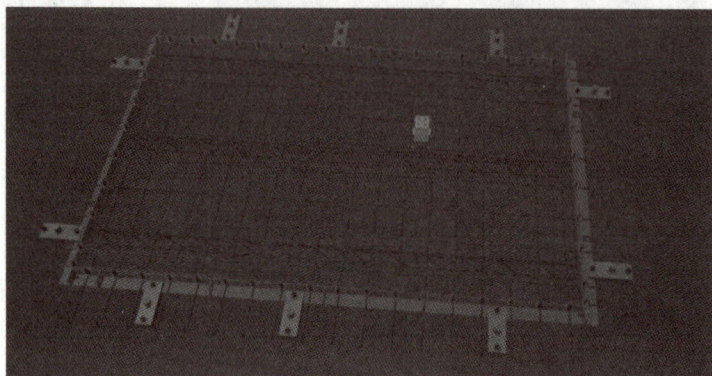

图 3-53　边模封堵

三、叠合板构件浇筑

叠合板构件浇筑前先进行生产前准备，完成劳保用品穿戴、工厂卫生检查、设备检查三个环节。

叠合板构件浇筑工作需完成混凝土浇筑、人工整平、混凝土振捣等工序 (图 3-54)。

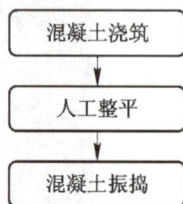

图 3-54　叠合板混凝土浇筑工序

1. 混凝土浇筑

混凝土浇筑分为以下步骤。

(1) 模台前进，移动到浇筑区域。首先应用建筑材料相关知识，对混凝土配合比进行计算、拌制，并根据计算出的构件体积，领取适当质量的混凝土。

(2) 按照计算结果领取原材料拌制混凝土，实际工程中可以按照要求考虑混凝土损耗，在计算中增加一定的富余量。搅拌站拌制完成的混凝土下料至运料车中，即混凝土空中运输车，随后操作运料车前进，将运料车中的混凝土倾倒至布料机中 (图 3-55)。倾倒混凝土时令运料车下翻，下料完成以后上翻复位。

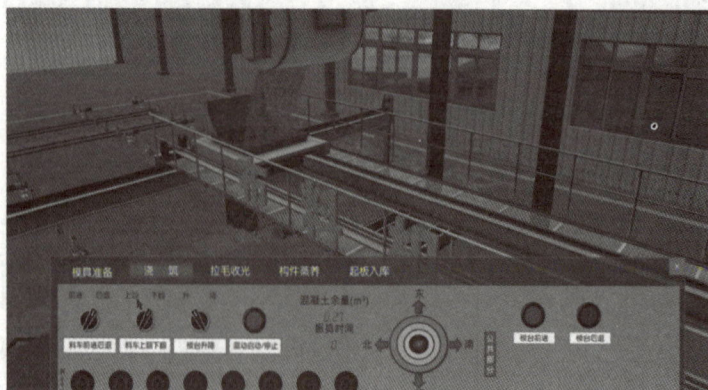

图 3-55　运料车倾倒混凝土至布料机

(3) 通过布料机的控制按钮，进行各个方位的布料工作 (图 3-56)。在布料时注意不要在同一个位置停留时间过长，防止造成浇筑不均的现象。在到达构件上方以后，再依次打开所要布料位置的阀门，若需要浇筑边缘，可以先关闭部分阀门，提高均匀度。在布料过程中，不要使阀门移动到模具以外区域，避免出现外浇现象。

图 3-56　布料机向叠合板模具内浇筑混凝土

2. 人工整平

预制叠合板的桁架筋高出预制混凝土表面，浇筑过程中需要人工进行上表面的整平工作。作业人员在工作过程中不要碰触桁架钢筋，防止其变形或移位。

3. 混凝土振捣

振动台紧固模台后进行振捣 (图 3-57)，时长需控制在 60～100 s，防止欠振导致振捣不密实，同时防止超振导致离析和浮浆现象。

图 3-57　模台振动

各工序完成后，清洗布料机 (图 3-58)，防止残余混凝土造成布料机凝结。布料机清洗时，应打开布料机所有阀门，用高压水枪冲洗完毕后关闭阀门，将布料机复位至初始工位。

图 3-58　清洗布料机

四、叠合板构件预处理及养护

先进行生产前准备，完成劳保用品穿戴、工厂卫生检查、设备检查三个环节。

叠合板构件的预处理及养护工作需完成构件预养护、构件拉毛、构件蒸养等工序 (图 3-59)。

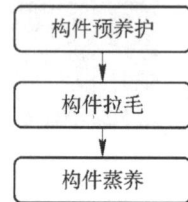

```
┌──────────┐
│ 构件预养护 │
└──────────┘
     ↓
┌──────────┐
│ 构件拉毛  │
└──────────┘
     ↓
┌──────────┐
│ 构件蒸养  │
└──────────┘
```

图 3-59　叠合板构件预处理及养护工序

1. 构件预养护

将模台前进至预养库中完成预养护 (图 3-60)。关闭预养护仓门，设置仓内温度在 35℃左右，关注构件强度的上升，达到要求后方可出库。

图 3-60　构件预养护

2. 构件拉毛

构件拉毛需要构件强度在 3.5～5 MPa 之间完成。由于叠合板的厚度比较薄，强度上升较快，可以在 3 MPa 左右出库。打开预养护仓门，移出模台，控制拉毛机使其前进至拉毛工位，拉毛机向下移动开始工作，模台继续前进，在此过程中完成叠合板的拉毛作业 (图 3-61)。拉毛杆上升，拉毛机复位。模台继续前进，移动至蒸养区域。

图 3-61 叠合板上表面拉毛处理

3. 构件蒸养

由于蒸养库首层和二层通常是构件运行通道，一般不能进行蒸养。因此将模台存取机转移到相应位置，抬升模台，放在高层某蒸养库处（图 3-62），进行支撑的固定，然后下降，在入库前设置蒸养库温度及湿度，保证湿度在 90% 以上。构件入库后即时洒水，蒸养全过程中不要让湿度降至 90% 以下。温度可设置为 30℃，也可以根据养护要求提升温度，使构件强度快速上升，但应注意不得超过规范的升温速率上限，防止出现温度裂缝等不良后果。构件出库强度应保证在 15 MPa 以上，出库时的湿度也要保证在 90% 以上。出库后支撑复位，模台继续前进。

图 3-62 构件入蒸养库

五、叠合板起板入库

先进行生产前准备，完成劳保用品穿戴、工厂卫生检查、设备检查三个环节。

叠合板起板入库工作需完成拆模、水洗粗糙面、起吊入库、构件检验和清扫模台等工序（图 3-63）。

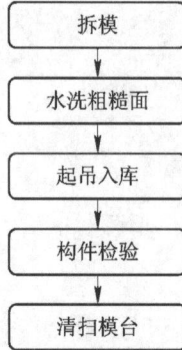

图 3-63　叠合板起板入库工序

1. 拆模

拆模前领取拆磁盒专用工具撬棍、扳手和橡胶锤。用撬棍拆除磁盒、用扳手拧掉螺母，卸掉螺栓，拆除封堵材料。依次完成四条边的侧模具拆除工作 (图 3-64)。

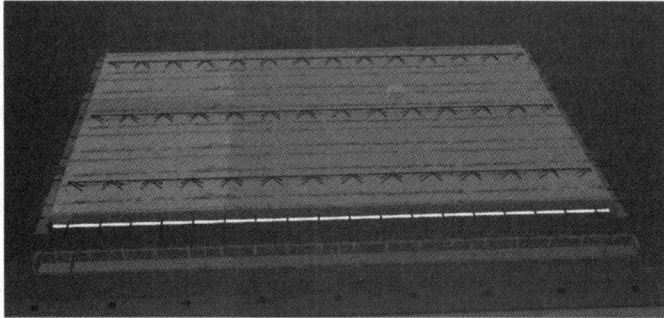

图 3-64　拆模

2. 水洗粗糙面

将模台运行到水洗构件区，领取高压水枪。由于模具的内侧表面涂刷了缓凝剂，叠合板四周的水泥浆强度均远小于内部的强度，所以通过高压水枪冲洗预制叠合板侧面四周，可以冲洗掉其表面的水泥砂浆，形成骨料外露的粗糙面，为现场组装和后期浇筑混凝土创造牢固的连接条件 (图 3-65)。

图 3-65　四侧边水洗粗糙面

3. 起吊入库

起吊入库分为以下步骤。

(1) 通过操作台使模台前进，构件到达起吊位置时，选择对应的吊具。预制叠合板为水平构件，应水平存放及运输，吊装时也为水平状态，需要选用吊装梁、吊装桁架等吊具完成四个点的水平吊装。

(2) 将吊具转移到构件的上方进行挂钩，上升，控制行车将构件转移到构件堆场。叠合板的堆放一般为上下对齐的多层叠放，为了保证安全与稳定性，需要在底部放置垫块。

(3) 按规定位置摆放垫块后，在操作台点击下降，完成预制叠合板的摆放入库 (图 3-66)，随后摘除吊钩。特别注意避免在操作的过程中令吊具或构件碰触到周围物体。若发生微小碰撞，未损害构件，可进行反方向调整，离开碰撞区域，继续后续相关操作。

图 3-66   叠合板起吊入库

4. 构件检验

领取卷尺，对构件进行外观检查、尺寸检查，存档。喷印标记，填写入库单 (图 3-67)。

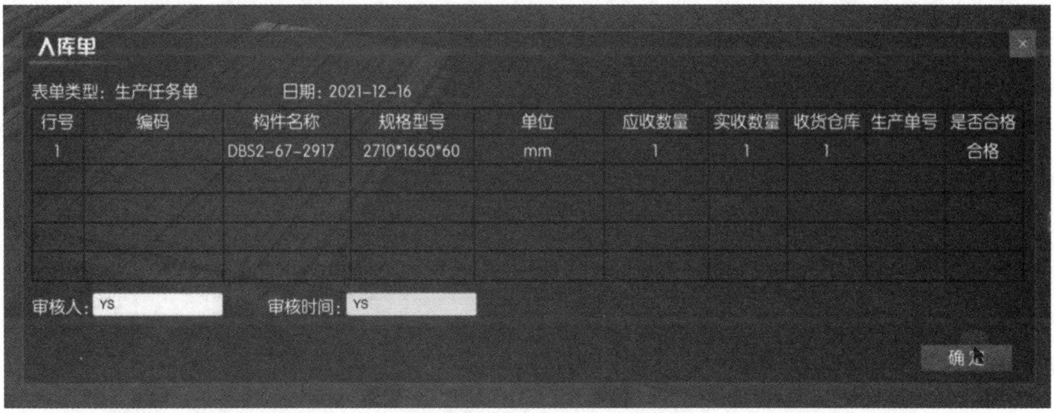

入库单

表单类型: 生产任务单		日期: 2021-12-16							
行号	编码	构件名称	规格型号	单位	应收数量	实收数量	收货仓库	生产单号	是否合格
1		DBS2-67-2917	2710*1650*60	mm	1	1	1		合格

审核人: YS   审核时间: YS

图 3-67   填写叠合板入库单

5. 清扫模台

模台的清扫主要通过清扫机完成。打开清扫机，点击向下，使模台穿过清扫机，即可完成模台清扫。

清扫模台后工完料清、原料归还、工具归还 (图 3-68)。

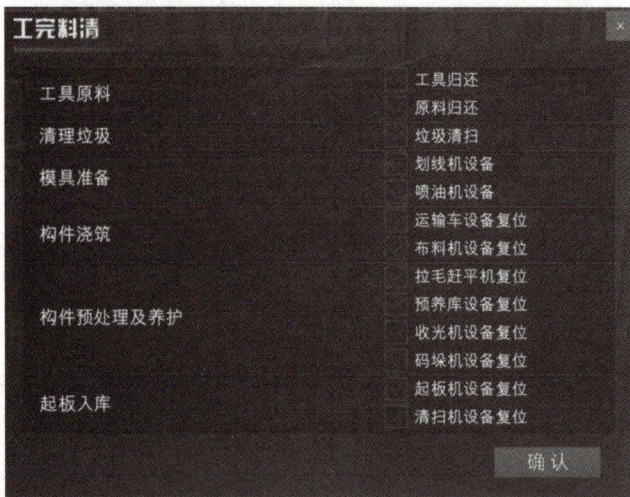

图 3-68　工完料清内容

预制叠合梁
构件生产

子任务二　预制叠合梁构件生产

预制叠合梁为非平板类构件，属于特殊构件，常采用固定模台法进行生产制作。

先进行生产前准备，完成劳保用品穿戴 (图 3-69)、工厂卫生检查两个环节。

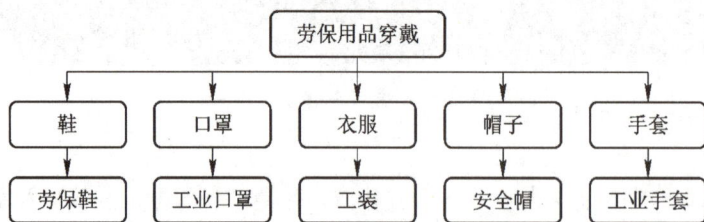

图 3-69　劳保用品穿戴

工厂卫生检查的区域主要包括固定模台生产区、钢筋存放区、钢筋加工区。将上述区域的垃圾清理完毕后，进行预制叠合梁的生产任务 (图 3-70)。

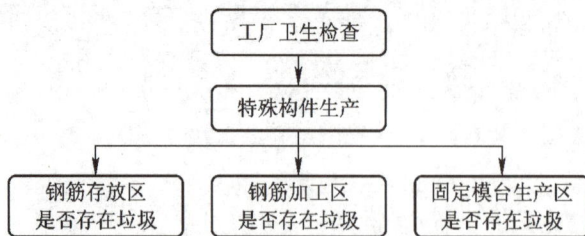

图 3-70　工厂卫生检查

预制叠合梁构件生产工作需完成模具摆放、钢筋绑扎、构件浇筑、构件预处理、起板入库等工序 (图 3-71)。

图 3-71　预制叠合梁构件生产工序

一、模具摆放

预制叠合梁模具摆放的具体流程如下 (图 3-72)。

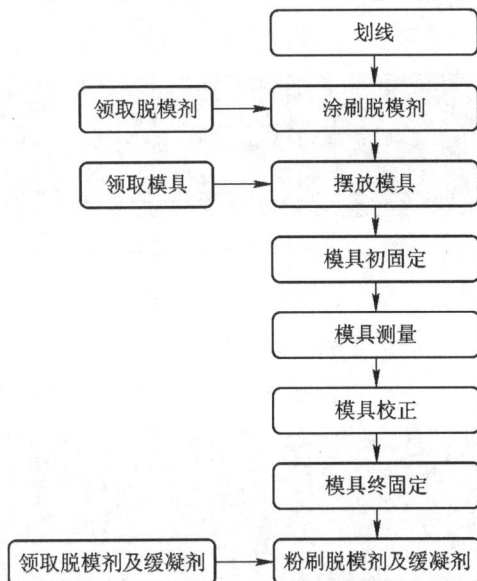

```
                          ┌──────────────┐
                          │     划线      │
                          └──────┬───────┘
    ┌──────────────┐       ┌──────▼───────┐
    │   领取脱模剂   │──────▶│   涂刷脱模剂   │
    └──────────────┘       └──────┬───────┘
    ┌──────────────┐       ┌──────▼───────┐
    │   领取模具     │──────▶│    摆放模具    │
    └──────────────┘       └──────┬───────┘
                          ┌──────▼───────┐
                          │   模具初固定   │
                          └──────┬───────┘
                          ┌──────▼───────┐
                          │    模具测量    │
                          └──────┬───────┘
                          ┌──────▼───────┐
                          │    模具校正    │
                          └──────┬───────┘
                          ┌──────▼───────┐
                          │   模具终固定   │
                          └──────┬───────┘
  ┌──────────────────┐   ┌──────▼───────┐
  │  领取脱模剂及缓凝剂  │──▶│ 粉刷脱模剂及缓凝剂 │
  └──────────────────┘   └──────────────┘
```

图 3-72　预制叠合梁模具摆放工序

1. 划线

领取划线所用工具：卷尺、墨盒、铅笔、角尺。根据数据进行测量和划线 (图 3-73)。

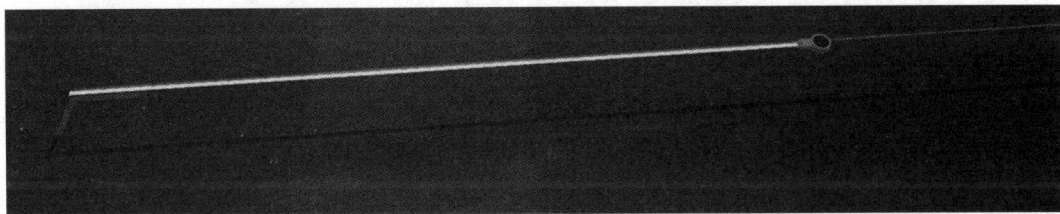

图 3-73　划线

2. 涂刷脱模剂

领取滚刷、脱模剂。在模台上涂刷脱模剂。

3. 领取模具——摆放模具

根据图纸参数领取对应模具，依据划线进行模具摆放并确认准确性 (图 3-74)。

图 3-74　摆放模具

4.模具固定

领取扳手、橡胶锤、螺栓，对模具进行初固定。领取卷尺，进行模具测量，包括边线测量和对角线测量。若对角线测量差值过大，则进行调整；若对角线相等或误差在规范允许范围之内，则无需调整。领取磁盒，进行模具终固定。误差越小精度越高 (图 3-75)。

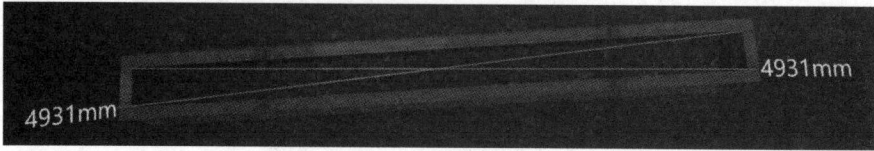

图 3-75　对角线测量、模具固定

5.涂刷脱模剂及缓凝剂

领取脱模剂、缓凝剂和滚刷。在梁的两端模具内侧涂刷缓凝剂，以便后期形成粗糙面，保证连接效果。在梁的两侧模具内侧涂刷脱模剂，保证顺利脱模 (图 3-76)。

图 3-76　模具内侧涂刷脱模剂及缓凝剂

二、钢筋绑扎

叠合梁钢筋绑扎的具体流程如下 (图 3-77)。

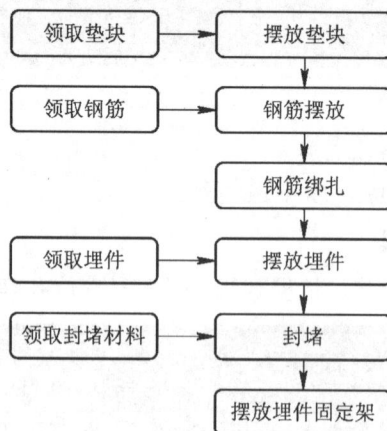

图 3-77　叠合梁钢筋绑扎工序

1.摆放垫块

领取梅花形垫块若干，在模台上摆放，垫块合理间距为 300～800 mm 之间，可选择水平间距 500 mm，竖向间距 500 mm，将垫块依次摆放完毕 (图 3-78)。

图 3-78　摆放垫块

2. 钢筋领取

根据构件图纸中的配筋表，读取钢筋相关参数，如规格、尺寸、弯钩等，进行钢筋下料及加工。

3. 钢筋摆放

根据图纸信息分析钢筋摆放顺序 (图 3-79)。

图 3-79　摆放钢筋

4. 钢筋绑扎

领取绑扎机、扎丝，进行钢筋绑扎 (图 3-80)。

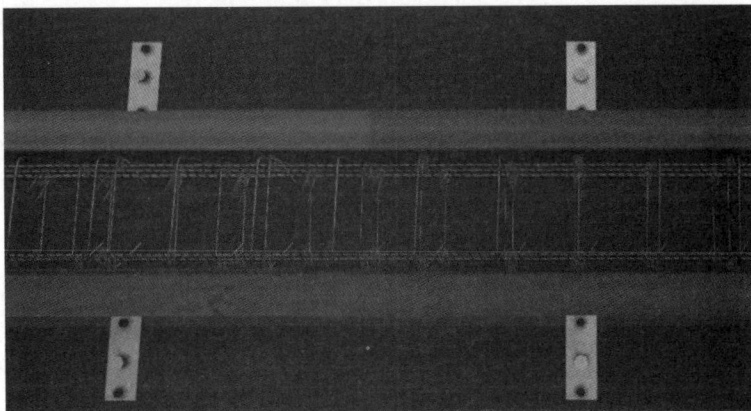

图 3-80　钢筋绑扎

5. 摆放埋件

领取吊钉埋件，其规格见预埋配件明细表。领取封堵材料，对模具缝隙位置进行封堵，领取埋件固定架固定埋件。

三、构件浇筑

叠合梁混凝土浇筑的具体流程如下（图 3-81）。

混凝土浇筑前需计算混凝土配合比、构件体积、混凝土用量等内容。由于构件平面较小，选择用料斗进行混凝土浇筑（图 3-82)，浇筑完毕后进行人工整平。领取振捣棒，进行振捣，并及时清洗料斗。注意振捣过程中，应防止触碰钢筋导致扎丝脱扣。

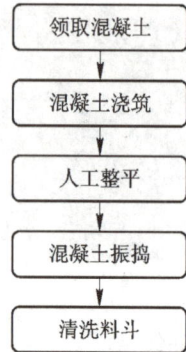

```
领取混凝土
   ↓
混凝土浇筑
   ↓
人工整平
   ↓
混凝土振捣
   ↓
清洗料斗
```

图 3-81　叠合梁混凝土浇筑工序

图 3-82　叠合梁混凝土浇筑

四、构件预处理

叠合梁构件预处理的具体流程如下（图 3-83)。

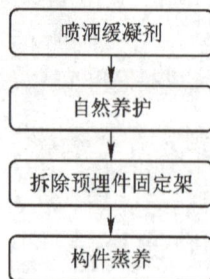

```
喷洒缓凝剂
   ↓
自然养护
   ↓
拆除预埋件固定架
   ↓
构件蒸养
```

图 3-83　叠合梁构件预处理工序

1. 喷缓凝剂及自然养护

领取喷壶，对上表面的混凝土喷洒缓凝剂，并进行自然养护。环境温度较低时构件强度增长速度较慢。领取拆除工具扳手，拆除埋件固定架 (图 3-84)。

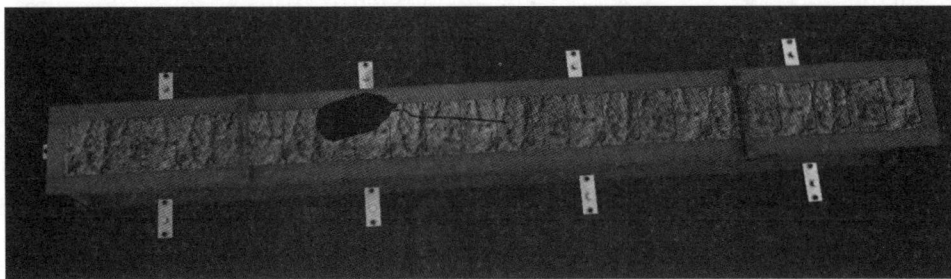

图 3-84　上表面喷洒缓凝剂、自然养护

2. 构件蒸养

领取养护罩，放置养护罩进行蒸汽养护 (图 3-85)，设定升温速度不大于 20℃/h，可设定为 15℃/h，加速构件强度增长。温差设定不能大于 20℃，温度越高，强度增长速度越快。出库时，构件与环境温差应小于 25℃，强度达到指定要求后，可以移除养护罩。

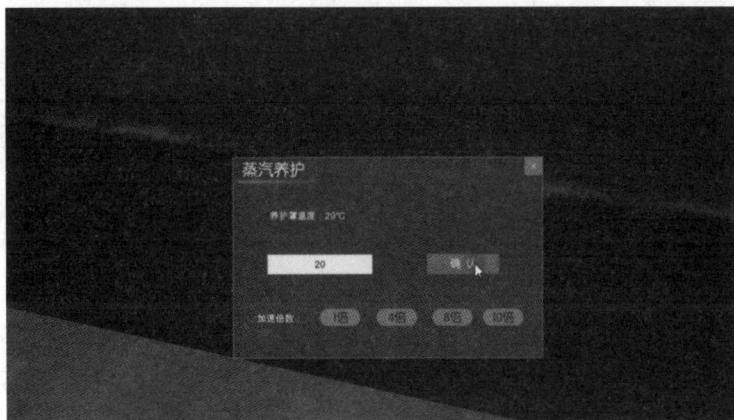

图 3-85　构件蒸养设定

3. 起吊入库

叠合梁起吊入库的具体流程如下 (图 3-86)。

图 3-86　叠合梁起吊入库工序

首先领取拆模所用工具：拆磁盒工具、橡胶锤和扳手。拆除固定模具的螺栓、封堵

材料、磁盒、拆除模具 (图 3-87)。拆除完成之后，领取高压水枪，进行水洗粗糙面。领取吊具，选择预埋吊钉挂钩，平稳起吊后按要求进行摆放 (图 3-88)。

图 3-87　拆除模具

图 3-88　平稳起吊

构件摆放稳定后拆除吊钩。对构件进行外观检查，外观检验合格后，领取卷尺，对构件进行尺寸校核，校核无误进行存档。喷涂标识，填写入库单，领取清扫工具。清扫完成后，归还工具，工完料清 (图 3-89)。

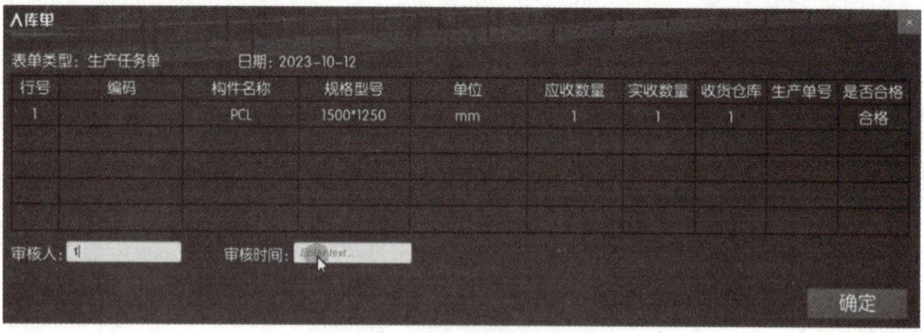

图 3-89　叠合梁入库单填写

子任务三　预制柱构件生产

预制柱为非平板类构件，属于特殊构件，常采用固定模台法进行生产制作。

生产预制柱构件首先进行生产前准备，完成劳保用品穿戴和工厂卫

预制柱构件生产

生检查两个环节。工厂卫生检查的区域主要包括固定模台生产区、钢筋存放区、钢筋加工区。将上述区域的垃圾清理完毕后，进行预制柱的生产任务 (图 3-90)。

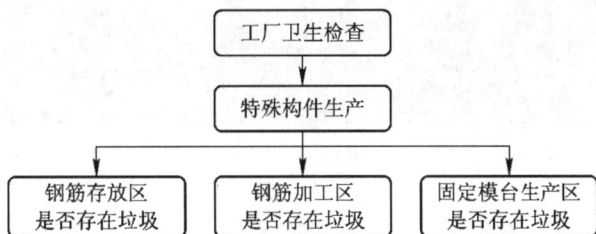

图 3-90 生产区域卫生检查

预制柱构件生产工作需完成模具摆放、钢筋绑扎与埋件固定、混凝土浇筑、构件预处理与养护、构件起板与质检入库等工序 (图 3-91)。

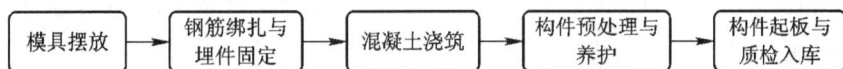

图 3-91 预制柱构件生产工序

一、模具摆放

预制柱模具摆放工作需完成划线、涂刷脱模剂、摆放模具、模具初固定、模具测量、模具校正、模具终固定、涂刷脱模剂或缓凝剂等工序 (图 3-92)。

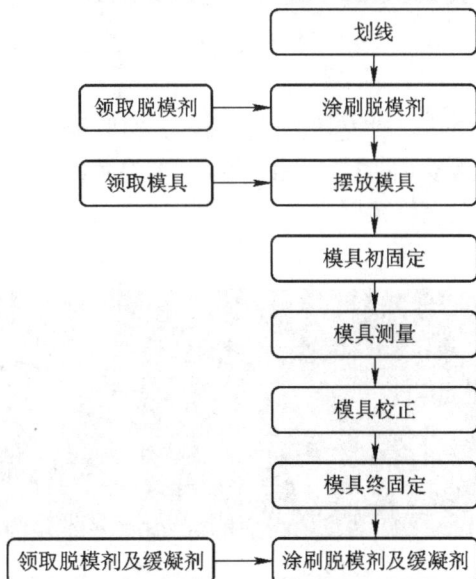

图 3-92 预制柱模具摆放工序

1.划线

领取划线所用工具：卷尺、墨盒、铅笔、角尺。打开图纸读取对应参数，根据柱的尺寸进行划线。该预制柱为矩形截面，根据预制混凝土部分的长度、宽度数据进行测量和划线 (图 3-93)。

图 3-93　划线

2. 涂刷脱模剂

领取滚刷、脱模剂。在模台上涂刷脱模剂。

3. 领取模具——摆放模具

根据图纸尺寸，要求柱的长度和厚度方向与划线参数一致。摆放模具时，先沿划线位置摆放固定端模具，然后摆放非固定端模具。依据划线进行模具摆放后，需同步确认其准确性 (图 3-94)。

图 3-94　模具摆放

4. 模具固定

领取扳手、橡胶锤、螺栓，对模具进行初固定。领取卷尺，进行模具测量，包括柱子的四条边线测量和对角线测量 (图 3-95、图 3-96)。若对角线测量差值过大，则进行调整；若对角线相等或误差在规范允许范围之内，则无需调整。领取磁盒，进行模具终固定 (图 3-97)。误差越小精度越高。

图 3-95　四条边线测量

图 3-96　对角线测量

图 3-97　模具终固定

5. 涂刷脱模剂及缓凝剂

领取脱模剂、缓凝剂和滚刷。在柱的两端模具内侧涂刷缓凝剂，以便后期形成粗糙面，保证连接效果。在柱的两侧模具内侧涂刷脱模剂，保证顺利脱模，表面光滑 (图 3-98)。

图 3-98　涂刷脱模剂及缓凝剂

二、钢筋绑扎与埋件固定

预制柱钢筋绑扎与埋件固定的具体流程如下 (图 3-99)。

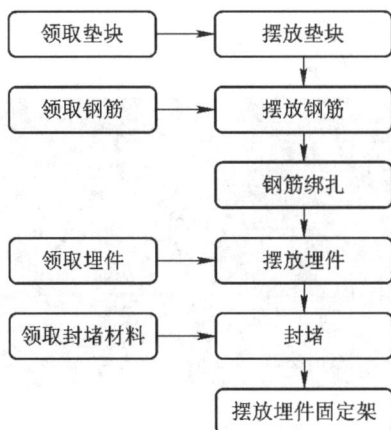

图 3-99　预制柱钢筋绑扎与埋件固定工序

1. 摆放垫块

领取梅花形垫块若干，其规格为相应的保护层厚度，有时也可采用钢筋卡子。在模台上摆放的垫块合理间距为 300～800 mm 之间，可选择水平间距 500 mm，竖向间距 500 mm，按要求依次摆放完毕 (图 3-100)。

图 3-100   摆放垫块

2. 领取钢筋

根据构件图纸中的配筋表，读取钢筋相关参数，如规格、尺寸、弯钩等，进行钢筋下料及加工。

3. 摆放钢筋

根据图纸信息分析钢筋摆放顺序。阅读配筋图进行分析，根据柱子钢筋框架可知，应先摆放水平箍筋，再摆放竖向钢筋，竖向钢筋底部安装钢筋套筒，上部外伸 (图 3-101)。

图 3-101   预制柱钢筋摆放

4. 钢筋绑扎

领取手持绑扎机以及扎丝，在固定模台上对预制柱钢筋进行绑扎 (图 3-102)。

图 3-102   钢筋绑扎

5. 摆放埋件

套筒组件已在钢筋摆放时安放在预埋钢筋下端。继续领取吊钉、预埋螺母、排气管。按照图纸示意位置依次摆放：

(1) 领取吊钉埋件，其规格见预埋配件明细表，或由设计方提供具体资料，共 2 个，使两个吊钉均位于柱顶面对角线上，并且相对于另一条对角线对称，这样设置有利于保证吊装平衡稳定。

(2) 领取内埋螺母，共 4 个，分别设置在柱子两相邻侧面上，用于后期斜支撑的安装，每个侧面设置一高一低两个螺母，未来分别连接两根斜支撑。先布置生产位置表面的 2 个螺母，摆放第一个 (较低者)，即布置在该面的中心线上，距柱子底部 700 mm，摆放位置在生产位置的顶面；摆放第二个 (较高者)，即布置在该面的中心线上，距柱子底部距离约为柱高的 2/3，摆放位置同在生产位置的顶面。同理布置生产位置侧面的 2 个螺母即可。

(3) 领取排气管，预埋在构件中，以利于后期灌浆连接饱满。其设置路径为自柱底中心至侧面中心线某高度位置 (图 3-103)。

图 3-103　摆放埋件

6. 封堵及摆放埋件固定架

领取封堵材料，对模具缝隙位置、出筋位置等可能漏浆部位进行封堵。

领取埋件固定架、螺栓、扳手等工具固定埋件 (图 3-104)。

图 3-104　用固定架固定埋件

三、混凝土浇筑

预制混凝土浇筑的具体流程如下 (图 3-105)。

图 3-105　预制柱混凝土浇筑工序

浇筑前计算混凝土配合比、构件体积、混凝土用量等内容。由于构件平面较小，选择用料斗进行混凝土浇筑，浇筑完毕后进行人工整平（图 3-106）。领取振捣棒，进行振捣，并及时清洗料斗。注意振捣过程中，应防止触碰钢筋导致扎丝脱扣。

图 3-106　预制柱混凝土浇筑与振捣

四、构件预处理与养护

预制柱构件预处理与养护的具体流程如下（图 3-107）。

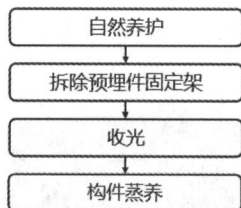

图 3-107　预制柱构件预处理与养护

1. 自然养护及收光

对模台上的预制柱构件进行自然养护，待构件强度增长到一定值时，领取拆除工具扳手，拆除埋件固定架。领取抹子，对模台上预制柱生产位置的上表面混凝土进行收光（图 3-108）。

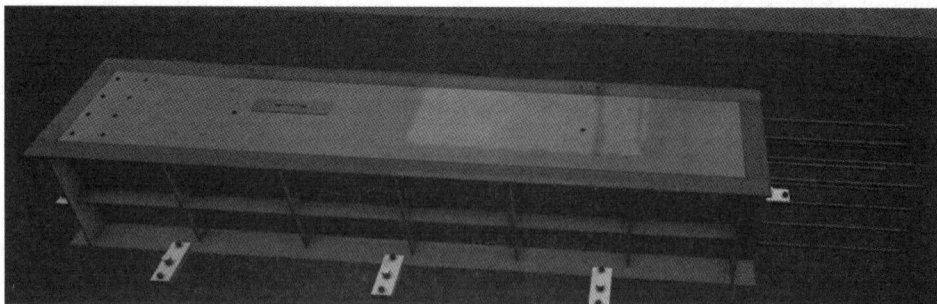

图 3-108　表面收光

2. 构件蒸养

领取养护罩，放置养护罩在预制柱构件上进行蒸汽养护，设定温度为 35℃，在升温过程中应注意温度上限值、升降温速度等要求。可以调整温度上限值为 40℃、45℃、50℃，加快其强度发展速度。达到一定温度之后，可进行满足降温速度的梯度降温，最终控制好出库温度。构件强度达到规范要求时，可以将模台上的养护罩移除。

五、构件起板与质检入库

预制柱构件起吊入库的具体流程如下 (图 3-109)。

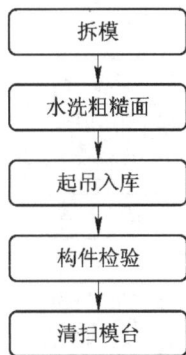

```
┌──────────────┐
│     拆模      │
└──────────────┘
       ↓
┌──────────────┐
│   水洗粗糙面   │
└──────────────┘
       ↓
┌──────────────┐
│   起吊入库    │
└──────────────┘
       ↓
┌──────────────┐
│   构件检验    │
└──────────────┘
       ↓
┌──────────────┐
│   清扫模台    │
└──────────────┘
```

图 3-109 预制柱构件起吊入库工序

领取拆模所用工具：拆磁盒工具、橡胶锤和扳手。拆除固定模具的螺栓、封堵材料、磁盒、拆除模具。拆除完成之后，领取高压水枪，对预制柱顶面和底面进行水洗粗糙面。领取吊具，选择预埋吊钉挂钩，平稳起吊后按要求进行摆放。

构件摆放稳定后拆除吊钩。随后对构件进行外观检查 (图 3-110)，外观检验合格后，领取卷尺，对构件进行尺寸校核，校核无误进行存档。喷涂标识，填写入库单。领取清扫工具，清扫完成后，归还工具，工完料清。

图 3-110 预制柱外观检查

预制夹心保温外墙板构件生产

子任务四 预制夹心保温外墙板构件生产

预制外墙板为平板类构件，属于正常构件，常采用移动模台法进行生产制作。预制外墙板生产的具体流程如下 (图 3-111)。

```
┌──────────┐    ┌──────────┐    ┌──────────┐    ┌──────────┐    ┌──────────┐
│  外墙板   │ →  │  外墙板   │ →  │  外墙板   │ →  │  外墙板   │ →  │  外墙板   │
│ 模具准备  │    │ 钢筋绑扎  │    │ 构件浇筑  │    │ 构件预处理 │    │ 起板入库  │
└──────────┘    └──────────┘    └──────────┘    └──────────┘    └──────────┘
```

图 3-111 预制外墙板生产工序流程

一、外墙板模具准备

先进行生产前准备，完成劳保用品穿戴、工厂卫生检查、设备检查三个环节（图 3-112）。依次针对以上三个部分进行检查，若存在异常，需要完成仪器修复后再进行生产。

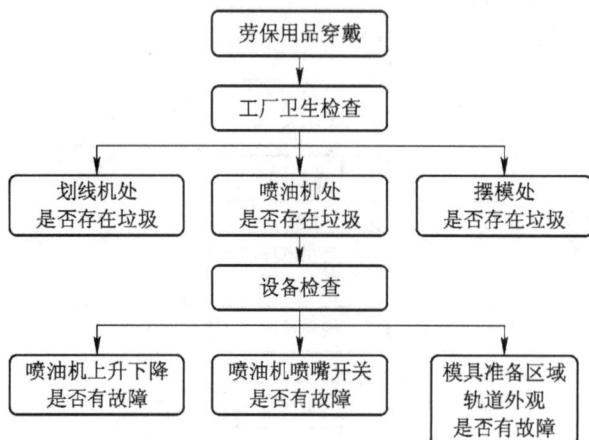

图 3-112　生产前准备工作

预制外墙板模具摆放工作需完成划线、喷油、领取模具、摆放模具、模具初固定、模具测量、模具校正、模具终固定、粉刷脱模剂或缓凝剂等工序（图 3-113）。

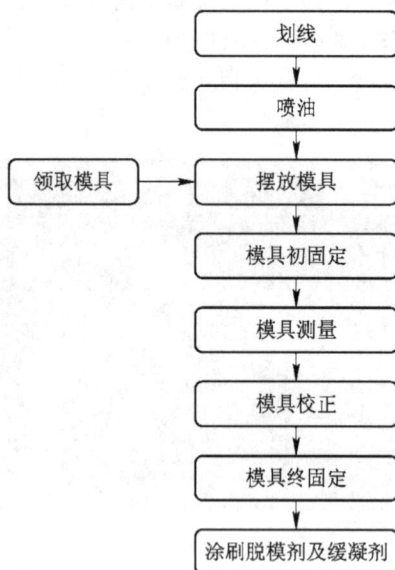

图 3-113　预制外墙板模具摆放工序

1. 划线

在划线机中进行划线操作，录入图纸，并依据图纸的信息，录入相关参数。

预制夹心保温外墙板包含外叶板、保温板和内叶板三个部分。划线操作仅仅划出外叶板轮廓和内叶板轮廓即可。内模板指的是窗洞和门洞，若无此内容，则无需设置内模。

预制夹心保温外墙板俗称"三明治墙板"，需要对两个模台分别进行划线（图 3-114）。操作模台①按照外叶板尺寸划线，操作模台①前进，划线机复位，让模台②进入划线区，按照内叶板尺寸划线，划线机再次复位。至此，划线机依据输入的参数完成划线工序。

图 3-114　外墙板划线

2. 喷油

喷油，即在模台上喷涂脱模剂。使用操作台将模台移动到喷油机下方，领取脱模剂，添加到喷油机中，打开操作台，使喷油机磨刷下降，依次打开阀门，使用操作台控制喷油机，在模台前进过程中完成喷油。喷油过程中可以根据需要涂刷的区域打开或关闭阀门。喷油完成后依次关闭所有阀门，操作毛刷上升、模台继续前进至摆侧模工位。

特别的，在该构件生产过程中，仅对模台①完成喷油即可，后期模台②的侧模会移动至模台①上完成墙体的内外连接 (图 3-115)。

图 3-115　喷油

3. 领取模具和摆放模具

根据图纸中的相关参数，领取相应的侧模具。三明治墙板在生产过程中，要依次对一层模具和二层模具进行选择。一层模具主要包括外叶板和保温板，先在模台①摆放一层模具，继续在模台②摆放二层模具，二层模具主要是指生产内叶板的模具。

(1) 领取相应模具后，进行模具质量检查，主要确定无侧向弯曲和锈迹等缺陷，锈迹严重的模具需要进行更换。领取侧向弯曲工具及卷尺进行检查，若弯曲值已超过规范要求 2 mm，也需要进行更换，更换完毕需再次进行弯曲量测及锈迹检查，直至完全达标。

(2) 依据图纸及划线位置进行侧模具摆放。拖拽模具至模台上，与划线位置精准重合（图3-116）。

(3) 摆放一层模具，依次摆放模具固定端，模具非固定端，左侧模具，右侧模具。发现模具之间缝隙较大时，进行调整。调整至符合要求后即可进行固定工作。

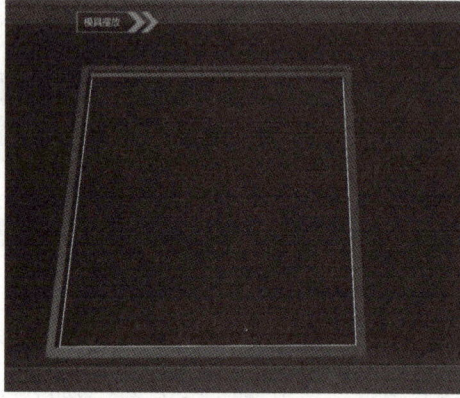

图 3-116　模具摆放

4. 外叶板模具初固定

领取扳手、螺栓，依次对四条侧模具进行初固定。墙板的底端为固定端，将其直接紧固在模台上，再通过螺栓螺母初步连接四条边模。

5. 外叶板模具测量与校正

领取钢卷尺，依次测量四条模具尺寸，随后对左右侧模具进行对角线测量，若对角线差值超过规范要求的3 mm，说明四条边模组成的并非矩形，而是平行四边形，需进行校正。领取橡胶锤，在左右侧模具内侧或外侧适度敲击，在对角线数值较大一侧进行外侧向内敲击校正，在对角线数值较小一侧进行内侧向外敲击校正，两对角线的差值会逐渐缩小，最终将对角线数值校正至相等或在误差允许值以内，精度越高越好，此时模具校正完成（图3-117）。

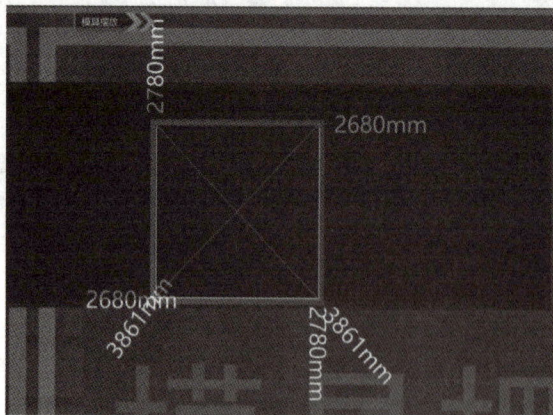

图 3-117　模具测量与校正

6. 外叶板模具终固定

领取扳手、螺栓、橡胶锤及磁盒，对校正后的非固定端三边模具进行终固定。注意磁盒安装位置应合理，居中设置时受力最合理。

7. 外叶板模板粉刷脱模剂

领取滚刷、毛刷、脱模剂，依次对外叶板四条边模板的内侧涂刷脱模剂。

8. 内叶板模具的设置

根据模台②划线对内叶板的模具进行摆放，并进行初固定，依次对模具进行边长测量和对角线测量，假设对角线分别为 3375 mm、3371 mm，其差值为 4 mm，超过规范要求，则也应用橡胶锤进行模具位置调整，调整至差值为零时停止 (图 3-118)。

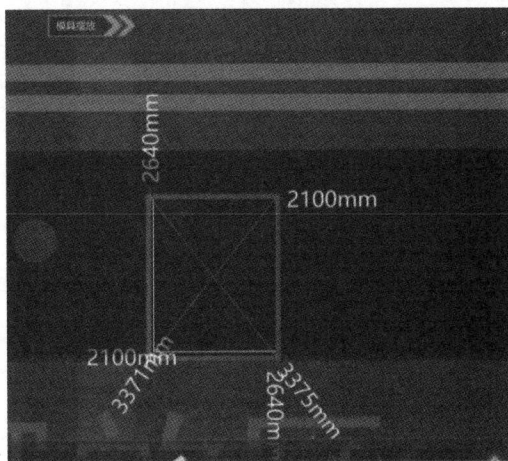

图 3-118　内叶板模具设置

用螺栓螺母和扳手对内叶墙模具进行终固定，在其内侧粉刷缓凝剂。在三明治外墙中，外叶板不出筋，主要作用是保护保温板，而内叶板是主要的受力部分。施工现场需要与后浇混凝土结合，周边需设置为粗糙面增强其粘结作用，所以内叶板四个端面生产时应形成骨料外露，对二层模具，即内叶板的模具四边内侧涂刷缓凝剂，待脱模后用高压水枪冲洗形成粗糙面。领取缓凝剂、滚刷，依次对四条模具内侧涂刷缓凝剂，应注意涂刷厚度均匀一致，不漏刷。

二、预制夹心外墙板钢筋绑扎

预制夹心外墙板钢筋绑扎前先进行生产前准备，完成劳保用品穿戴、工厂卫生检查和设备检查三个环节 (图 3-119)。

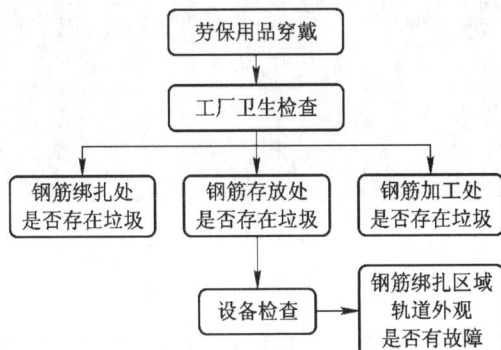

图 3-119　预制夹心外墙板钢筋绑扎前准备工作

工厂卫生检查主要检查钢筋绑扎处、钢筋存放和加工区是否存在垃圾；设备检查主要是针对于轨道外观的检查，以保证后期模台前进顺利。

钢筋绑扎工作需完成摆放垫块、摆放外叶板钢筋、外叶板钢筋绑扎、摆放内叶板钢筋、内叶板钢筋绑扎、摆放埋件、摆放埋件固定架、封堵等工序 (图 3-120)。

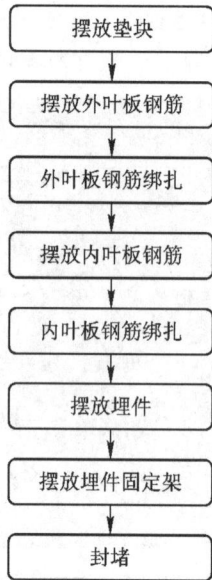

图 3-120   预制夹心外墙板钢筋绑扎工序

1. 摆放垫块

根据图纸中保护层厚度信息，领取对应规格的垫块，如梅花形垫块等。垫块摆放间距在 300～800 mm 之间，可设置当前间距为 500 mm，进行合理布置 (图 3-121)。

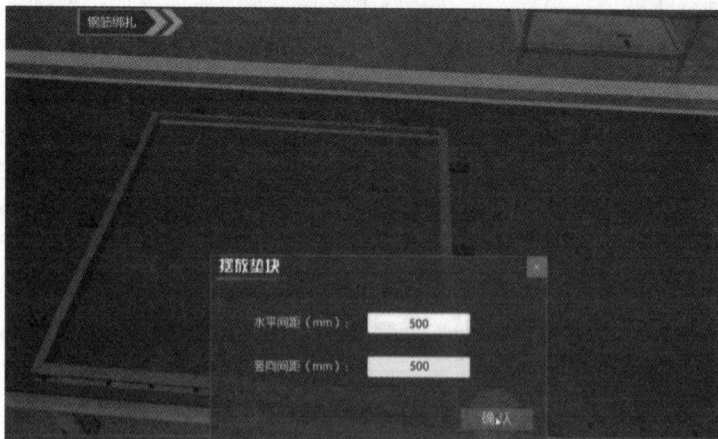

图 3-121   摆放垫块

2. 钢筋信息读取

在钢筋摆放前，先进行钢筋下料。可以根据构件图纸中的配筋表，读取钢筋相关参数 (图 3-122)。将外叶板和内叶板钢筋全部领取，再分别进行摆放和绑扎。

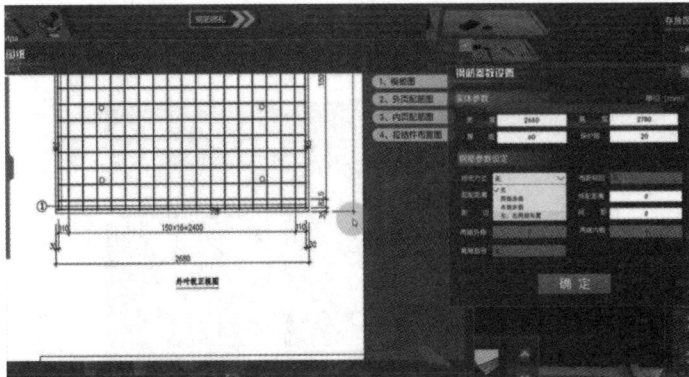

图 3-122　读取图纸中钢筋参数

3. 摆放、绑扎外叶板钢筋

将加工好的钢筋依次摆放到模台上，先在模台①上摆放外叶板 1 号钢筋与 2 号钢筋。

在钢筋摆放之前，要进行钢筋层次关系分析，可以从外叶板侧视图分析。钢筋摆放时，按照自下而上的顺序进行。外叶板的钢筋摆放完成后使用手持绑扎机和扎丝，对纵横向钢筋进行绑扎，形成结构稳固的钢筋网 (图 3-123)。

图 3-123　外叶板钢筋摆放与绑扎

4. 摆放、绑扎内叶板钢筋

继续按照图纸信息进行内叶板钢筋的摆放，钢筋摆放完成后对内叶板钢筋进行绑扎。使用手持绑扎机和扎丝，对纵横向钢筋绑扎，形成结构稳固的钢筋网 (图 3-124)。

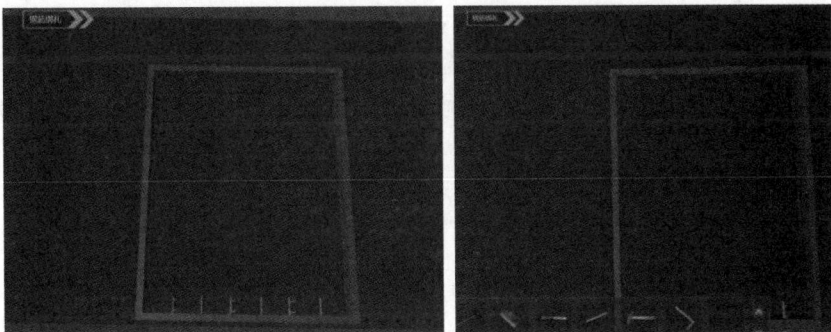

图 3-124　内叶墙套筒、钢筋摆放与绑扎

5. 摆放埋件及固定架

根据图纸领取及摆放线管、线盒等埋件 (图 3-125)。

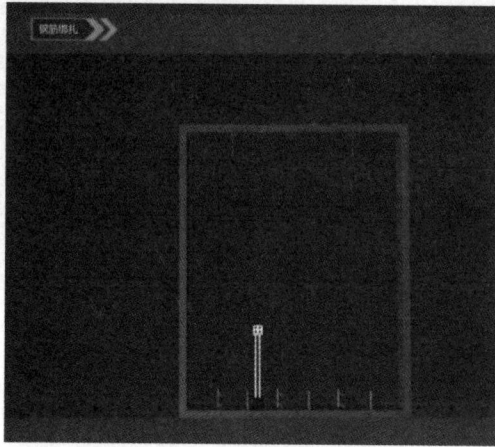

图 3-125　摆放线管、线盒等埋件

埋件全部摆放完毕后，领取埋件固定架装置，对内叶板埋件进行固定，防止后续浇筑、振捣混凝土时导致其移位 (图 3-126)。

图 3-126　安装固定架

6. 封堵

领取封堵材料，对内叶板的侧孔进行封堵，包括外伸钢筋的豁口处以及吊钉、套筒位置处，防止混凝土浇筑时漏浆。特别的，吊钉位置可搭配波胶使用，保证成型的预制构件顶部吊钉形成内半球空间。

主要的工艺流程操作完成。归还工具和材料，工完料清。

三、外墙板构件浇筑

外墙板构件浇筑前先进行生产前准备，完成劳保用品穿戴、工厂卫生检查和设备检查三个环节 (图 3-127)。

```
┌─────────────┐
│ 劳保用品穿戴 │
└─────────────┘
       │
┌─────────────┐
│ 工厂卫生检查 │
└─────────────┘
       │
   ┌───┼───────────────┐
   │       │           │
┌────────┐ ┌────────┐ ┌────────┐
│浇筑辊道处│ │布料机清洗处│ │平移车处│
│是否存在垃圾│ │是否存在垃圾│ │是否存在垃圾│
└────────┘ └────────┘ └────────┘
       │
┌─────────────┐
│  设备检查   │
└─────────────┘
   ┌───┼───────────────┐
   │       │           │
┌────────┐ ┌────────┐ ┌────────┐
│混凝土运输车│ │布料机阀门开关│ │振捣平台│
│设备运行  │ │是否有故障 │ │上升下降│
│是否有故障│ │          │ │是否有故障│
└────────┘ └────────┘ └────────┘
```

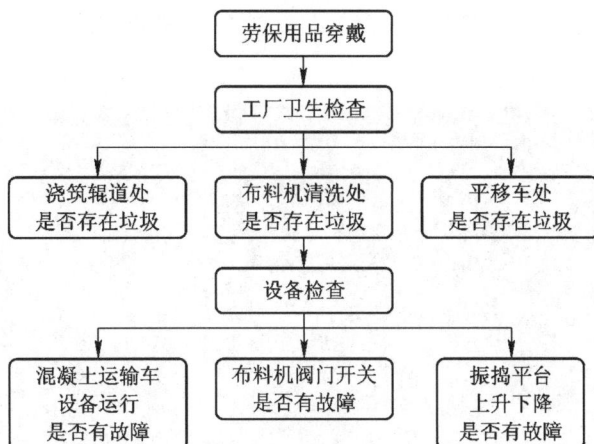

图 3-127　外墙板构件浇筑前准备工作

卫生检查主要包括浇筑辊道处、布料机清洗处、平移车处是否有垃圾；设备检查主要确认混凝土运输车设备运行是否有故障、布料机阀门开关是否有故障以及振捣平台上升下降是否有故障。

外墙板构件浇筑工作需完成外叶板混凝土浇筑、人工整平、外叶板混凝土振捣、铺设保温板、摆放拉结件、内叶板混凝土浇筑、人工整平、内叶板混凝土振捣等工序（图 3-128）。

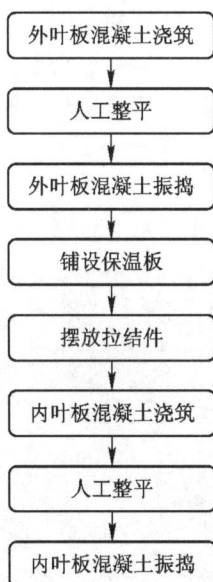

```
┌─────────────────┐
│ 外叶板混凝土浇筑 │
└─────────────────┘
         │
┌─────────────────┐
│    人工整平     │
└─────────────────┘
         │
┌─────────────────┐
│ 外叶板混凝土振捣 │
└─────────────────┘
         │
┌─────────────────┐
│   铺设保温板    │
└─────────────────┘
         │
┌─────────────────┐
│   摆放拉结件    │
└─────────────────┘
         │
┌─────────────────┐
│ 内叶板混凝土浇筑 │
└─────────────────┘
         │
┌─────────────────┐
│    人工整平     │
└─────────────────┘
         │
┌─────────────────┐
│ 内叶板混凝土振捣 │
└─────────────────┘
```

图 3-128　外墙板构件浇筑工序

1. 外叶板混凝土浇筑、人工整平

模台前进，移动到浇筑区域。应用建筑材料相关知识，对混凝土配合比进行计算、拌制，并根据计算出的构件体积，领取适当质量的混凝土。

特别的，实际工程中可以按照要求考虑混凝土损耗，在计算中增加一定的富余量。搅拌站拌制完成的混凝土下料至运料车中，即混凝土空中运输车，随后操作运料车前进，将运料车中的混凝土倾倒至布料机中。倾倒混凝土时令运料车下翻，下料完成以后上翻复位 (图 3-129)。

图 3-129　外叶板混凝土量准备

用操作台控制模台前进。通过布料机的控制按钮，完成外叶板的混凝土均匀浇筑 (图 3-130)。在布料时注意不要在同一个位置停留时间过长，防止造成浇筑不均的现象。在到达构件上方以后，再依次打开所要布料位置的阀门，若需要浇筑边缘，可以先关闭部分阀门，提高均匀度。混凝土余量是布料机内混凝土余量，随着外叶板布料过程的推进，混凝土余量逐渐减少，直至外叶板浇筑完毕。随着布料机阀门打开数量增加，浇筑速度也相应增加。在浇筑过程中应特别注意两点：第一，在浇筑时，应保证均匀性；第二，浇筑时要避免混凝土外浇。

随后对外叶板已经浇筑的混凝土进行人工整平。

图 3-130　外叶板混凝土浇筑

2. 外叶板混凝土振捣

振动台紧固模台后进行振捣 (图 3-131)，时长 60～100 s，防止欠振导致振捣不密实，同时防止超振导致离析和浮浆现象。振捣完毕，模台上升。

图 3-131　外叶板混凝土振动台振捣

3. 铺设保温板、摆放拉结件

按照图纸信息领取保温材料，考虑到损耗可能，领取的保温材料面积应略大于图纸中保温板的面积，铺设保温板在外叶墙混凝土上面。领取拉结件，摆放拉结件。拉结件摆放规则可参照国家标准图集给定的拉结件布置，摆放规则是距构件边缘 100～200 mm 范围，可设置为 150 mm；拉结件间距在 200～600 mm 范围，可设置为 400 mm。距离洞口边缘在 150～200 mm 范围，可设置为 150 mm。若设计图纸中给定了具体数据，可参照图纸信息进行摆放。

在摆放内叶板模具前，需要先摆放垫块（图 3-132）。垫块的摆放范围与钢筋绑扎范围一致，为 300～800 mm 区间，可设置横向纵向间距均为 500 mm。选择工具，移动内叶板模具、钢筋、埋件等装置，按图纸标示位置移动至保温板上面，并进行固定。

图 3-132　垫块摆放

4. 内叶板混凝土浇筑、人工整平及振捣

操作布料机对内叶板进行混凝土浇筑（图 3-133），内叶板混凝土浇筑要求与外叶板一样，需要浇筑均匀，不要有外浇情况。人工整平后，进行内叶板混凝土振捣。不同的是，考虑到内叶板厚度较大，需要用振捣棒振捣密实（图 3-134），振捣时应注意防止振捣棒碰触到钢筋及埋件，导致其位置发生改变。

图 3-133   内叶板混凝土浇筑

图 3-134   人工整平及振捣

布料完成后，操作布料机运行至水洗池处进行清洗。打开布料机阀门，选择高压水枪进行清洗。清洗完成后关闭阀门，将布料机复位，归还工具和材料，工完料清。

四、外墙板构件预处理

外墙板构件预处理前先进行生产前准备，完成劳保用品穿戴、工厂卫生检查及设备检查三个环节 (图 3-135)。

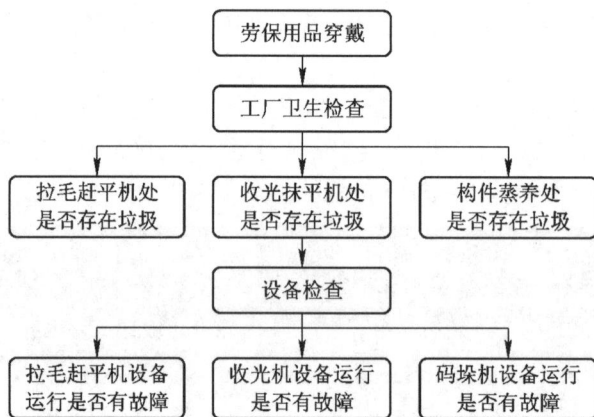

图 3-135   外墙板构件预处理准备工作

工厂卫生检查主要包括拉毛赶平机处、收光抹平机处、构件蒸养处是否存在垃圾和杂物；设备检查主要确认拉毛赶平机、收光机设备、码垛机设备是否存在故障。

外墙板构件的预处理及养护工作需完成构件预养、拆除预埋件固定架、构件收光、构件蒸养等工序 (图 3-136)。

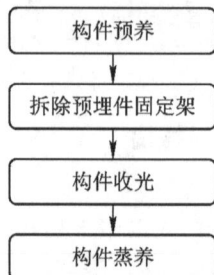

图 3-136   外墙板构件的预处理及养护工序

1. 构件预养

模台前进，对构件进行预养和蒸养。打开预养库前门，使构件进入预养库，前门关闭，预养库温度设置范围在 30～35℃，可设置为 30℃。当构件强度上升达到约 3 MPa 以上时，可以出库。防止提前出库，因为构件在工厂环境温度中的强度上升速率较小。

2. 拆除预埋件固定架、构件收光

当构件强度大于 3 MPa 时，可选择扳手拆除固定架。操作收光机进行收光 (图 3-137)，收光时应注意做到均匀、全面的收光，不要漏掉某一区域，收光完成后及时对收光机复位。

图 3-137　构件收光

先将码垛机移动至模台的前进轨道上，选定符合要求的蒸养库。操作模台继续前进，移动至蒸养区域。

3. 构件蒸养

在码垛机上操作模台上升，到达指定位置后支撑固定，模台下降送入蒸养库。

对蒸养库进行温度及湿度设置，蒸养库初始温度是当前环境温度，设定的温度为蒸养库预计要达到的温度 (图 3-138)。根据国家标准规定，带有保温层的墙板养护温度最高不应超过 60℃，蒸养库上升下降的温差梯度不应超过 20℃。当前，可以设置温度为 38℃，构件的强度呈一定倍数加速上升。温度升至 38℃后，可再次设置为 58℃。随后按照同样的速率将温度进行下调。国家标准规定，构件出库时温差不超过 25℃，所以出库前应提前进行降温设置。当构件强度超过 15 MPa，即可出库。

图 3-138　构件蒸养

综上所述：构件蒸养结束出库时应满足两个条件：一是强度不低于 15 MPa；二是构件与环境的温差不大于 25℃。

构件出库，在码垛机上操作模台上升，到达指定位置后支撑固定取出模台，模台下降并前进 (图 3-139)。归还工具和原料，再次确认拉毛赶平机复位，预养库设备复位，收光机复位，码垛机复位，工完料清。

图 3-139　构件出养护库

五、外墙板起板入库

外墙板起板入库前先进行生产前准备，完成劳保用品穿戴、工厂卫生检查、设备检查三个环节 (图 3-140)。

卫生检查主要检查立起机处、拆模处、水洗构件和平移车处是否存在垃圾；设备检查主要确认起板机设备、清扫机设备上升下降、行车运行设备是否存在故障。

外墙板起板入库工作需完成拆模、水洗粗糙面、起吊入库、构件检验和清扫模台等工序 (图 3-141)。

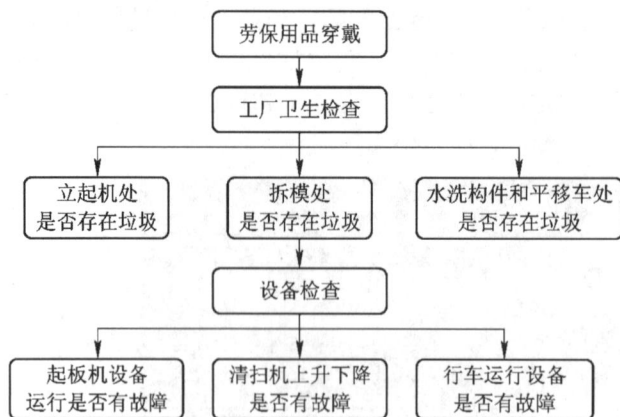

图 3-140　外墙板起板入库准备工作

图 3-141　外墙板起板入库工序

1. 拆模

领取拆磁盒专用工具撬棍、扳手和橡胶锤。依次拆除二层模具和一层模具，拆除封堵材料和方槽。

先拆除二层模具的方槽，拆除封堵材料，拆除螺丝，然后依次拆除二层侧模具，再对一层模具进行拆除，先用撬棍拆除磁盒、用扳手拧掉螺母，卸掉螺栓，拆除一层侧模具 (图 3-142)。

图 3-142　拆除模具

2. 水洗粗糙面

将模台前进至水洗构件区，领取高压水枪，进行粗糙面冲洗 (图 3-143)。

图 3-143　水洗粗糙面

由于内叶墙侧模具的内侧表面涂刷了缓凝剂，其四周的水泥浆强度均远小于内部强度，所以通过高压水枪冲洗内叶墙四个侧边，可以冲洗掉其表面的水泥砂浆，形成骨料外露的粗糙面，为现场组装和后期浇筑混凝土创造牢固的连接条件。

3. 起吊入库

通过操作台使模台前进，使模台运行至立板机处，应根据生产构件的不同种类选择不同的吊装工具。此时的构件为外墙板，选择墙板吊具，预制外墙板为竖向构件，应竖向存放及运输，吊装时也为竖直状态，需要借助立板机翻转至直立状态再搭配吊装设备进行吊装 (图 3-144)。

图 3-144　连接吊装梁

　　上部行车连接墙板吊具，操作行车将吊具的连接点接驳器运行至吊点位置。调整过程中应防止吊具与构件、模台发生碰撞。当运行至吊点附近时挂钩，并确保模台牢固的固定在翻板机上。由于翻板机需要翻转至大于 75°以上的角度，故应在墙板底部安装底模。选择底模、摆放底模后操作翻板机 (图 3-145)。

图 3-145　翻板立起

　　特别地，整个模具拆除和墙板起吊过程均要求构件强度大于等于 15 MPa。吊运构件时，应注意在构件有一定上升高度后才能移动，注意防止构件在吊运过程中和水洗池发生碰撞。墙板立放，调节好墙板和存放架的位置关系，将其移至与之对应的固定存放架，并防止在下落过程中发生碰撞。放置稳定后，用木楔做墙板与存放架相邻处的保护装置 (图 3-146)。

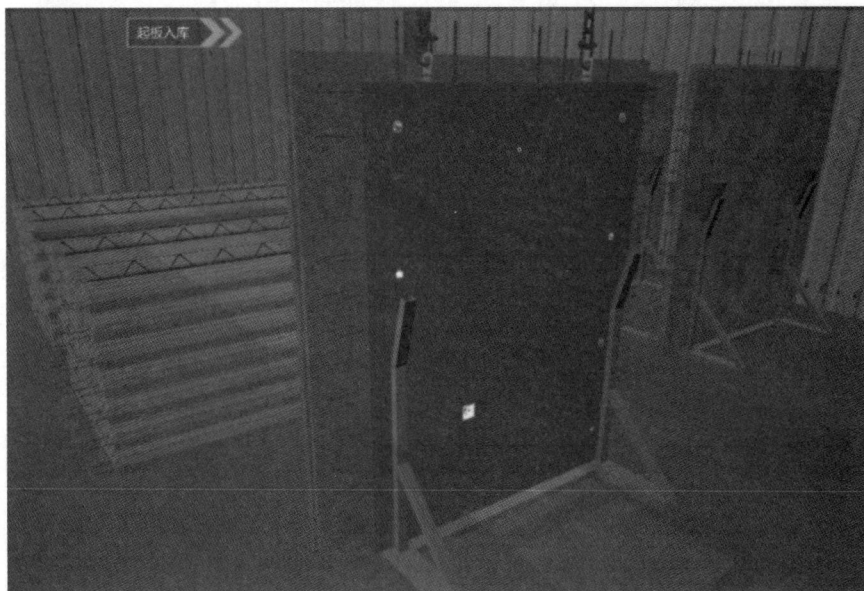

图 3-146　吊放至墙板存放区

4. 构件检验

摘除吊钩，选择校核工具对外墙板依次进行外观检查、尺寸检查、喷印标记、填写入库单。各项检查合格后进行存档喷绘，喷绘一米控制线，作为后续施工过程中可快速进行相邻墙板之间高度对比的辅助线；填写入库单相关内容及审核人、审核时间等，入库完成（图 3-147）。

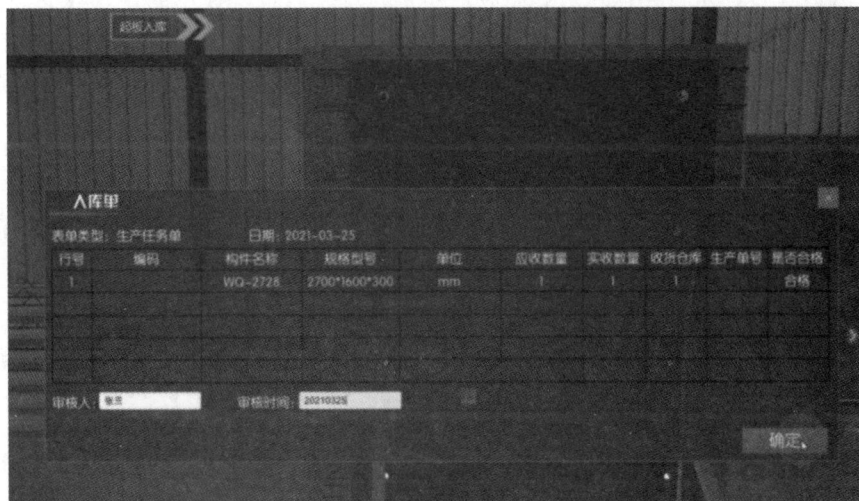

图 3-147　填写墙板入库单

5. 清扫模台

将操作设备复位，模台下降。用扳手拆除底模，模台复位。若模台有划线的痕迹和喷涂脱模剂的痕迹，要用清扫机进行清理（图 3-148）。清扫机下降，模台前进，模台表面清理干净后，清扫机复位。归还工具和材料，工完料清。

图 3-148　模台清扫

子任务五　预制楼梯构件生产

预制楼梯构件生产

预制楼梯属于特殊构件，采用固定模台法进行生产制作。

先进行生产前准备，完成劳保用品穿戴、工厂卫生检查和设备检查三个环节。

工厂卫生检查的区域主要是特殊构件生产区域，包括钢筋存放区、钢筋加工区和固定模台生产区，检查其是否存在垃圾和杂物。特殊构件生产过程使用的设备较少，不需要进行流动模台区域的设备检查。将上述区域的垃圾清理完毕后，进行预制楼梯的生产任务。

楼梯的生产过程，也是通过模具摆放、钢筋绑扎、构件浇筑、构件预处理和起板入库这五个模块进行的 (图 3-149)。

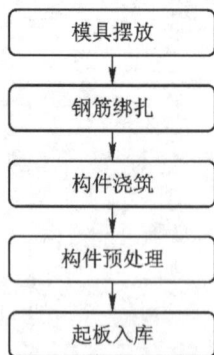

图 3-149　预制楼梯生产工序

一、模具摆放

模具摆放分为以下步骤。

(1) 根据图纸参数领取对应模具 (图 3-150)。

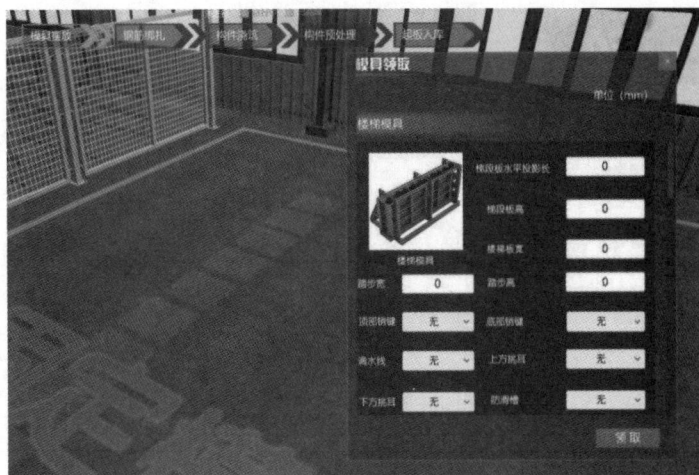

图 3-150　预制楼梯模具领取

(2) 按要求领取模具后，选择卷尺进行模具检查。

(3) 模具检查合格后，选择合适的吊具打开模具 (图 3-151)，使用喷壶在其内侧喷涂脱模剂 (图 3-152)。

图 3-151　打开楼梯模具

图 3-152　模具内侧喷涂脱模剂

二、钢筋绑扎

钢筋绑扎需要完成领取钢筋、摆放钢筋、吊装钢筋骨架、摆放垫块、摆放埋件、组装模具、安装埋件工装等工序 (图 3-153)。

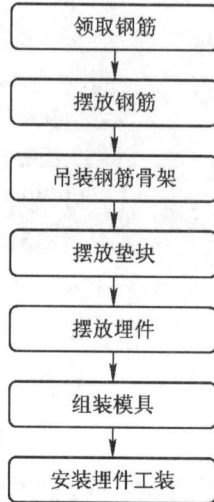

```
┌─────────────┐
│  领取钢筋    │
└─────────────┘
       ↓
┌─────────────┐
│  摆放钢筋    │
└─────────────┘
       ↓
┌─────────────┐
│ 吊装钢筋骨架  │
└─────────────┘
       ↓
┌─────────────┐
│  摆放垫块    │
└─────────────┘
       ↓
┌─────────────┐
│  摆放埋件    │
└─────────────┘
       ↓
┌─────────────┐
│  组装模具    │
└─────────────┘
       ↓
┌─────────────┐
│ 安装埋件工装  │
└─────────────┘
```

图 3-153　预制楼梯钢筋绑扎工序

1. 领取钢筋

根据构件图纸的配筋表，读取钢筋相关参数，进行钢筋下料及加工。

2. 摆放钢筋、吊装钢筋骨架

楼梯的钢筋摆放，需要借助钢筋摆放架，按照图纸所示位置依次将钢筋拖拽到钢筋摆放架完成摆放和绑扎 (图 3-154)。通过行车在合理的吊点吊装钢筋骨架，将其移动至楼梯模板位置 (图 3-155)。

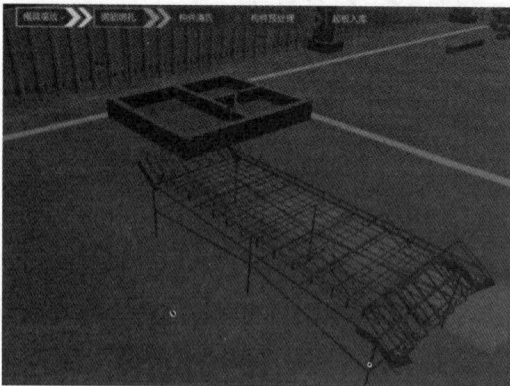

图 3-154　预制楼梯摆放钢筋

图 3-155　吊装预制楼梯钢筋骨架

3. 摆放垫块

垫块样式应根据构件不同的形式进行合理选择与摆放。选择与楼梯钢筋骨架合理搭配的垫块类型，领取若干垫块，确保钢筋有足够的保护层厚度。垫块合理间距仍为 300～800 mm 之间，可选择水平间距 500 mm，竖向间距 500 mm 的间距将垫块依次摆放完毕 (图 3-156)。

图 3-156   摆放楼梯钢筋垫块

4. 摆放埋件、组装模具及安装埋件工装

从图纸中可知，楼梯的埋件主要有两种，分别为是 LM-1 预埋螺母和 LM-2 预埋螺母。在楼梯生产过程中模具是立放的，LM-1 在中间位置，共 4 个，设置于梯段中部的两个踏面上，用于楼梯吊装安装施工；LM-2 在顶部，共 2 个，设置于梯段中部侧面，用于楼梯脱模吊装，两埋件放置有先后之分。

在模具组装之前，先将 LM-1 摆放到位 (图 3-157)。

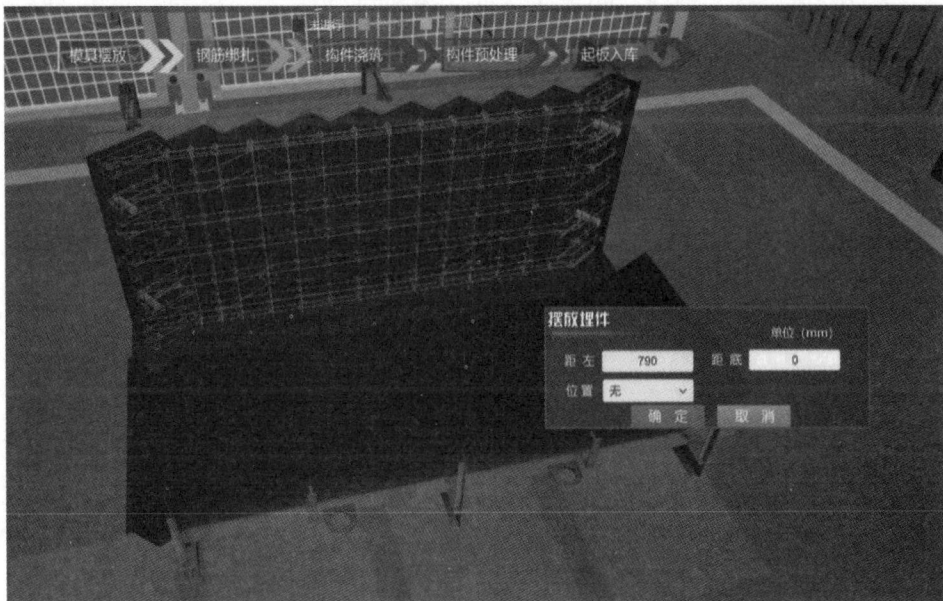

图 3-157   摆放预埋螺母 LM-1

LM-1 摆放完成后组装模具，即合模 (图 3-158)。

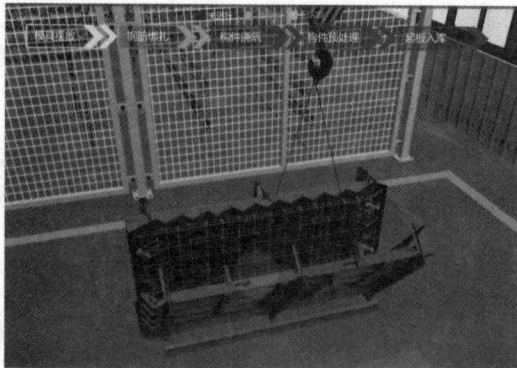

图 3-158 合模

合模完成后，摆放第二种预埋件 LM-2 预埋螺母 (图 3-159)。由楼梯正视图可知 LM-2 距左、距底的具体位置。注意，两种埋件"距底"的参照方向不同。

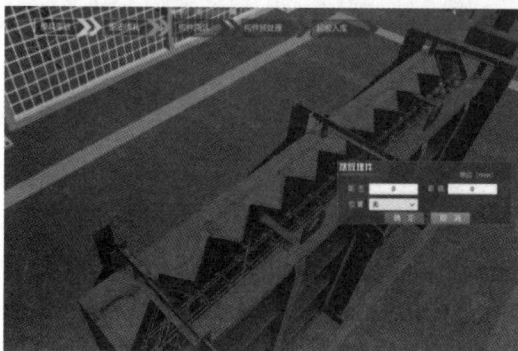

图 3-159 摆放预埋螺母 LM-2

整个模具组装完成后，借助扳手安装埋件工装，至此，钢筋绑扎工序结束。

三、构件浇筑

楼梯构件浇筑需要完成领取混凝土、领取料斗、倒入混凝土、混凝土浇筑、人工整平、振捣六个工序 (图 3-160)。

图 3-160 预制楼梯混凝土浇筑工序

首先计算混凝土的体积，即预制楼梯构件的体积。计算混凝土配合比，即石子、砂、水泥、水等用量。应考虑干料与湿料的换算，通过各个干料的含水率计算其湿料用量，并根据需要加入所需外加剂。其次按照计算结果领取原材料拌制混凝土，特别的，实际工程中可以按照要求考虑混凝土损耗，在计算中增加一定的富余量。

选择料斗，倒入混凝土，开始进行混凝土浇筑 (图 3-161)。

图 3-161　混凝土浇筑

浇筑完毕，进行人工整平，并用振捣棒振捣密实 (图 3-162)，振捣时应注意防止振捣棒碰触到钢筋及埋件，导致其位置发生改变。料斗使用完毕应及时清洗 (图 3-163)，防止水泥浆凝结硬化损坏设备，清仓完成后，楼梯的构件浇筑工序完成。

图 3-162　人工整平及振捣

图 3-163　混凝土料斗清洗

四、构件预处理

预制楼梯构件预处理需要完成自然养护、收面、放置养护罩、蒸汽养护四个工序（图3-164）。

首先进行自然养护，等待强度达到 3.8 MPa 以上，选择抹子工具进行收面（图 3-165）。

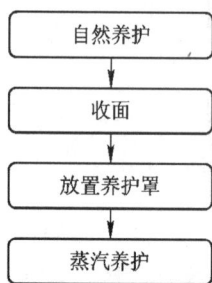

图 3-164　预制楼梯构件预处理工序

图 3-165　自然养护及收面

放置养护罩在模具上，设置蒸汽养护（图 3-166）。楼梯构件的蒸汽养护，相当于墙板的蒸养库养护。同样设置其温度最高不超过 60℃，温度上升、下降的速度不超过 20℃/h。

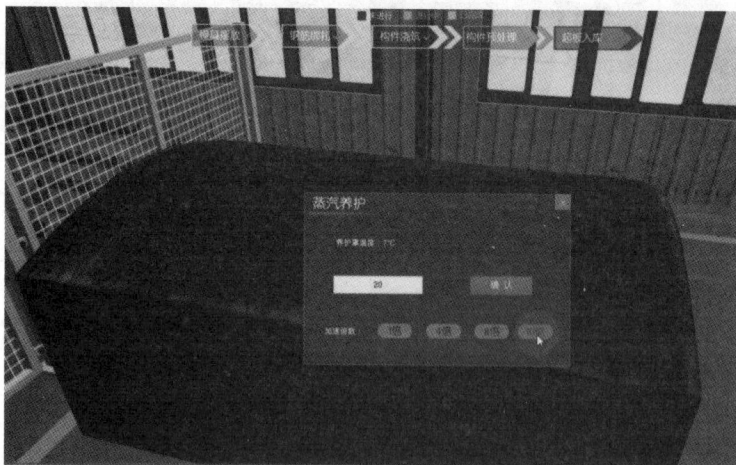

图 3-166　养护罩内蒸养

待构件强度达到 15 MPa 以上，进入下一环节起板入库。

五、起板入库

预制楼梯构件起板入库需要完成移除养护罩、拆除工装、打开模具、入库、摘除吊钩、外观检查、尺寸检查、喷绘标记、填写入库单、清理模具、组装模具等工序 (图 3-167)。

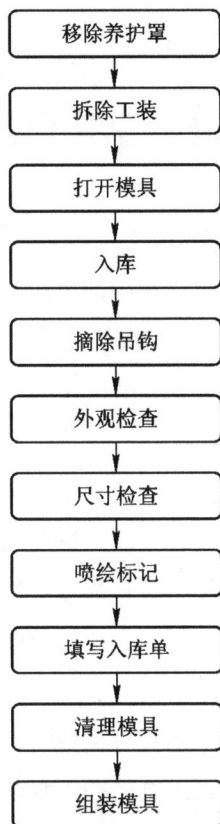

```
┌─────────────┐
│   移除养护罩   │
└─────────────┘
       ↓
┌─────────────┐
│   拆除工装    │
└─────────────┘
       ↓
┌─────────────┐
│   打开模具    │
└─────────────┘
       ↓
┌─────────────┐
│    入库      │
└─────────────┘
       ↓
┌─────────────┐
│   摘除吊钩    │
└─────────────┘
       ↓
┌─────────────┐
│   外观检查    │
└─────────────┘
       ↓
┌─────────────┐
│   尺寸检查    │
└─────────────┘
       ↓
┌─────────────┐
│   喷绘标记    │
└─────────────┘
       ↓
┌─────────────┐
│   填写入库单   │
└─────────────┘
       ↓
┌─────────────┐
│   清理模具    │
└─────────────┘
       ↓
┌─────────────┐
│   组装模具    │
└─────────────┘
```

图 3-167　预制楼梯构件起板入库工序

(1) 移除养护罩，用扳手拆除工装。

(2) 利用橡胶锤及吊具打开模具 (图 3-168)，用吊装设备连接 LM-2 预埋螺母将构件吊起，并转移至楼梯构件存放区 (图 3-169)。入库完成以后，摘除吊钩，对构件进行外观检查，用钢卷尺进行梯段板和踏步的尺寸检查 (包括宽度和高度等)，检查无误后喷绘标记或设置铭牌，并填写入库单。

图 3-168　打开模具、吊起预制楼梯

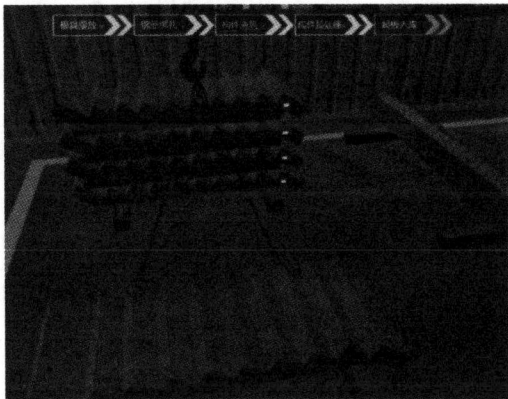

图 3-169　吊至楼梯构件存放区

(3) 用扫把清扫拆除后的模具内部，选择相应吊具，进行模具组装，方便下次使用。工具归还、原料归还，工完料清。

任务四　装配式混凝土构件质量检测与验收

一、预制混凝土构件生产质量的验收

生产过程的质量控制是预制构件质量控制的关键环节，需要做好生产过程各个工序的质量控制、隐蔽工程验收、质量评定和质量缺陷的处理等工作。预制构件生产企业应配备满足工作需求的质检员，质检员应具备相应的工作能力并经过相应的资格认定。

1. 生产工序质量控制

在预制构件生产之前，应对各工序进行技术交底，上道工序未经检查验收合格，不得进行下道工序。混凝土浇筑前，应对模具组装、钢筋及网片安装、预留及预埋件布置等内容进行检查验收。工序检查由各工序班组自行检查，检查数量为全数检查，应做好相应的检查记录。

2. 模具组装的质量检查

模具组装前，首先需根据构件制作图核对模板的尺寸是否满足设计要求，然后对模板几何尺寸进行检查，包括模板与混凝土接触面的平整度、板面弯曲、拼装接缝等，再次对模具的观感进行检查，接触面不应有划痕、锈渍和氧化层脱落等现象。

模具几何尺寸的允许偏差应满足规范要求 (表 3-6)。

表 3-6　预制构件模具尺寸允许偏差及检验方法

项次	检验项目、内容		允许偏差 / mm	检 验 方 法
1	长度 / m	≤6	1，−2	用尺测量平行构件高度方向，取其中偏差绝对值较大处
		>6 且≤12	2，−4	
		>12	3，−5	
2	宽度、高 (厚) 度	墙板	1，−2	用尺测量两端或中部，取其中偏差绝对值较大处
3		其他构件	2，−4	
4	底模表面平整度		2	用 2 m 靠尺和塞尺测量
5	对角线差		3	用尺测量对角线
6	侧向弯曲		$L/1500$ 且≤5	拉线，用钢尺测量侧向弯曲最大处
7	翘曲		$L/1500$	对角拉线测量交点间距离值的两倍
8	组装缝隙		1	用塞片或塞尺测量，取最大值
9	端模与侧模高低差		1	用钢尺测量

注：L 为模具与混凝土接触面中最长边的尺寸。

3. 连接套筒、预埋件、拉结件、预留孔洞质量检查

连接套筒、拉结件应按预制构件设计制作图进行配置，满足吊装、施工的安全性、耐久性和稳定性要求。构件上的预埋件和预留孔洞宜通过模具进行定位，并安装牢固，其安装偏差应满足规范要求（表 3-7）。

表 3-7　模具上预埋件、预留孔洞安装允许偏差

项次	检 验 项 目		允许偏差 / mm	检 验 方 法
1	预埋钢板、建筑幕墙用槽式预埋组件	中心线位置	3	用尺测量纵横两个方向的中心线位置，取其中较大值
		平面高差	±2	钢直尺和塞尺检查
2	预埋管、电线盒、电线管水平和垂直方向的中心线位置偏移、预留孔、浆锚搭接预留孔（或波纹管）		2	用尺测量纵横两个方向的中心线位置，取其中较大值
3	插筋	中心线位置	3	用尺测量纵横两个方向的中心线位置，取其中较大值
		外露长度	+10，0	用尺测量
4	吊环	中心线位置	3	用尺测量纵横两个方向的中心线位置，取其中较大值
		外露长度	0，−5	用尺测量
5	预埋螺栓	中心线位置	2	用尺测量纵横两个方向的中心线位置，取其中较大值
		外露长度	+5，0	用尺测量
6	预埋螺母	中心线位置	2	用尺测量纵横两个方向的中心线位置，取其中较大值
		平面高差	±1	钢直尺和塞尺检查
7	预留洞	中心线位置	3	用尺测量纵横两个方向的中心线位置，取其中较大值
		尺寸	+3，0	用尺测量纵横两个方向尺寸，取其中较大值
8	灌浆套筒及连接钢筋	灌浆套筒中心线位置	1	用尺测量纵横两个方向的中心线位置，取其中较大值
		连接钢筋中心线位置	1	用尺测量纵横两个方向的中心线位置，取其中较大值
		连接钢筋外露长度	+5，0	用尺测量

预制构件中预埋门窗框时，应在模具上设置限位装置进行固定，并应逐件检验。门窗框安装偏差和检验方法应符合规定（表 3-8）。

表 3-8　门窗框安装允许偏差和检验方法

项　　目		允许偏差 / mm	检验方法
锚固脚片	中心线位置	5	钢尺检查
	外露长度	+5，0	钢尺检查
门窗框位置		2	钢尺检查
门窗框高、宽		±2	钢尺检查
门窗框对角线		±2	钢尺检查
门窗框的平整度		2	靠尺检查

4. 钢筋骨架、钢筋网片、预埋件加工的质量检查

钢筋骨架、钢筋网片入模后，应按构件制作图要求对钢筋规格、位置、间距、保护层等进行检查，钢筋成品的尺寸偏差应符合规定 (表 3-9)，钢筋桁架的尺寸偏差应符合规定 (表 3-10)。预埋件加工偏差应符合规定 (表 3-11)。

表 3-9　钢筋成品的允许偏差和检验方法

项　　目		允许偏差 / mm	检 验 方 法
钢筋网片	长、宽	±5	钢尺检查
	网眼尺寸	±10	钢尺量连续三挡，取最大值
	对角线	5	钢尺检查
	端头不齐	5	钢尺检查
钢筋骨架	长	0，−5	钢尺检查
	宽	±5	钢尺检查
	高 (厚)	±5	钢尺检查
	主筋间距	±10	钢尺量两端、中间各一点，取最大值
	主筋排距	±5	钢尺量两端、中间各一点，取最大值
	箍筋间距	±10	钢尺量连续三挡，取最大值
	弯起点位置	15	钢尺检查
	端头不齐	5	钢尺检查
	保护层　柱、梁	±5	钢尺检查
	板、墙	±3	钢尺检查

表 3-10　钢筋桁架尺寸允许偏差

项次	检验项目	允许偏差 / mm
1	长度	总长度的 ±0.3%，且不超过 ±10
2	高度	+1，−3
3	宽度	±5
4	扭翘	≤5

表 3-11 预埋件加工允许偏差

项次	检验项目		允许偏差 / mm	检验方法
1	预埋件锚板的边长		0，−5	用钢尺测量
2	预埋件锚板的平整度		1	用直尺和塞尺测量
3	锚筋	长度	10，−5	用钢尺测量
		间距偏差	±10	用钢尺测量

5. 外装饰面的质量检查

带外装饰面的预制构件宜采用水平浇筑一次成型反打工艺，混凝土浇筑前应对外装饰面的质量进行检查，确保外装饰面砖的图案、分格、色彩、尺寸符合设计要求，面砖敷设后表面应平整，接缝应顺直，接缝的宽度和深度符合相关设计要求。

二、预制构件成品的出厂质量检验

预制混凝土构件成品出厂质量检验是预制混凝土构件质量控制过程中最后的环节，也是关键环节。预制混凝土构件出厂前应对其成品质量进行检查验收，合格后方可出厂。

每块预制构件出厂前均应进行成品质量验收，其检查项目包括下列内容。

(1) 预制构件的外观质量不得出现蜂窝、麻面 (图 3-170、图 3-171) 等缺陷，并应满足规范要求 (表 3-12)。

表 3-12 构件外观质量缺陷分类

名称	现　象	严重缺陷	一般缺陷
露筋	构件内钢筋未被混凝土包裹而外露	纵向受力钢筋有露筋	其他钢筋有少量露筋
蜂窝	混凝土表面缺少水泥砂浆而形成石子外露	构件主要受力部位有蜂窝	其他部位有少量蜂窝
孔洞	混凝土中孔穴深度和长度均超过保护层厚度	构件主要受力部位有孔洞	其他部位有少量孔洞
夹渣	混凝土中夹有杂物且深度超过保护层厚度	构件主要受力部位有夹渣	其他部位有少量夹渣
疏松	混凝土中局部不密实	构件主要受力部位有疏松	其他部位有少量疏松
裂缝	缝隙从混凝土表面延伸至混凝土内部	构件主要受力部位有影响结构性能或使用功能的裂缝	其他部位有少量不影响结构性能或使用功能的裂缝
连接部位缺陷	构件连接处混凝土缺陷及连接钢筋、连接件松动，插筋严重锈蚀、弯曲，灌浆套筒堵塞、偏位，灌浆孔洞堵塞、偏位、破损等缺陷	连接部位有影响结构传力性能的缺陷	连接部位有基本不影响结构传力性能的缺陷

续表

名称	现　象	严重缺陷	一般缺陷
外形缺陷	缺棱掉角、棱角不直、翘曲不平、飞出凸肋等，装饰面砖粘结不牢、表面不平、砖缝不顺直等	清水或具有装饰的混凝土构件内有影响使用功能或装饰效果的外形缺陷	其他混凝土构件有不影响使用功能的外形缺陷
外表缺陷	构件表面麻面、掉皮、起砂、沾污等	具有重要装饰效果的清水混凝土构件有外表缺陷	其他混凝土构件有不影响使用功能的外表缺陷

图 3-170　蜂窝

图 3-171　麻面

(2) 预制构件的外形尺寸 (表 3-13、表 3-14、表 3-15、表 3-16)。

表 3-13　预制楼板类构件外形尺寸允许偏差及检验方法

项次	检　查　项　目			允许偏差 / mm	检验方法
1	规格尺寸	长度 / m	<12	±5	用尺测量两端及中间部，取其中偏差绝对值较大值
			≥12 且<18	±10	
			≥18	±20	
2		宽度		±5	用尺测量两端及中间部，取其中偏差绝对值较大值
3		厚度		±5	用尺测量板四角和四边中部位置共 8 处，取其中偏差绝对值较大值
4		对角线差		6	在构件表面，用尺测量两对角线的长度，取其绝对值的差值
5	外形	表面平整度	内表面	4	用 2 m 靠尺安放在构件表面上，用楔形塞尺测量靠尺与表面之间的最大缝隙
			外表面	3	
6		楼板侧向弯曲		$L/750$ 且 ≤20 mm	拉线，钢尺量最大弯曲处
7		扭翘		$L/750$	四对角拉两条线，测量两线交点之间的距离，其值的 2 倍为扭翘值

续表

项次	检查项目			允许偏差 /mm	检验方法
8	预埋部件	预埋钢板	中心线位置偏差	5	用尺测量纵横两个方向的中心线位置，取其中较大值
			平面高差	0，−5	用尺紧靠在预埋件上，用楔形塞尺测量预埋件平面与混凝土面的最大缝隙
9		预埋螺栓	中心线位置偏移	2	用尺测量纵横两个方向的中心线位置，取其中较大值
			外露长度	+10，−5	用尺测量
10		预埋线盒、电盒	在构件平面的水平方向中心位置偏差	10	用尺测量
			与构件表面混凝土高差	0，−5	用尺测量
11	预留孔		中心线位置偏移	5	用尺测量纵横两个方向的中心线位置，取其中较大值
			孔尺寸	±5	用尺测量纵横两个方向尺寸，取其最大值
12	预留洞		中心线位置偏移	5	用尺测量纵横两个方向的中心线位置，取其中较大值
			洞口尺寸、深度	±5	用尺测量纵横两个方向尺寸，取其最大值
13	预留插筋		中心线位置偏移	3	用尺测量纵横两个方向的中心线位置，取其中较大值
			外露长度	±5	用尺测量
14	吊环、木砖		中心线位置偏移	10	用尺测量纵横两个方向的中心线位置，取其中较大值
			留出高度	0，−10	用尺测量
15	桁架钢筋高度			+5，0	用尺测量

表 3-14　预制墙板类构件外形尺寸允许偏差及检验方法

项次	检查项目		允许偏差 /mm	检验方法
1	规格尺寸	高度	±4	用尺测量两端及中间部，取其中偏差绝对值较大值
2		宽度	±4	用尺测量两端及中间部，取其中偏差绝对值较大值
3		厚度	±3	用尺测量板四角和四边中部位置共8处，取其中偏差绝对值较大值

续表一

项次	检查项目			允许偏差/mm	检验方法
4	对角线差			5	在构件表面，用尺测量两对角线的长度，取其绝对值的差值
5	外形	表面平整度	内表面	4	用2 m靠尺安放在构件表面上，用楔形塞尺测量靠尺与表面之间的最大缝隙
			外表面	3	
6		侧向弯曲		$L/1000$ 且 ≤20 mm	拉线，钢尺测量最大弯曲处
7		扭翘		$L/1000$	四对角拉两条线，量测两线交点之间的距离，其值的2倍为扭翘值
8	预埋部件	预埋钢板	中心线位置偏移	5	用尺测量纵横两个方向的中心线位置，取其中较大值
			平面高差	0，−5	用尺紧靠在预埋件上，用楔形塞尺测量预埋件平面与混凝土面的最大缝隙
9		预埋螺栓	中心线位置偏移	2	用尺测量纵横两个方向的中心线位置，取其中较大值
			外露长度	+10，−5	用尺测量
10		预埋套筒、螺母	中心线位置偏移	2	用尺测量纵横两个方向的中心线位置，取其中较大值
			平面高差	0，−5	用尺紧靠在预埋件上，用楔形塞尺测量预埋件平面与混凝土面的最大缝隙
11	预留孔	中心线位置偏移		5	用尺测量纵横两个方向的中心线位置，取其中较大值
		孔尺寸		±5	用尺测量纵横两个方向尺寸，取其最大值
12	预留洞	中心线位置偏移		5	用尺测量纵横两个方向的中心线位置，取其中较大值
		洞口尺寸、深度		±5	用尺测量纵横两个方向尺寸，取其最大值
13	预留插筋	中心线位置偏移		3	用尺测量纵横两个方向的中心线位置，取其中较大值
		外露长度		±5	用尺测量
14	吊环、木砖	中心线位置偏移		10	用尺测量纵横两个方向的中心线位置，取其中较大值
		与构件表面混凝土高差		0，−10	用尺测量
15	键槽	中心线位置偏移		5	用尺测量纵横两个方向的中心线位置，取其中较大值
		长度、宽度		±5	用尺测量
		深度		±5	用尺测量

续表二

项次	检查项目		允许偏差 /mm	检验方法
16	灌浆套筒及连接钢筋	灌浆套筒中心线位置	2	用尺测量纵横两个方向的中心线位置，取其中较大值
		连接钢筋中心线位置	2	用尺测量纵横两个方向的中心线位置，取其中较大值
		连接钢筋外露长度	+10，0	用尺测量

表 3-15　预制梁柱桁架类构件外形尺寸允许偏差及检验方法

项次	检查项目			允许偏差 /mm	检验方法
1	规格尺寸	长度/m	＜12	±5	用尺测量两端及中间部，取其中偏差绝对值较大值
			≥12 且＜18	±10	
			≥18	±20	
2	规格尺寸	宽度		±5	用尺测量两端及中间部，取其中偏差绝对值较大值
3		高度		±5	用尺测量板四角和四边中部位置共 8 处，取其中偏差绝对值较大值
4	表面平整度			4	用 2 m 靠尺安放在构件表面上，用楔形塞尺量测靠尺与表面之间的最大缝隙
5	侧向弯曲	梁柱		L/750 且 ≤20 mm	拉线，钢尺测量最大弯曲处
		桁架		L/1000 且 ≤20 mm	
6	预埋部件	预埋钢板	中心线位置偏移	5	用尺测量纵横两个方向的中心线位置，取其中较大值
			平面高差	0，-5	用尺紧靠在预埋件上，用楔形塞尺测量预埋件平面与混凝土面的最大缝隙
7		预埋螺栓	中心线位置偏移	2	用尺测量纵横两个方向的中心线位置，取其中较大值
			外露长度	+10，-5	用尺测量
8	预留孔	中心线位置偏移		5	用尺测量纵横两个方向的中心线位置，取其中较大值
		孔尺寸		±5	用尺测量纵横两个方向尺寸，取其最大值

项次	检 查 项 目		允许偏差 / mm	检验方法
9	预留洞	中心线位置偏移	5	用尺测量纵横两个方向的中心线位置，取其中较大值
		洞口尺寸、深度	±5	用尺测量纵横两个方向尺寸，取其最大值
10	预留插筋	中心线位置偏移	3	用尺测量纵横两个方向的中心线位置，取其中较大值
		外露长度	±5	用尺测量
11	吊环	中心线位置偏移	10	用尺测量纵横两个方向的中心线位置，取其中较大值
		留出高度	0，−10	用尺测量
12	键槽	中心线位置偏移	5	用尺测量纵横两个方向的中心线位置，取其中较大值
		长度、宽度	±5	用尺测量
		深度	±5	用尺测量
13	灌浆套筒及连接钢筋	灌浆套筒中心线位置	2	用尺测量纵横两个方向的中心线位置，取其中较大值
		连接钢筋中心线位置	2	用尺测量纵横两个方向的中心线位置，取其中较大值
		连接钢筋外露长度	+10，0	用尺测量

表 3-16　预制装饰构件外观尺寸允许偏差及检验方法

项次	装饰种类	检查项目	允许偏差 / mm	检验方法
1	通用	表面平整度	2	2 m 靠尺或塞尺检查
2	面砖、石材	阳角方正	2	用托线板检查
3		上口平直	2	拉通线用钢尺检查
4		接缝平直	3	用钢尺或塞尺检查
5		接缝深度	±5	用钢尺或塞尺检查
6		接缝宽度	±2	用钢尺检查

(3) 预制构件的钢筋、连接套筒、预埋件、预留孔洞等。

(4) 预制构件的外装饰和门窗框。

预制构件验收合格后应在明显部位进行标识，内容包括构件名称、型号、编号、生产日期、出厂日期、质量状况和生产企业名称，并有检测部门及检验员、质量负责人签名。

三、验收资料管理

预制构件出厂交付时，应向使用方提供以下验收资料。

(1) 预制构件制作详图。

(2) 预制构件隐蔽工程质量验收表。

(3) 预制混凝土构件出厂合格证 (表 3-17)。

表 3-17　预制混凝土构件出厂合格证 (范本)

预制混凝土构件出厂合格证				资料编号		
工程名称及使用部位				合格证编号		
构件名称		型号规格			供应数量	
制造厂家				企业等级证		
标准图号或设计图纸号				混凝土设计强度等级		
混凝土浇筑日期		至		构件出厂日期		
性能检验评定结果	混凝土抗压强度			主筋		
	试验编号	达到设计强度 / %		试验编号	力学性能	工艺性能
	外观			面层装饰材料		
	质量状况	规格尺寸		试验编号		试验结论
	保温材料			保温连接件		
	试验编号	试验结论		试验编号		试验结论
	钢筋连接套筒			结构性能		
	试验编号	试验结论		试验编号		试验结论
备注					结论：	
供应单位技术负责人			填表人		供应单位名称 (盖章)	
填表日期：						

课 后 习 题

一、填空题

1. 预制叠合板生产时构件出库的强度应保证在 ＿＿＿＿＿ 以上，湿度也要保证在 ＿＿＿＿＿ 以上。

2. 预制构件在蒸养过程中，为保证构件强度，温差设定不能大于 ＿＿＿＿＿，与环境温差应小于 ＿＿＿＿＿。

3. 为保证预制构件在施工现场与后浇混凝土结合，在构件制作时应在侧模板内侧涂刷 ＿＿＿＿＿ 并在脱模后用高压水枪冲洗成粗糙面。

4. 预制构件在生产前通常要完成 _____、_____ 和设备检查三个环节。

5. 预制构件在浇筑混凝土过程中要特别注意两点：第一是浇筑时应 _____；第二是浇筑时避免 _____。

二、选择题

1. 预制叠合板构件生产中，关于钢筋绑扎的工序以下说法正确的是 (　　)。

A. 摆放埋件→摆放垫块→摆放钢筋→钢筋绑扎→封堵

B. 摆放垫块→摆放钢筋→钢筋绑扎→摆放埋件→封堵

C. 摆放垫块→钢筋绑扎→摆放钢筋→摆放埋件→封堵

D. 摆放垫块→摆放埋件→摆放钢筋→钢筋绑扎→封堵

2. 下列不属于预制构件粗糙面常用的工艺处理是 (　　)。

A. 拉毛　　　　　B. 凿毛　　　　　C. 水洗　　　　　D. 清扫

3. 关于预制外墙板构件蒸养结束出库的条件，以下说法正确的是 (　　)。

A. 构件强度不低于 15 MPa、构件与环境的温差不大于 25℃

B. 构件强度低于 15 MPa、构件与环境的温差不大于 25℃

C. 构件强度不低于 20 MPa、构件与环境的温差不大于 20℃

D. 构件强度不低于 20 MPa、构件与环境的温差不大于 25℃

4. 关于预制楼梯构件浇筑要完成的工序，以下说法正确的是 (　　)。

A. 领取混凝土和料斗→倒入混凝土→混凝土浇筑→人工整平→振捣

B. 领取混凝土和料斗→倒入混凝土→混凝土浇筑→振捣→人工整平

C. 领取混凝土和料斗→混凝土浇筑→倒入混凝土→人工整平→振捣

D. 领取混凝土和料斗→人工整平→倒入混凝土→混凝土浇筑→振捣

5. 预制构件在模具终固定时需要用到的工具有 (　　)。

A. 扳手、螺栓、橡胶锤及磁盒

B. 扳手、螺栓、橡胶锤及高压水枪

C. 工具撬棍、扳手、橡胶锤及脱模剂

D. 螺栓、橡胶锤、脱模剂及高压水枪

6. 预制构件在生产前要完成的劳保用品穿戴内容，以下说法正确的是 (　　)。

A. 手套→工业手套、口罩→工业口罩、衣服→工装、帽子→安全帽、鞋→劳保鞋

B. 手套→工业手套、口罩→医用口罩、衣服→工装、帽子→安全帽、鞋→劳保鞋

C. 手套→工业手套、口罩→工业口罩、衣服→便装、帽子→安全帽、鞋→劳保鞋

D. 手套→工业手套、口罩→工业口罩、衣服→工装、帽子→防晒帽、鞋→劳保鞋

7. 以下流程中，属于起板入库的是 (　　)。

A. 喷洒缓凝剂→自然养护→拆除预埋固定架→构件蒸养

B. 拆模→水洗粗糙面→起吊入库→构件检验→清扫模台

C. 领取混凝土→混凝土浇筑→人工整平→混凝土振捣→清洗料斗

D. 划线→喷油→模具摆放→模具固定→粉刷脱模剂/缓凝剂

三、问答题

1. 简述预制外墙板构件的浇筑工序。

2. 简述构件生产通用工艺流程。

模块 4 装配式混凝土构件运输与堆放

知识目标

- 熟悉装配式构件的运输方式和要求。
- 熟悉装配式构件的堆放方式和要求。

能力目标

- 能够合理选择不同类型构件的运输方式。
- 能够熟练选择构件运输车型。
- 能够熟练掌握构件堆放的技术要求。

素质目标

- 具有集体意识、良好的职业道德修养和与他人合作的精神，协调同事之间、上下级之间的工作关系。

任务一 预制构件的运输

预制构件运输与现场堆放

预制构件的运输首先应考虑公路管理部门的要求和运输路线的实际状况，以满足运输安全为前提。装载构件后，货车的总宽度不超过 2.5 m，总高度不超过 4.0 m，总长度不超过 15.5 m。一般情况下，货车总重量不超过汽车的允许载重，且不得超过 40 t。特殊构件经过公路管理部门的批准并采取措施后，允许货车总宽度不超过 3.3 m，货车总高度不超过 4.2 m，总长度不超过 24 m，总载重不超过 48 t。

预制构件装车作业专业性强、安全责任大，是确保运输安全的源头和关键环节。运输作业应成立领导小组，并加强对装车工作的指导，指派专人进行现场指挥，组织装车作业，确保装车质量。总包单位及构件生产单位应制定预制构件的运输方案，其内容应包括运输时间、次序、堆垛场地、运输线路、固定要求、堆垛支垫及成品保护措施等。对于超高、超宽、形状特殊的大型构件，运输和堆垛应有专门的质量安全保证措施。

一、装卸准备工作

预制构件运输车辆应满足构件尺寸和载重要求，装卸与运输时应遵循下列规定。

(1) 装车前，须对构件标识进行检查。检查内容包括标识是否清楚，质量是否合格，有无开裂、破损等现象。

(2) 预制混凝土构件起吊时，构件的混凝土强度不小于混凝土设计强度的 75%。

(3) 须提前将场内运输道路上的障碍物进行清理，保持道路畅通。

(4) 提前对场外运输路况进行核查，查看道路有无影响运输作业的情况。

(5) 装车前，须准备好运输所用的材料、人员、机械。

(6) 装车作业人员上岗前必须进行培训，接受技术交底，掌握操作技能和相关安全知识，作业前须按规定穿戴劳动保护用品。

(7) 装车前须检查确认车辆及附属设备技术状态良好，并检查加固材料是否牢固可靠。

(8) 构件起吊前，确定构件已经达到吊装要求的强度，并仔细检查每个吊装点是否连接牢靠，严禁有脱扣、连接不紧密等现象。

(9) 装卸构件时，应采取保证车体平衡的措施；应采取防止构件移动、倾倒、变形等的固定措施；应采取防止构件损坏的措施。对构件边角部或链索接触处的混凝土，宜设置保护衬垫；构件接触部位应采用柔性垫片填实，支撑牢固，不得有松动。

二、运输方式

预制构件的运输方式选择须遵循以下几点要求。

预制构件的运输可采用低平板半挂车或专用运输车运输，并根据构件的种类不同而采取不同的固定方式，楼板采用平面叠放式运输、墙板采用靠放式运输或直立式运输、异形构件采用立式运输。预制构件专用运输车，目前国内三一重工和中国重汽均有生产 (图 4-1)。

图 4-1　三一重工和中国重汽生产的运输车

运输过程中构件码放要满足以下要求。

(1) 当采用靠放架运输构件时 (图 4-2)，靠放架应具有足够的承载力和刚度，构件与地面倾斜角度宜大于 80°，墙板宜对称靠放且外饰面朝外，用塑料薄膜包裹避免预制构件外观污染，构件上部宜采用木垫块隔离。运输时构件应采取固定措施，当采用插放架直立运输构件时 (图 4-3)，插放架应有足够的承载力和刚度，并应支垫稳固，采取防止构件移动或倾倒的绑扎固定措施，对构件边角或链锁接触处的混凝土，宜采用柔性衬垫加以保护。

图 4-2　靠放架运输示意

图 4-3　插放架直立运输示意

(2) 采用平面叠放方式堆放或运输构件时 (图 4-4)，应采取防止构件产生裂缝的措施，构件接触部位应采用柔性垫片填实，支撑牢固，不得有松动现象，预制混凝土梁、柱构件运输时平放不宜超过 3 层，板类码放高度不宜超过 6 层。

图 4-4　叠合板平面叠放运输示意

三、构件装卸车要求

在装车作业时必须明确指挥人员，统一指挥信号。装车时应根据吊装顺序合理安排构件装车顺序，厂房内构件装车采用生产线现有桁吊进行装车。

装卸车注意事项为：

(1) 装车时需有专人指挥，桁吊操作员要严格遵守指挥人员指挥进行吊装作业。

(2) 平稳起吊，以避免损伤构件棱角。

(3) 装车时需有专人配合装车，调整垫木位置。吊装时缓慢下落，避免构件磕碰。

(4) 对构件边缘等易损部位进行可靠的成品保护。

预制构件在施工现场卸车前，施工单位应做好进场验收工作。进场验收注意事项为：运输车辆进入施工现场的道路应满足预制构件的运输要求；卸放、吊装工作范围内，不得有障碍物，并应有满足预制构件周转使用的场地；堆场应设置在吊车工作范围内，并考虑吊装时的起吊、翻转等动作的操作空间。

四、运输准备工作

装车后，须检查货物装载加固是否符合相关规定和要求，具体要求如下。

(1) 使用的加固材料(装置)规格、数量、质量和加固方法、措施符合装载加固方案。加固部位连接牢靠，预制构件底部与车板距离不小于规定值。

(2) 检查完毕并确认预制构件装载符合要求后，粘贴反光条及限速字样。

(3) 场外公路运输要先进行路线勘测，合理选择运输路线，并针对沿途具体运输障碍制定解决措施。对承运单位的技术力量和车辆、机具进行审验，并报请交通主管部门批准，必要时组织模拟运输。

五、组织保障与应急措施

项目部下设专门的应急支持小组，建立内部和外部沟通机制。项目经理亲自指导、指挥应急支持小组的日常工作，直接听取应急支持小组的各项报告。在特定的紧急状况下召集会议，组织临时机构或亲赴现场处理，直至紧急状况解除。各分组组长负责其职责范围内应急预案措施的组织和具体实施。

针对影响业务正常运行的潜在风险因素，项目部应致力于通过采取"策划、分析和提高作业水平"等措施予以防控。若因第三方责任、不可控因素等导致的实际发生的紧急情况，将按照预先制定的应急预案，采取"即时报告、维护现场、请求支援、替换替代、调整计划"等措施。必要时，项目部将临时改变分工模式，由项目经理亲自调配资源，消除或减轻紧急情况带来的不利影响。项目部还应通过培训以及制作便于携带的应急预案印刷品等方法，确保每一位具体从事现场操作的工作人员熟悉本应急预案内容，进而在紧急情况发生时，采取最为恰当的措施。

1. 天气突变应急预案

在运输作业期间遇天气突变，如降雨等情况，及时对构件进行遮盖并对车辆采取防滑措施，保证货物安全运抵指定地点。

2. 车辆故障应急预案

在运输前，通知备用车辆及维修人员待命。如在途中运输车辆出现故障，立即安排维修技术人员进行维修。如确定无法维修，及时调用备用车辆，采取紧急运输措施，保证在最短时间内运抵指定地点。

3. 道路紧急施工应急预案

对经过的路线进行反复勘察，并在构件起运前一天再次确认道路状况，掌握运输路线的详细资料。尽管如此，仍难以完全避免因道路施工导致的受阻情况。遇到此类情况，现场应及时采取补救措施。如难度较大，则由项目经理将亲赴现场，协调内外部资源，及时提出运输路线整改方案，在施工部门配合下在最短的时间内完成对施工道路的整改，确保构件运输顺利完成。

4. 道路堵塞应急预案

在构件运输过程中遇到交通堵塞情况，应服从当地交通主管部门的协调指挥，加强交通管制。如遇集市或重大集会，应改变运输计划，寻求新的通行路线保证顺利通过。

5. 交通事故应急预案

在运输车辆发生交通事故时，现场人员及时保护事故现场，并上报项目经理及保险公司，说明情况，积极配合交警主管部门处理，必要时，协调交警主管部门在做好记录的前提下"先放行后处理"。

6. 加固松动应急预案

运输过程中，因客观原因导致捆扎松动的情况下，由随行的质量监控人员认真分析松动的原因，重新制定切实可行的加固方案，对构件进行重新加固。

7. 不可抗力应急预案

在运输过程中有不可抗力的情况发生时，首先将运输构件置于相对安全的地带，妥善保管，利用一切可以利用的条件将具体事件及动态通知业主，并按照业主的授权开展工作。如果不具备基本的通信条件，则做好相关记录和构件的保管工作，直到与业主取得联系或者不可抗力事件解除。不可抗力的影响消除后，如果具备继续运输的条件，项目部将在确保构件以及运输人员安全的前提下，继续实施运输计划。

能力提升实训项目

外墙构件运输

预制构件运输以外墙为例，实训操作如下。

劳保用品穿戴，即劳保鞋、工业口罩、工装、安全帽、工业手套。选择运输车辆、人字架、木方和固定绳进行装车布置。放置存放架，存放架上面需要放置木块，对构件进行绑扎固定，填写发货单，检查出厂合格证，选择交通路线并进行交通审批。

运抵施工现场前应进行堆放场地布置检查，无误且合规后，将接收的预制构件解除绑定，进行卸车。随后对构件信息进行检查，包括尺寸、平整度、强度和外观质量等。各项合格后完成运输和卸车任务，工完料清。

任务二　预制构件的堆放

施工现场地面需要提前进行整平与夯实，构件到达现场核验质量达标后，按吊装顺序将其分类堆放。堆放高度不宜过高，且应按照构件强度、垫块强度和稳定性确定。

一、装配式混凝土预制墙板的堆放要求

预制墙板根据受力特点和构件特点，宜采用专用支架靠放或插放（图 4-5、图 4-6），支架应有足够的刚度，并支垫稳固。采用靠放架放置，应对称靠放，与地面之间的倾斜角不宜小于 80°，每侧不宜大于 2 层，构件层间上部采用木垫块隔离。构件饰面朝外，用塑料薄膜包裹避免预制构件外观污染。构件与刚性搁置点之间应设置柔性垫片，防止损伤成品构件。

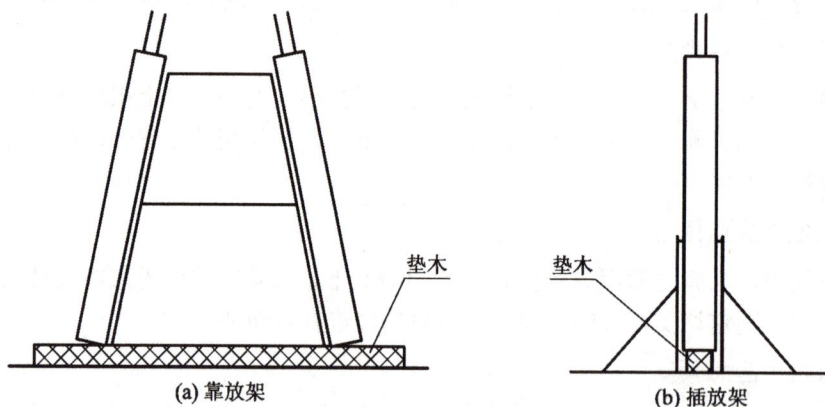

图 4-5　靠放架与插放架堆垛示意

图 4-6　墙板靠放与插放

采用联排插放架（图 4-7）直立堆放或运输时，应采取措施防止构件倾倒，构件之间设置隔离垫块。

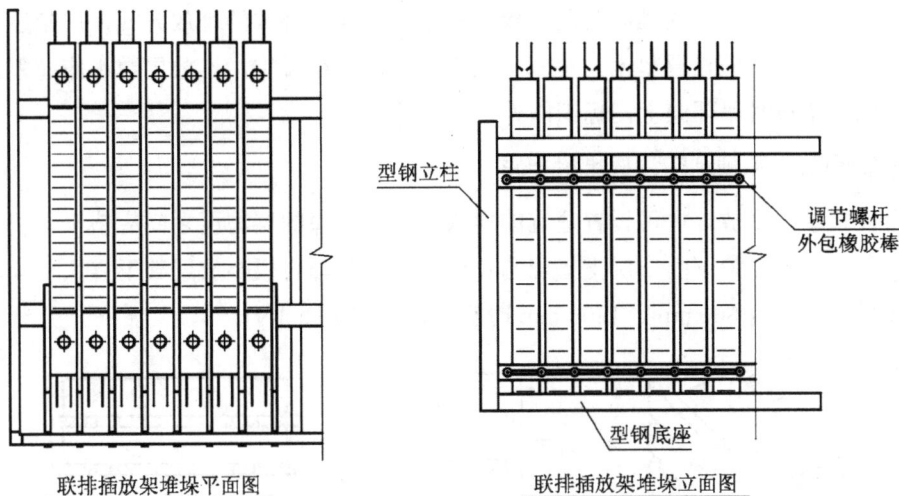

图 4-7　联排插放架堆垛示意

二、装配式混凝土预制板类构件堆放要求

预制板类构件可采用叠放方式存放,其叠放高度应按构件强度、地面承载能力、垫木强度以及堆垛的稳定性来确定,构件层与层之间应垫平、垫实,各层支垫应上下对齐,最下面一层支垫应通长设置。

1. 叠合板堆垛要求

叠合板堆垛场地应平整硬化,宜有排水措施,堆垛时叠合板底板与地面之间应有一定的空隙。垫木放置在叠合板钢筋桁架侧边,板两端(至板端 200 mm)及跨中位置垫木间距 s 经计算确定,垫木应上下对齐。不同板号应分别堆放,堆放时间不宜超过两个月。堆垛层数不宜大于 6 层,叠合板底部垫木宜采用通长木方 (图 4-8)。

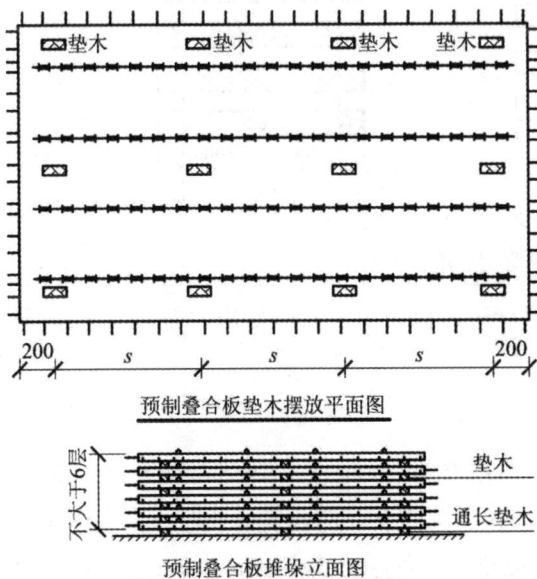

预制叠合板垫木摆放平面图

预制叠合板堆垛立面图

图 4-8　预制叠合板堆垛示意

预应力混凝土叠合板的预制带肋底板应采用板肋朝上叠放的堆放方式，严禁倒置，各层预制带肋底板下部应设置垫木，垫木应上下对齐，不得脱空，堆放层数不应超限，并应有稳固措施。堆放时吊环向上，标识向外。

2. 预制阳台板和预制空调板堆垛要求

阳台板宜单层平放，也可设置适宜的堆垛方式。堆垛的层与层之间应垫平、垫实，各层支垫应上下对齐，最下面一层支垫应通长设置。预制阳台板叠放层数不宜大于 4 层，预制阳台板封边高度为 800 mm、1200 mm 时宜单层放置 (图 4-9)。

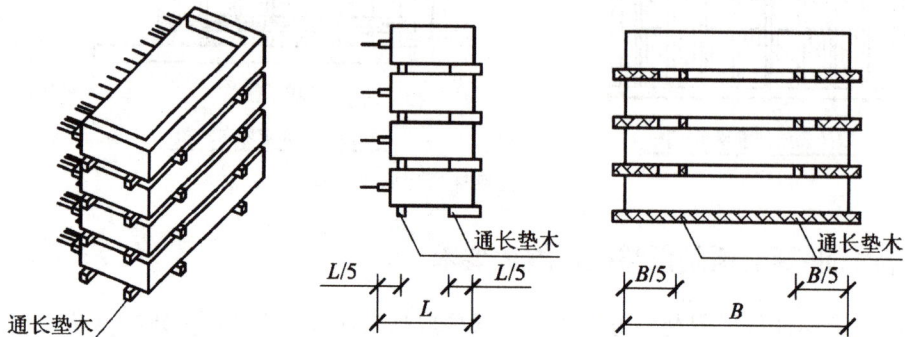

图 4-9　预制阳台板堆垛示意

预制空调板可采用叠放方式。在距板边 1/5 板长位置处的板底宜设通长垫木，6 层为一组，不影响质量安全的可叠到 8 层，堆放时按尺寸大小堆叠 (图 4-10)。

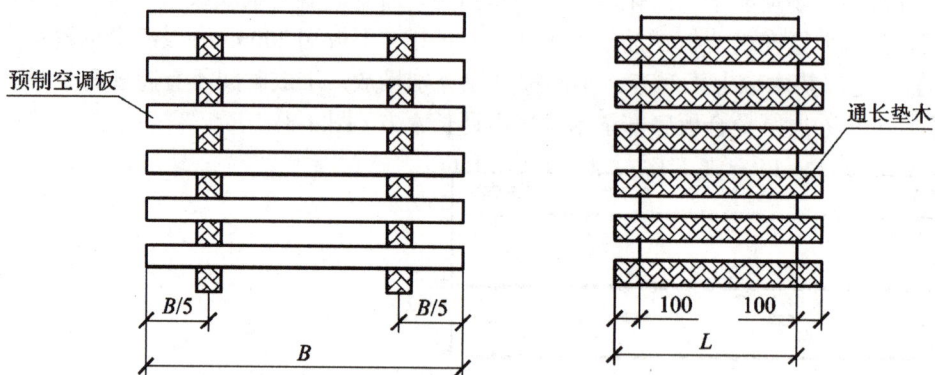

图 4-10　预制空调板堆垛示意

预制阳台板及空调板构件应在正面设置标识，标识内容宜包括构件编号、制作日期、合格状态、生产单位等信息。

3. 预制女儿墙堆垛要求

预制女儿墙可采取平放方式，板下部两端垫置 100 mm × 100 mm 的垫木，距边缘 ($L/5 \sim L/4$) 位置放置 (L 为预制女儿墙总长度)。当预制女儿墙长度过长时，应在中间适当增加垫木。女儿墙堆垛存储时，层与层之间应垫平，各层支垫应上下对齐，不同板号分别码放，总层数不宜大于 5 层 (图 4-11)。

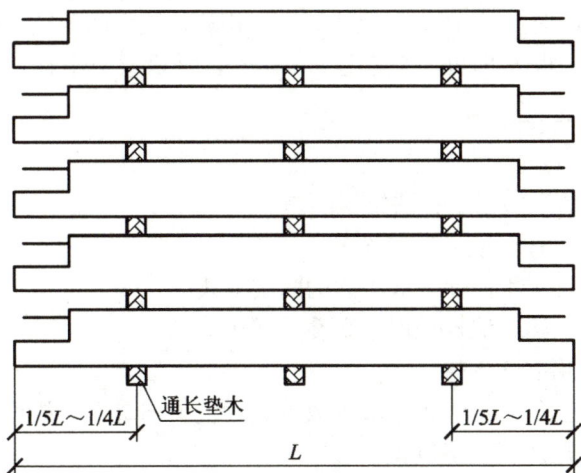

图 4-11　预制女儿墙堆垛示意

4. 预制楼梯堆垛要求

预制楼梯宜采用立放方式或平放方式存储，也可设置为堆垛。在堆置预制楼梯时，板下部两端垫置 100 mm × 100 mm 的垫木，垫木长度大于两个踏步长度，距边缘 (L/5～L/4) 位置放置 (L 为预制楼梯总长度)，并在预制楼梯段的后起吊 (下端) 的端部设置防止起吊碰撞的伸长防撞垫木，防止在起吊时的磕碰以及斜向转角磕碰。垫木在层与层之间应垫平、垫实，各层支垫应上下对齐。不同类型应分别堆垛，堆垛层数不宜大于 5 层 (图 4-12)。

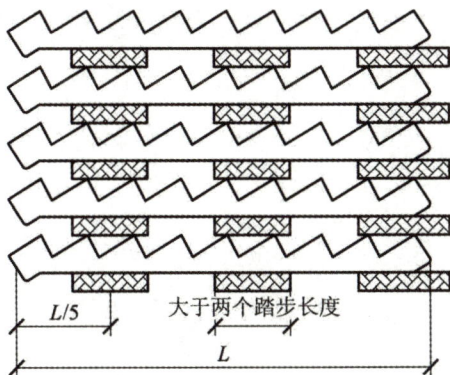

图 4-12　板式楼梯堆垛示意

课 后 习 题

一、填空题

1. 预制构件运输车辆应满足构件 ＿＿＿＿＿＿ 和 ＿＿＿＿＿＿ 要求。

2. 预制墙板采用靠放架放置，应 ＿＿＿＿＿＿ 靠放，与地面之间的倾斜角不宜小于 ＿＿＿＿＿＿，每侧不宜大于 2 层，构件层间上部采用 ＿＿＿＿＿＿ 隔离。构件饰面朝 ＿＿＿＿＿＿，构件与刚性搁置点之间应设置 ＿＿＿＿＿＿ 垫片，防止损伤成品构件。

3. 叠合板堆垛场地应 _____，宜有 _____ 措施，垫木间距经计算确定，应 _____。不同板号应分别堆放，堆放时间不宜超过 _____，堆垛层数不宜大于 _____ 层。叠合板底部垫木宜采用 _____。

二、选择题

1. 关于预制构件的运输以下说法错误的是 (   )。

A. 应采用低平板半挂车或专用运输车

B. 应根据构件的种类不同而采取不同的固定方式

C. 楼板采用立式运输、墙板采用水平叠放式运输

D. 异形构件可采用立式运输

2. 预制女儿墙 (总长度为 L) 可采取平放方式，板下部垫木应放置在 (   )。

A. 两端垫置，紧贴两端边缘放置

B. 两端垫置，距边缘 ($L/9 \sim L/8$) 位置放置

C. 两端垫置，距边缘 ($L/5 \sim L/4$) 位置放置

D. 中部垫置，$L/2$ 位置放置

三、问答题

构件装卸车时，应采取哪些措施保证车体稳定，防止构件损坏？

模块 5 装配式混凝土构件吊装与安装施工

知识目标

- 掌握装配式混凝土构件现场吊装要求。
- 掌握装配式混凝土构件安装的施工要求。

能力目标

- 能够进行吊装设备的合理布局。
- 能够正确对各构件进行吊装和连接操作。
- 能够合理规划组织现场施工与管理装配式混凝土构件的吊装、安装工作。

素质目标

- 具有拓展思维、创新发展的能力，具备严谨认真的工作态度。

任务一 构件吊装设备与吊装要求

由预制构件厂生产完成的混凝土预制构件，其加工精度要求高，如果在吊装过程中不能准确安装，将会影响整个建筑的结构安全和使用功能。所以，预制构件吊装是确保建筑工程质量的关键环节，科学的预制构件吊装方案是确保工程质量的基础。混凝土预制构件的吊装应选择正确的吊装设备，制定专项方案，吊装前应对起重设备和吊具进行检查，确保吊装作业的安全。

一、起重机的分类

起重机按照其支固形式和工作原理的不同，可分为自行式起重机和塔式起重机。

1. 自行式起重机

常用的自行式起重机包括履带式起重机（图 5-1）、汽车式起重机（图 5-2）和轮胎式起重机（图 5-3）等。

履带式起重机由行走机构、回转机构、机身及起重臂等部分组成。履带式起重机操作灵活，机身可回转 360°，有较大的起重能力，履带接地面积大，通过性好，适应性强，在平坦坚实的道路上还可负载行走。但履带式起重机行走速度慢，对路面破坏性大，在进行长距离转移时，应用平板拖车或铁路平板车运输。适用范围：多用于单层工业厂房结构吊装。

汽车式起重机是一种将起重作业部分安装在汽车的通用底盘或专用底盘上，具有载重汽车行驶性能的轮式起重机。特点是机动灵活性好，能够迅速转移场地，但作业时必须先打支腿，以保证必要的稳定性，适用范围：流动性大而又不固定的结构吊装区域。

轮胎式起重机基本与履带式起重机相同，仅行走部分为轮胎，起重时为保护轮胎应在底盘上装有可收缩的支腿。特点是行驶速度快，不损坏路面，可迅速转移工作地点，但不适合在松软土或泥泞的路面上工作。适用范围：主要用于轻型工业厂房安装。

图 5-1 履带式起重机

图 5-2 汽车式起重机

图 5-3 轮胎式起重机

2. 塔式起重机

塔式起重机简称塔机，也称塔吊，是动臂装在高耸塔身上部的旋转起重机（图 5-4）。

塔式起重机工作范围大，主要用于多层和高层建筑施工中材料的垂直运输和构件安装。

塔式起重机分为上回转式和下回转式两大类，前者的承载力要高于后者；按能否移动又分为行走式和固定式，在房屋建筑施工中一般采用的是固定式。固定式塔式起重机的塔身固定不转，安装在整块混凝土基础上，或装设在条形或 X 形混凝土基础上，行走式塔式起重机可分为履带式、汽车式、轮胎式和轨道式四种。塔式起重机按其变幅方式可分为水平臂架小车变幅和动臂变幅两种 (图 5-5)；按其安装形式可分为自升式、整体快速拆装式和拼装式三种。

图 5-4 塔式起重机

(a) 水平臂架小车变幅   (b) 动臂变幅

图 5-5 不同变幅方式的塔机

二、吊装作业

1. 吊装要求

吊装前，应根据预制构件的形状、尺寸、重量和作业半径等要求选择吊具和起重设备，所采用的吊具和起重设备及其操作，应符合国家现行有关标准及产品应用技术手册的规定。塔吊当前的起重高度应大于建筑物当前建设高度、安全生产高度、预制构件最大高度、索具高度四者之和 (图 5-6)，以保证吊装作业顺利、安全进行。

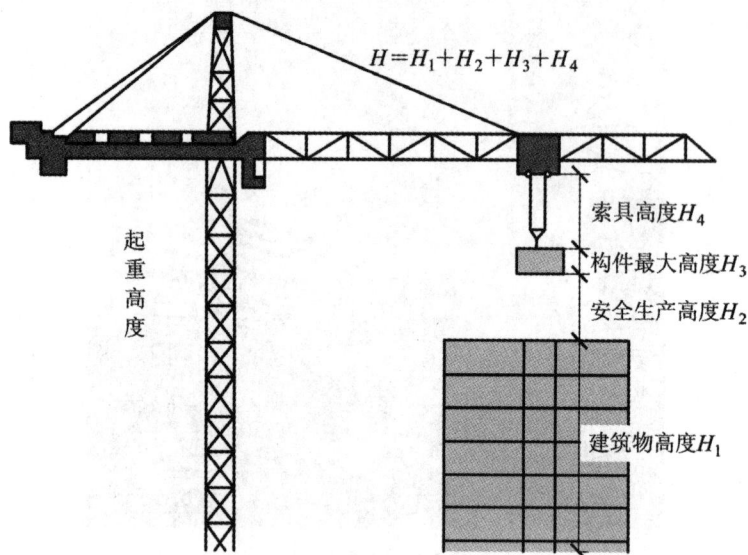

图 5-6　起重高度示意

吊点数量、位置应经计算确定，以保证吊具连接可靠。应采取保证起重设备的主钩位置、吊具及构件重心在竖直方向上重合的措施。吊索水平夹角 (即 α) 不宜小于 60°，不应小于 45° (图 5-7)，应采用慢起、稳升、缓放的操作方式。吊运过程应保持稳定，不得偏斜、摇摆和扭转，严禁吊装构件长时间悬停在空中。

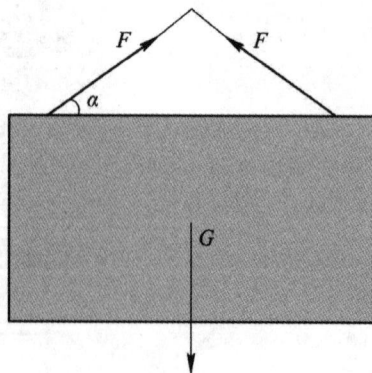

图 5-7　墙板构件吊装示意

能力提升实训项目

吊装角度限制值的力学内涵

吊装作业的受力分析图如图 5-8 所示。其中：α 即吊索水平夹角，构件重力为 G，两侧吊索的拉力为 F，正交分解后，水平方向分力为 F_x，左右平衡，竖向分力为 F_y，由竖向受力平衡可得：

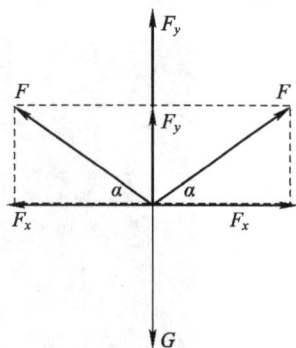

$$2F_y = G$$
$$2F\sin\alpha = G$$
$$\downarrow$$
$$F = \frac{G}{2\sin\alpha}$$

图 5-8 吊装受力分析

由上式可知，当构件重力 G 一定时，吊索内力 F 随着水平夹角 α 的增大而减小，故从受力角度分析，α 越大越合理，宜大于 60°，当 α 等于 45° 时，吊索的水平分力与竖直分力相等，属于临界状态。

当 α 趋近于 0 时，$\sin\alpha$ 趋近于 0，吊索内力 F 则趋近于无穷大。

2. 吊装梁与钢丝绳吊索

预制构件吊装梁 (图 5-9) 是一种用于装配式混凝土工程施工中预制构件吊装的施工机具，适用于装配式预制外墙板、预制楼梯、叠合梁以及叠合楼板等多种预制构件的吊装施工。

预制构件吊装要求

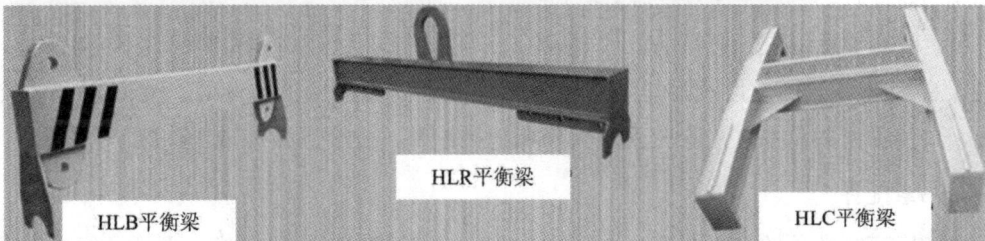

HLB平衡梁   HLR平衡梁   HLC平衡梁

电缆吊梁   玻璃吊梁   集装箱吊梁

图 5-9 吊装梁

钢丝绳吊索可采用 6×19 型，但宜用 6×37 型钢丝绳制作成环式 (图 5-10) 或八股头式 (图 5-11)，其长度和直径应根据吊装构件的几何尺寸、重量和所用的吊装工具、吊装方法予以确定，使用时可采用单根、双根、四根或者多根悬吊形式。

图 5-10　环式吊索

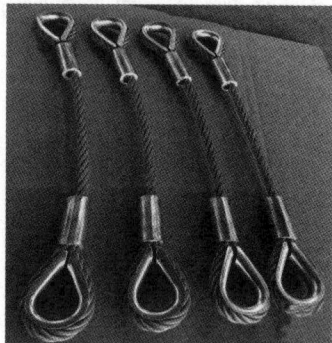

图 5-11　八股头式吊索

其中，6×19 表示该圆股钢丝绳由 6 股捻制，每股有 19 根钢丝；6×37 表示该圆股钢丝绳由 6 股捻制，每股有 37 根钢丝。其他指标如捻绕方式、有无绳心、强度大小等，可以查阅相关规范标准 (图 5-12)。

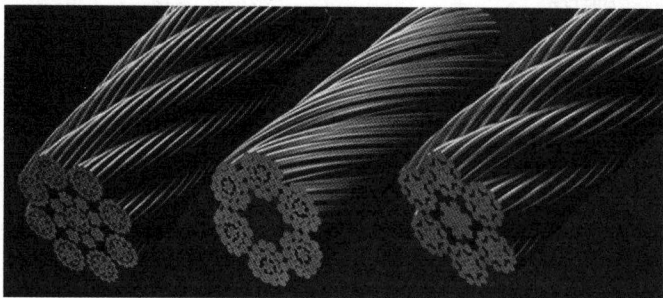

图 5-12　钢丝绳断面示意

吊索的绳环或两端的绳套应采用压接接头，压接接头的长度不应小于钢丝绳直径的 20 倍，且不应小于 300 mm。八股头吊索两端的绳套可根据工作需要装上桃形环、卡环或吊钩等吊索配件。

吊索的安全系数：当利用吊索上的吊钩、卡环钩挂重物上的起重吊环时，不应小于 6；当用吊索直接捆绑重物，且吊索与重物棱角间采取了妥善的保护措施时，应取 6～8；当起吊重、大或精密的重物时，除应采取妥善保护措施外，安全系数应取 10。

3. 吊索配件

吊钩应有制造厂的合格证明书，表面应光滑，不得有裂纹、划痕、剥裂、锐角等现象存在，否则严禁使用。吊钩每次使用前应检查一次，不合格者应停止使用。活动卡环在绑扎时，起吊后销子的尾部应向下，吊索在受力后压紧销子，其容许荷载应按出厂说明书采用。

索具的规格、性能指标、钢丝绳的主要数据应符合现行行业标准《建筑施工起重吊装工程安全技术规范》(JGJ 276—2012) 中的规定。常见吊钩吊具如图 5-13 所示。

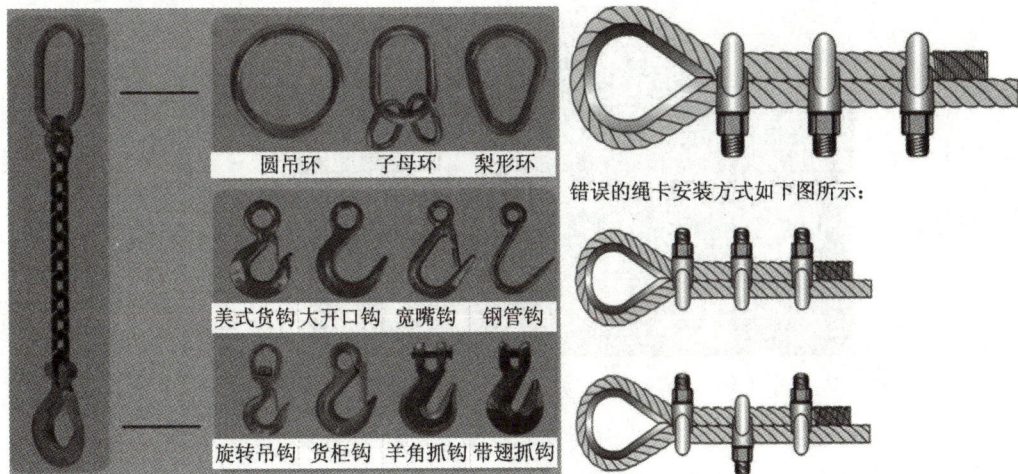

圆吊环　子母环　梨形环

美式货钩　大开口钩　宽嘴钩　钢管钩

旋转吊钩　货柜钩　羊角抓钩　带翅抓钩

错误的绳卡安装方式如下图所示：

图 5-13　常见吊钩吊具

三、吊装作业安全管理

1. 防止起重机倾翻的措施

防止起重机倾翻的措施有：起重机的行驶道路必须坚实，松软土层要进行处理；禁止超载吊装；禁止斜吊；避免满负荷行驶；双机抬吊时要合理分配负荷，密切合作；不吊重量不明的重大构件设备；禁止在六级风的情况下进行吊装作业；操作人员应使用统一操作信号。

2. 防止高空坠落的措施

防止高空坠落的措施有：正确使用安全带；在高空使用撬杠时，人要立稳；工人如需在高空作业时，应搭设临时作业平台；如需在悬空的屋架上行走，应在其上设置安全栏杆；在雨季或冬期里，必须采取防滑措施；登高梯子必须牢固；操作人员在脚手板上行走时，应精力集中，防止踩上挑头板；安装有预留孔的楼板或屋面板时应及时用木板盖严；操作人员不得穿硬底皮鞋上高空作业。

3. 防止高空落物伤人的措施

防止高空落物伤人的措施有：地面操作人员必须戴安全帽；高空操作人员的工具不得向下丢掷；在高空气割或点焊切割时，应采取措施，防止火花落下伤人；地面操作人员尽量避免在危险地带停留或通过；构件安装后，必须检查连接质量，确保连接安全可靠，才能松钩或拆除临时固定工具；构件安装现场周围应设置临时栏杆，禁止非工作人员入内。

思政小课堂

关注吊装施工安全

近年来施工现场塔吊事故频频发生，传统塔吊存在塔吊司机视野受限、超重、塔吊力矩过大、塔群碰撞等风险，不仅造成人员伤亡，也带来巨大的经济损失（图 5-14）。建筑工地"以人为本"不是一句口号，而是要从遵守规章制度、敬畏法律规范上去遵守。

图 5-14　与吊装有关的安全事故

要对吊装、安装过程的安全性进行关注 (图 5-15)，以人为本，尊重生命。坚持人民性，就是把实现好、维护好、发展好最广大人民根本利益作为出发点和落脚点，坚持以民为本、以人为本。

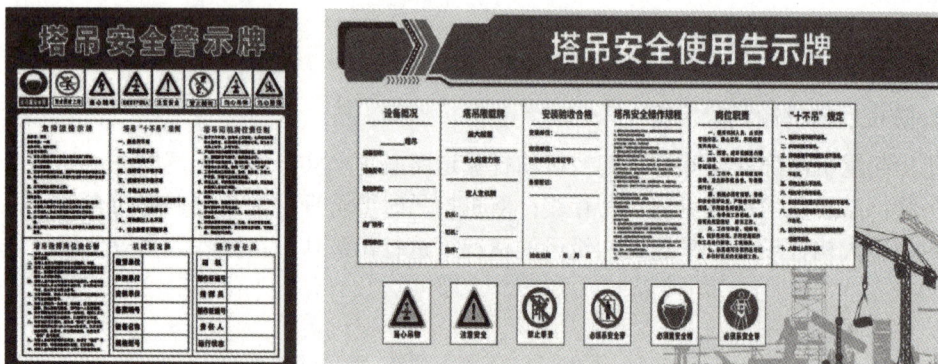

图 5-15　塔吊安全警示牌示意

建筑产业的现代化转变主要是从建筑工人转向建筑产业工人。该领域技术新、工艺特殊、难度大，要求有一定的专业技术基础，要由懂得相应的法律法规、安全规则、工程规范和技术要求的专业技能型人才担当。

任务二　竖向钢筋连接技术介绍

装配式结构成败的关键在于预制构件之间以及预制构件与现浇和后浇混凝土之间的连接技术，其中包括竖向钢筋连接接头的选用和连接节点的构造设计。装配式结构中预制构件的连接应满足结构的力学及物理性能等要求。

一、常见连接方法

装配式混凝土结构中，节点及接缝处的纵向钢筋连接宜根据接头受力、施工工艺等要求选用套筒灌浆连接、机械连接、浆锚搭接连接、焊接连接、绑扎搭接连接等连接方式 (表 5-1)。直径大于 20 mm 的钢筋不宜采用浆锚搭接连接，直接承受动力荷载的构件纵向钢筋不应采用浆锚搭接连接。

构件在安装过程中，钢筋是否对位直接制约构件连接效率的高低，故宜采用大直径、大间距的配筋方式，以便于现场钢筋的对位和连接。

表 5-1　钢筋连接方法参照标准

钢筋连接方法	现行行业标准
套筒灌浆连接	《钢筋套筒灌浆连接应用技术规程》(JGJ355—2015)
钢筋套筒灌浆连接接头采用的套筒	《钢筋连接用灌浆套筒》(JG/T398—2019)
钢筋套筒灌浆连接接头采用的灌浆料	《钢筋连接用套筒灌浆料》(JG/T408—2019)
机械连接	《钢筋机械连接技术规程》(JGJ107—2016)
焊接连接	《钢筋焊接及验收规程》(JGJ18—2023)
钢筋锚固板	《钢筋锚固板应用技术规程》(JGJ256—2011)

二、连接的设置部位

装配式结构中，预制构件的连接部位宜设置在结构受力较小的部位，其尺寸和形状应符合下列规定。

(1) 应满足建筑使用功能、模数和标准化要求，并应进行优化设计。

(2) 应根据预制构件的功能和安装部位、加工制作及施工精度等要求，确定合理公差。

(3) 应满足制作、运输、堆放、安装及质量控制要求，除对使用阶段进行验算外，还应重视施工阶段的验算，即短暂设计状况的验算。

子任务一　套筒灌浆连接技术

一、连接原理

钢筋套筒灌浆连接，是指在金属套筒中插入单根带肋钢筋并注入灌浆料拌合物，通过拌合物硬化形成整体，并实现传力钢筋的对接连接，简称套筒灌浆连接 (图 5-16)。

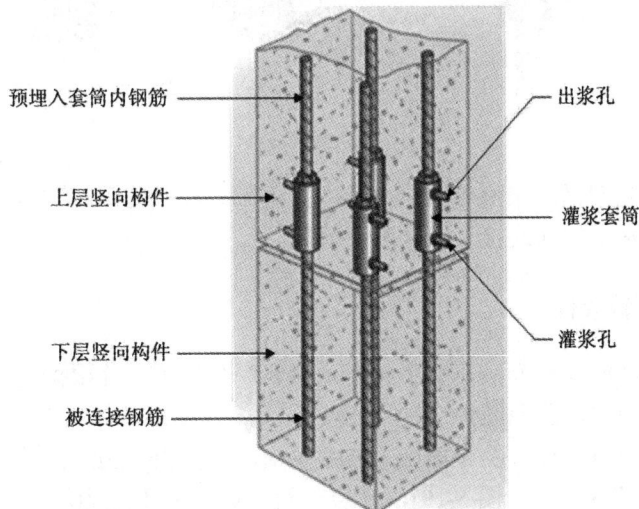

图 5-16　钢筋套筒灌浆连接

二、灌浆套筒分类

用于钢筋套筒灌浆连接的金属套筒采用铸造工艺或机械加工工艺制造，可分为全灌浆套筒和半灌浆套筒。全灌浆套筒，是两端均采用套筒灌浆连接的灌浆套筒（图5-17）；半灌浆套筒，是一端采用套筒灌浆连接，另一端采用机械连接方式连接钢筋的灌浆套筒（图5-18）。

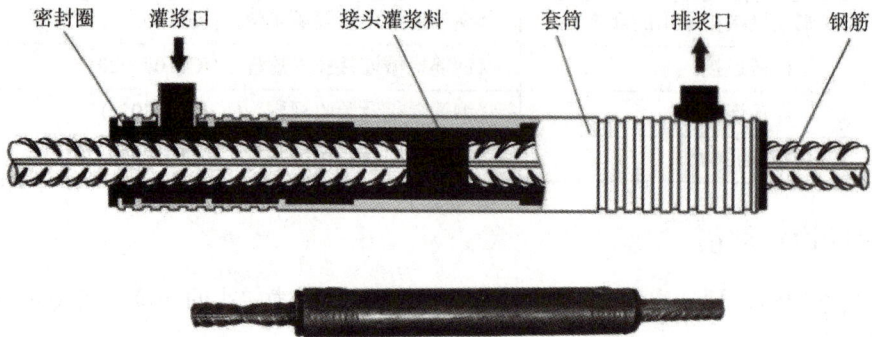

图 5-17　全灌浆套筒

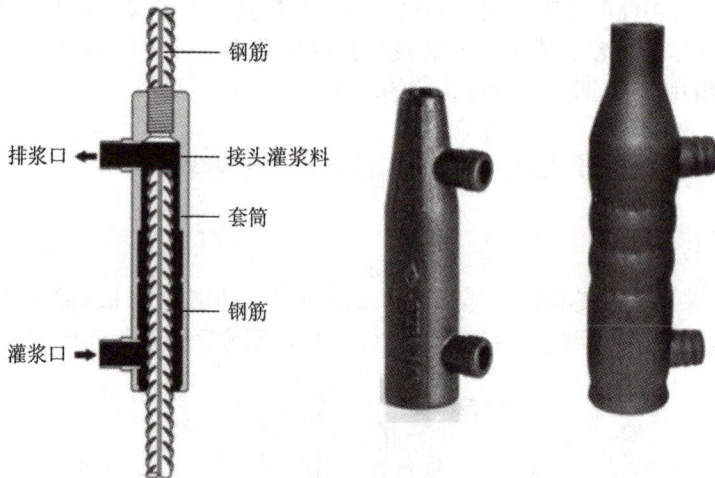

图 5-18　半灌浆套筒

一般情况下，竖向钢筋采用半灌浆套筒，其下部为注浆孔，也称灌浆孔；上部为出浆孔，也称溢浆孔。水平钢筋连接采用全灌浆套筒。

三、构件连接方案选择

灌浆料使用前，应检查产品包装上的有效期和产品外观，并根据施工全过程的环境温度选择适合的常温型或低温型灌浆料进行连接。

灌浆施工方式应符合设计及专项施工方案要求，并应根据施工条件、操作经验选择连通腔灌浆施工或坐浆法施工（图5-19），高层建筑装配混凝土剪力墙宜采用连通腔灌浆施工，当有可靠经验时也可采用坐浆法施工。钢筋水平连接时，灌浆套筒应各自独立灌浆，并应采用封口装置使灌浆套筒端部密闭。

图 5-19　连通腔灌浆施工与坐浆法施工

四、灌浆料、封浆料、座浆料使用要求

灌浆料、封浆料、座浆料使用前，应检查产品包装上的有效期和产品外观。加水量应按灌浆料、封浆料、座浆料使用说明书的要求确定，并应按重量计量。

灌浆料、封浆料、座浆料拌合物宜采用强制式搅拌机搅拌充分、均匀（图 5-20）。搅拌完成后，不得再次加水。灌浆料宜静置 2 min 后使用（图 5-21）。每工作班应检查灌浆料拌合物初始流动度不少于 1 次（图 5-22），常温型、低温型灌浆料指标应分别符合各自的规范要求，每工作班灌浆施工过程中，灌浆料拌合物现场制作 40 mm × 40 mm × 160 mm 的试块，检测后应确保其各龄期强度满足规范要求（图 5-23）。

图 5-20　灌浆料拌合物搅拌

图 5-21　静置

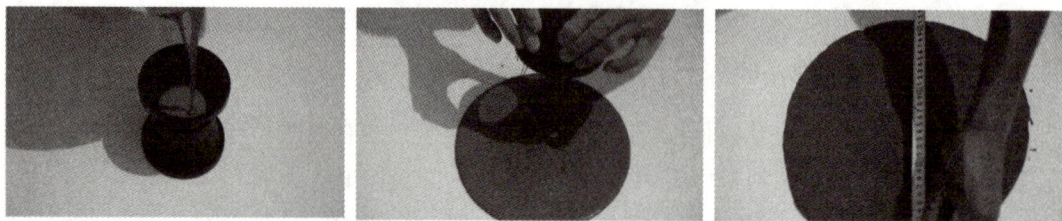

图 5-22　流动度测试

图 5-23　灌浆料拌合物试块制作

五、连通腔套筒灌浆连接施工要求

　　竖向构件采用连通腔灌浆施工时，应合理划分连通灌浆区域，每个区域除预留灌浆孔、出浆孔与排气孔外，应形成密闭空腔，不应漏浆。竖向构件采用连通腔灌浆时，连通灌浆区域为由一组灌浆套筒与安装就位后构件间空隙共同形成的一个封闭区域，除灌浆孔、出浆孔、排气孔外，应采用性能达标的封浆料或其他可靠的封堵措施封闭此灌浆区域。

　　考虑灌浆施工的持续时间及可靠性，连通灌浆区域不宜过大，每个连通灌浆区域内任意两个灌浆套筒最大距离不宜超过 1.5 m。常规尺寸的预制柱多设置为一个连通的灌浆区域，而预制墙一般按 1.5 m 范围划分连通灌浆区域。连通腔内预制构件底部与下方已完成结构上表面的最小间隙不得小于 10 mm。

1. 预制柱、墙采用连通腔灌浆

灌浆施工前应对各连通灌浆区域采用封浆料或其他可靠措施进行封堵。应确保连通灌浆区域、灌浆套筒、排气孔通畅，并应采取可靠措施避免封堵材料进入灌浆套筒和排气孔内。灌浆前应确认封堵效果能够满足灌浆压力需求，方可进行灌浆作业。

预制夹心保温外墙板的保温材料底部应采用珍珠棉、发泡橡塑或可压缩 EVA 等封堵材料密封。封堵材料嵌入连接接缝的深度宜为 15～20 mm，且不应超出灌浆套筒外壁。

构件安装就位后，应由施工单位专职检验人员采用可靠方法检查灌浆套筒内的钢筋插入情况并记入质量检查记录。

2. 灌浆施工

灌浆施工应按专项施工方案执行，并应符合下列规定。

(1) 宜采用压力、流量可调节的专用灌浆设备。施工前应按专项施工方案检查灌浆料搅拌设备、灌浆设备。

(2) 施工中应检查灌浆压力、灌浆速度。灌浆施工过程应合理控制灌浆速度，宜先快后慢。灌浆压力宜为 0.2～0.3 MPa，且不宜大于 0.4 MPa，后期灌浆压力不宜大于 0.2 MPa。

(3) 对于竖向钢筋套筒灌浆连接，灌浆作业应采用压浆法将灌浆料拌合物从灌浆套筒下灌浆孔注入，当灌浆料拌合物从构件其他灌浆孔、出浆孔平稳流出后应及时封堵。

(4) 竖向钢筋套筒灌浆连接采用连通腔灌浆时，应采用一点灌浆的方式，当一点灌浆遇到问题而需要改变灌浆点时，各灌浆套筒已封堵的下部灌浆孔、上部出浆孔宜重新打开，待灌浆料拌合物再次平稳流出后进行封堵。

(5) 灌浆料宜在加水后 30 min 内用完。散落的灌浆料拌合物不得二次使用，剩余的拌合物不得再次添加灌浆料和水后混合使用。

3. 灌浆饱满度监测与检测

灌浆施工中，应采用方便观察且有补浆功能的器具或其他可靠手段对钢筋套筒灌浆连接接头的灌浆饱满性进行监测，并将监测结果记入灌浆施工质量检查记录。

现浇与预制转换层应 100% 监测，其余楼层宜抽取不少于灌浆套筒总数的 20% 进行监测，且每个构件宜抽取不少于 3 个灌浆套筒，其中每个外墙构件宜抽取不少于 5 个灌浆套筒。

4. 灌浆施工异常情况处理

当灌浆施工出现无法出浆或者灌浆料拌合物液面下降异常的情况时，应查明原因，并应按下列规定采取措施：

(1) 对未饱满及灌浆料拌合物液面下降的竖向连接灌浆套筒，应及时进行补灌浆作业。当在灌浆料加水拌合 30 min 内时，宜从原灌浆孔补灌；当已灌注的灌浆料拌合物无法流动时，可从出浆孔补灌浆，并应采用手动设备结合细管压力灌浆 (图 5-24)。

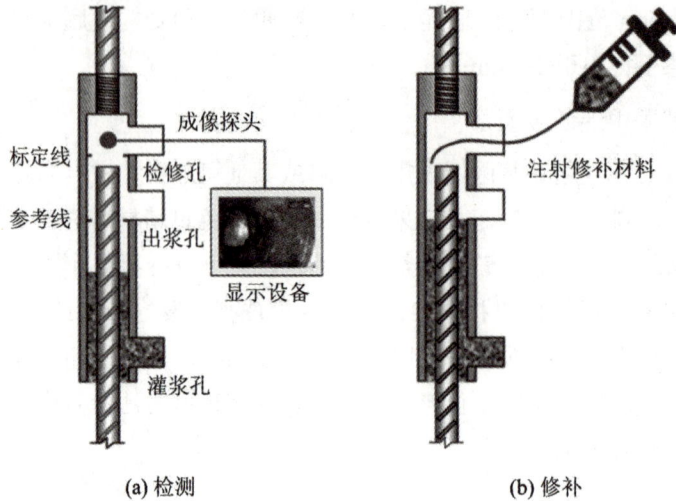

(a) 检测   (b) 修补

图 5-24   补灌浆作业

(2) 当水平钢筋连接灌浆施工停止后 30 s，发现灌浆料拌合物下降时，应检查灌浆套筒的密封或灌浆料拌合物排气情况，并及时补灌或采取其他措施。

(3) 补灌应在灌浆料拌合物达到设计规定的位置后停止，并应在灌浆料凝固后再次检查其位置是否符合设计要求。

5. 后续施工强度要求

灌浆料同条件养护试件抗压强度达到 35 MPa 后，方可进行对接头有扰动的后续施工，临时固定措施的拆除应在灌浆料抗压强度能确保结构达到后续施工承载要求后进行。

六、钢筋水平方向套筒灌浆连接

预制梁和既有结构改造现浇部分的水平钢筋采用套筒浆连接时，灌浆套筒应各自独立灌浆，并应采用封口装置使灌浆套筒端部密闭 (图 5-25)。施工措施应符合下列规定。

(1) 连接钢筋的外表面应标记插入灌浆套筒最小锚固长度的标志，标志位置应准确，颜色应清晰。

(2) 对灌浆套筒与钢筋之间的缝隙应采取防止灌浆时灌浆料拌合物外漏的封堵措施。

(3) 预制梁的水平连接钢筋轴线偏差不应大于 5 mm，超过允许偏差的应进行处理。

(4) 与既有结构的水平钢筋相连接时，新连接钢筋的端部应设有保证连接钢筋同轴、稳固的装置。

(5) 灌浆套筒安装就位后，灌浆孔、出浆孔应在套筒水平轴正上方 ±45° 的锥体范围内，并安装有孔口超过灌浆套筒外表面最高位置的连接管或连接头。

(6) 灌浆作业应采用压浆法从灌浆套筒的灌浆孔注入，当灌浆套筒灌浆孔、出浆孔的连接管或连接头处的灌浆料拌合物均高于灌浆套筒外表面最高点时应停止灌浆，并应及时封堵灌浆孔、出浆孔。

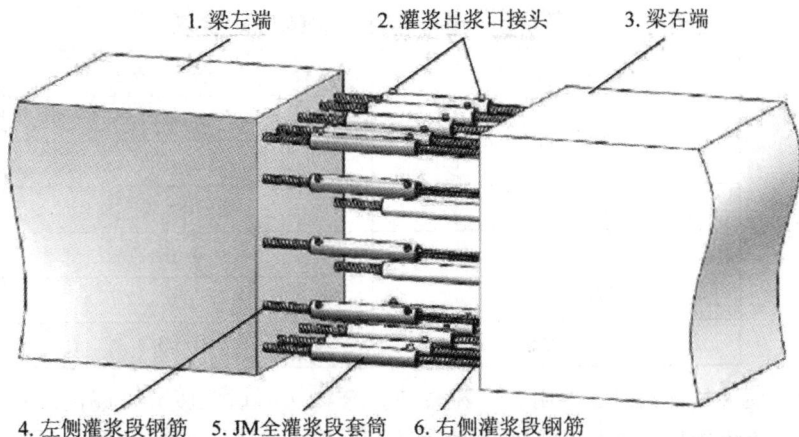

1. 梁左端　　2. 灌浆出浆口接头　　3. 梁右端

4. 左侧灌浆段钢筋　5. JM全灌浆段套筒　6. 右侧灌浆段钢筋

图 5-25　套筒灌浆连接水平钢筋

七、套筒灌浆连接坐浆法施工

采用钢筋套筒灌浆连接坐浆法专项施工方案前应进行技术论证，并进行施工工艺模拟示范。

1. 座浆料要求

座浆料进场时，应对座浆料拌合物的凝结时间、保水率稠度、2 h 稠度损失率及 1 d 抗压强度、3 d 抗压强度、28 d 抗压强度进行检验，检验结果应符合下列规定 (表 5-2、表 5-3)。

表 5-2　座浆料抗压强度要求

时间 (龄期)	抗压强度 / (N·mm^{-2})
1 d	≥20
3 d	≥35
28 d	≥60

表 5-3 座浆料拌合物的性能要求

项 目	技 术 指 标
凝结时间 / min	≥60
	≤240
保水率 / %	≥88
稠度 / mm	≥70
2 h 稠度损失率 / %	≤20
氯离子含量 / %	≤0.03

座浆料搅拌后应在 4 h 内用完，座浆料拌合物初凝后应应废弃，超出工作时间的座浆料拌合物不得再次添加干混料和水混合使用。

2. 坐浆法构件安装施工要求

构件安装应符合下列规定。

(1) 构件安装前，安装部位的结合面及构件周围 200 mm 范围内应清理干净，不得有碎屑、杂物。摊铺座浆料前应先浇水湿润结合面，且不得有积水。

(2) 当预制构件为不带保温的外墙或内墙时，座浆料应按中间高、两边低铺设；当预制构件为带保温的三明治墙板时，座浆料应按外高、内低铺设。摊铺座浆料后应及时将上表面修整为斜面，座浆料上表面应高于预制构件底部设计标高 20 mm 以上，座浆料最薄处的厚度不应小于 20 mm，座浆料铺设后 30 min 内应进行构件安装。

(3) 铺设座浆料后，在预制构件吊装前应在对应灌浆套筒的每根外露钢筋的准确位置上安装弹性防堵垫片或弹簧、金属垫片组件，确保构件吊装后每个灌浆套筒能够独立密闭，避免漏浆。

(4) 预制构件安装前应采用辅助定位装置，以保证构件下落时一次性准确就位。预制构件安装后应及时设置临时斜撑并调整好构件垂直度，不得多次调整构件位置。如果调整垂直度过程中发现构件边缘存在座浆料未溢出的部位，应立即重新起吊构件，清理残余座浆料后重新进行施工。坐浆法施工宜逐层安装并对灌浆套筒进行逐个灌浆，座浆料初凝后，方可进行套筒灌浆。当采用施工多层后再进行套筒灌浆的施工方案时，竖向构件未灌浆的楼层不应大于 3 层。

3. 特殊环境的施工要求

当气温高于 30℃时，应对构件底部座浆料接缝位置采取洒水保湿等养护措施，养护期不少于 3 d。雨期施工时，施工现场应采取防护措施，加强原材料的存放和保护，座浆料拌合物应防止雨淋，当构件底部接缝座浆料部位出现水渍或明水浸泡时，应停止施工。

4. 后续施工强度要求

座浆料同条件养护试件抗压强度达到 20 MPa 后，方可进行对接缝有扰动的后续施工。临时固定措施的拆除应在座浆料抗压强度能保证结构满足上部结构构件的承载要求后进行。

思政小课堂

灌浆连接要有高度的责任心

在实际操作中，灌浆施工可能面临的问题有灌浆料流动度不达标、灌浆不饱满等。我们务必要做到在工作中坚守原则，在操作中提高技能，必须依法依规、实事求是、知行合一。知是基础和前提，行是重点和关键，这也是个人能力和素质的体现。要树立底线思维，安不忘危才能防患于未然。

子任务二　浆锚搭接连接技术

一、连接原理

浆锚搭接连接是指在预制混凝土构件中采用特殊工艺制成的孔道中插入需搭接的钢筋，并灌注水泥基灌浆料而实现的钢筋搭接连接方式。浆锚搭接连接是将需搭接的钢筋拉开一定距离的搭接方式，也被称为间接搭接或间接锚固。

二、分类

根据浆锚搭接预留孔洞的成型方式不同，常用以下两种连接形式 (图 5-26)。

(1) 螺旋箍筋约束浆锚搭接连接。埋置螺旋的金属内模，构件达到强度后旋出内模。

(2) 金属波纹管浆锚搭接连接。预埋金属波纹管做内模，完成后不抽出。

两种成型方式对比：当金属内膜旋出时容易造成孔壁损坏，也比较费工，因此金属波纹管方式较为可靠简单。

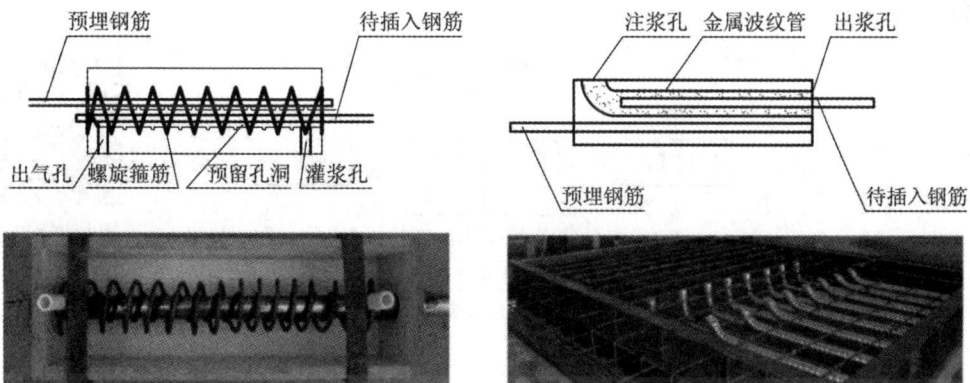

(a) 螺旋箍筋约束浆锚搭接连接　　　　　(b) 金属波纹管浆锚搭接连接

图 5-26　浆锚搭接连接形式

三、连接应用要求

纵向钢筋采用浆锚搭接连接时，对预留孔成孔工艺、孔道形状和长度、构造要求、灌浆料和被连接钢筋，应进行力学性能以及适用性的试验验证。

这种钢筋浆锚体系属多重界面体系，即钢筋与锚固灌浆料的界面体系、锚固灌浆料与波纹管界面体系以及波纹管与原构件混凝土的界面体系。因此，锚固材料对钢筋的锚固力不仅与锚固材料和钢筋的握裹力有关，还与波纹管和锚固材料、波纹管和混凝土之间的连接有关。

浆锚搭接连接技术的应用受限于以下四种情况。

① 直径大于 20 mm 的钢筋不宜采用浆锚搭接连接。

② 直接承受动力荷载构件的纵向钢筋不应采用浆锚搭接连接。

③ 房屋高度大于 12 m 或超过三层时，不宜使用浆锚搭接连接。

④ 在多层框架结构中，不推荐采用浆锚搭接方式。

本技术的关键涉及孔洞内壁的构造及其成孔技术、灌浆料的质量以及约束钢筋的配置方法等各个方面。鉴于我国目前对钢筋浆锚搭接连接接头尚无统一的技术标准，因此提出较为严格的要求，要求使用前对接头进行力学性能及适用性的试验验证，即对按一整套技术 (包括混凝土孔洞成形方式、约束配筋方式、钢筋布置方式、灌浆料、灌浆方法等) 形成的接头进行力学性能试验，并对采用此类接头技术的预制构件进行各项力学及抗震性能的试验验证，经过相关部门组织的专家论证或鉴定后方可使用。

任务三　竖向构件吊装与安装连接技术

子任务一　预制夹心保温外墙板吊装

预制夹心外墙板吊装前进行施工准备，确保劳保用品穿戴正确，明确吊装构件为预制夹心保温外墙板，即剪力墙外墙板。预制夹心保温外墙板吊装需要完成构件检查与确认、划线、结合面处理、钢筋处理、标高控制、接缝处理、吊装、斜支撑固定与调整等工序 (图 5-27)。

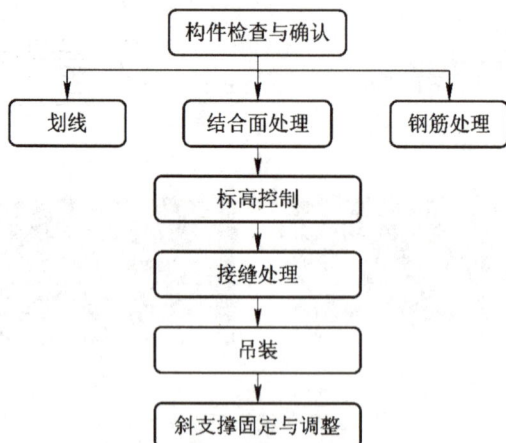

预制夹心保温
外墙板构件吊装

图 5-27　预制夹心保温外墙板吊装工序

一、构件检查与确认

对墙板进行信息检查，确保构件选择正确，领取钢直尺对构件进行尺寸校核、吊钉偏差校核、各个埋件位置检查。领取打气筒，进行灌浆孔清理 (图 5-28)。

图 5-28 构件信息检查与确认、埋件位置检查

二、结合面处理、钢筋处理和划线

结合面处理、钢筋处理和划线的步骤如下。

(1) 领取凿子、锤子、扫帚和洒水壶，对结合面进行凿毛处理，增加其粗糙性。凿毛完成会产生混凝土垃圾，用扫帚进行结合面的清扫。清扫完成之后，对凿毛处即结合面洒水湿润。

(2) 调整钢筋，领取钢筋扳手、定位工装和钢丝刷，完成钢筋除锈和钢筋校准工作 (图 5-29)。

图 5-29 钢筋清理

工地上目前常用的钢筋校准装置为定位工装，工装孔位与图纸标示的钢筋位置一致，若现场钢筋无歪斜，则能够精准对位，否则需要进行校正，并再次校核 (图 5-30)。

图 5-30 钢筋定位

无法校准时说明钢筋处于弯曲状态，用钢筋扳手进行钢筋校正。校正完成后进行校准，确认位置正确无偏斜。

(3) 划线操作，领取卷尺及墨斗，弹 300 mm 控制线 (图 5-31)，用以在墙体吊装完毕后校核其位置。

图 5-31　弹控制线

以上三步工序为平行工序，可依照实际工程情况选择先后顺序。

三、标高控制

标高控制的步骤如下。领取不同规格的垫块若干，摆放垫块在内叶墙区域的左右两端适当位置。领取水准仪及标尺，选择合理位置放置水准仪，应方便其位置调整。选定一个适当的参照点摆放标尺，读取标尺数据，并进行数据填写记录，再次放置标尺在 A 垫块和 B 垫块处，分别读取标尺数据并填写记录，最终根据计算结果调整垫块高度 (图 5-32)。

图 5-32　标高控制 - 参照点数据读取

四、接缝处理

领取橡塑棉条，读取图纸中构件的模板图相关数据。橡塑棉条的长度和宽度与图纸中外墙保温板的长度和宽度保持一致，粘贴位置即在保温板的正下方与之对应，以保证挤压紧密灌浆料不外流，且保温层在竖直方向保持连续。由图纸数据知：橡塑棉条长度与保温板的长度相等；橡塑棉条宽度为保温板厚度；沿结合面保温板对应位置放置准确，接缝处理完成（图 5-33）。

图 5-33　接缝处理

五、吊装

领取与构件尺寸相适应的墙板类吊具，前往勾取位置。对墙板进行挂钩操作，挂钩完成后打开操作台使其上升（图 5-34）。

图 5-34　预制墙板挂钩

在上升之前，需要进行试吊工作。当构件距离地面 300～400 mm 之间时，停顿约 3～5 s，消除构件摆动即证明试吊成功。

继续吊装构件上升，使它脱离构件摆放区。全过程遵循"慢起、稳升、缓降"原则，平稳吊起后可适当加速提升。吊装至一定高度时，可以通过操纵台对构件进行旋转，将构件移动至安装位置区域，并在缓慢下降过程中适当旋转其角度，以利后期安装对位（图 5-35）。

领取镜子，摆放镜子在钢筋与套筒连接处，镜面朝上，辅助墙板底部套筒精准对接下层构件向上外伸的钢筋。一边控制操作台，一边观察镜子，控制吊装梁，调整左旋、右旋、前变幅、后变幅、左转、右转、上升、下降，进行下部构件钢筋与墙板底部灌浆套筒的对位，对准后操控墙体缓慢下降,在落位前将镜子取出,吊装完成。此时保温层落在橡塑棉条上,外伸钢筋插入灌浆套筒中,内叶板落在垫块上。

图 5-35　外墙板吊装就位

六、斜支撑固定与调整

领取斜支撑,进行摆放与连接。支撑的个数及位置均应根据墙板的尺寸提前进行设计,短支撑角度与长支撑角度均为 45°。

对斜支撑进行调整。领取卷尺和水平靠尺,测量垂直度、墙板位置。测量前面设置的 300 mm 控制线。若测得墙板内表面位置与该线的垂直距离大于或小于 300 mm,则要进行调整,同样包括靠尺测得的垂直度。

调整左上斜支撑、右上向斜支撑可以看到靠尺数据相应变小直至归零。调整左下斜支撑、右下斜支撑长度,最终保证墙面与控制线距离增大或减小至 300 mm,调整完毕 (图 5-36)。

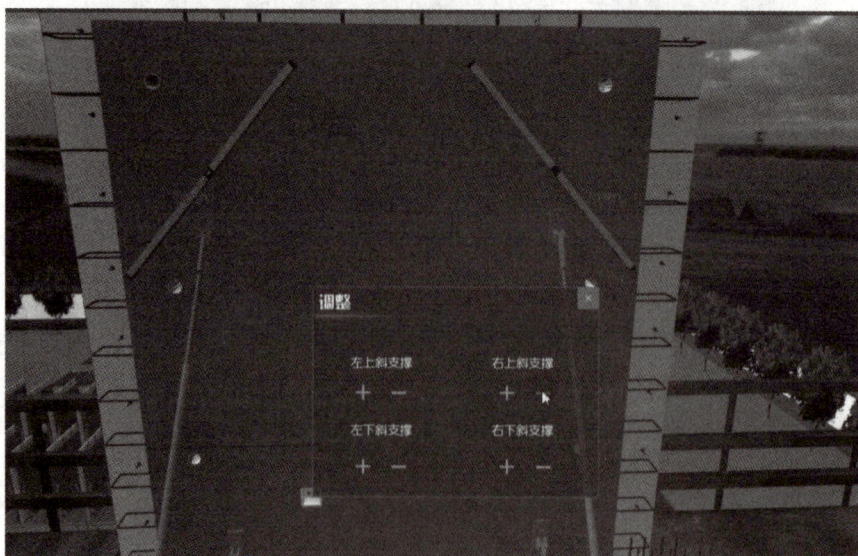

图 5-36　斜支撑调整与固定

调整完成之后应进行复核 (表 5-4)，确保垂直度和标高差均归零。

表 5-4　测量复核表

复核项目	测量数据 / mm		结论：复核无误
	左	右	
垂直度	0	0	结论：复核无误
墙板距控制线	300	300	
标高差	0	0	

移除水准仪，清理工具和原材料，工完料清。

子任务二　预制夹心保温外墙板灌浆套筒连接

穿戴劳保用品完毕，准备对外墙板进行灌浆。具体需要完成以下工序 (图 5-37)。

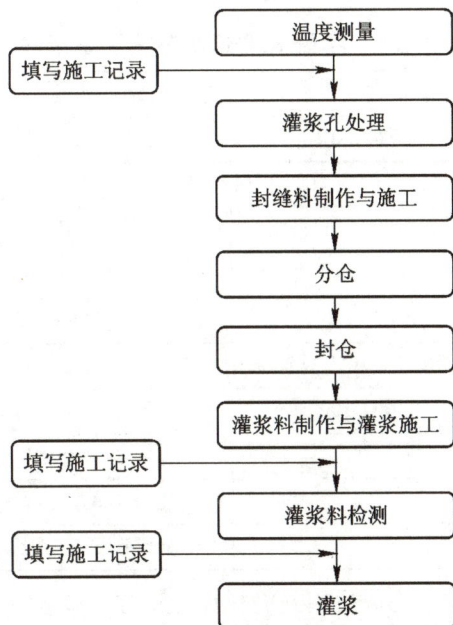

预制夹心保温外墙
板构件连接 (竖向
钢筋套筒灌浆)

图 5-37　外墙板灌浆套筒连接工序

一、温度测量、灌浆孔处理

灌浆孔处理前先领取温度计，测量当前灌浆施工的温度 (图 5-38)。

如果温度测量在 5℃ 以下，则不可以进行灌浆施工；温度测量在 5～30℃，可以正常灌浆施工；温度测量在 30℃ 及以上，由于温度过高需要采取降温措施，需要在灌浆料及封缝料制作过程中，将第二次加的水 (需加水总量的 20%) 更换为质量相等的冰。假设当前测量温度为 26℃，则正常加水进行灌浆料及封缝料制作。

在温度测量、灌浆料及封缝料制作过程中，要及时填写施工记录 (表 5-5)，做好技术交底。在灌浆区域连接水管进行灌浆孔湿润，并确保其畅通。

图 5-38　温度测量

表 5-5　装配式建筑灌浆施工记录表

工程名称	构件灌浆	构件编号	PC-WQ1
施工日期	2024-5-17	环境温度	26
封缝料制作			
料密度 / kg/m³	2300 kg/m³	水：干料	12：100
封缝体积 / m³		分仓宽度 / mm	33
制作料总量 / kg		封缝宽度 / mm	18
灌浆料制作			
料密度 / kg/m³	2300 kg/m³	水：干料	12：100
连通腔体积 / m³		流动度 / mm	
单个套筒料 / kg	0.4	静置时间 / min	
搅拌总时间 / min		制作料总量 / kg	

预制墙板吊装就位，调校完成后用封缝料拌合物进行分仓、封仓等工序施工。

《钢筋套筒灌浆连接技术规程》(JGJ355—2015) 规定：竖向构件宜采用连通腔灌浆，并应合理划分连通灌浆区域。连通灌浆区域为由一组灌浆套筒与安装就位后构件间空隙共同形成的一个封闭区域。每个区域除预留灌浆孔、出浆孔与排气孔外，应形成密闭空腔，采用密封件或座浆料封闭此灌浆区域，不应漏浆。考虑灌浆施工的持续时间及可靠性，连通灌浆区域不宜过大，每个连通灌浆区域内任意两个灌浆套筒最大距离不宜超过 1.5 m，即预制墙体的每个连通灌浆区域仓室长度不超过 1500 mm。

有套筒群部位则整个套筒群可独立作为一个灌浆仓；灌浆施工前，对每块预制墙板分仓进行编号；分仓施工时，严格按照施工方案确定的分仓位置进行。

二、封缝料制作与施工

封缝料拌合物的原材料用量该如何计算呢？墙底分仓、封仓、灌浆区示意图如图所

示 (图 5-39), 内叶墙长度 L, 内叶墙厚度为 B, 封缝深度为 x(一般为 15～20 mm), 分仓宽度为 y(一般为 30～40 mm), 封缝高度为 h(一般为 20 mm), 考虑 δ 富余量 (一般为 10%)。封缝料的密度为 ρ(一般为 2300 kg/m³), 水和干料的比例关系为 a：100(一般为 11：100～12：100), 底面积为 A。

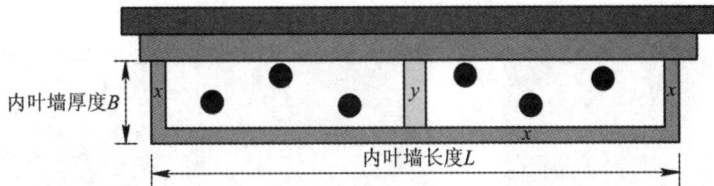

预制夹心保温外
墙板构件连接
(分仓和封仓)

图 5-39 墙底分仓、封仓、灌浆区示意

(1) 计算封缝体积 (即底面积 × 高)：

$$V = Ah = [(L - 2x)x + 2xB + y(B - x)]h \tag{5-1}$$

(2) 计算封缝料质量：

$$m = \rho V \tag{5-2}$$

(3) 计算考虑富余值的封缝料质量：

$$M = m(1 + \delta) \tag{5-3}$$

(4) 计算干料和水的比例：

$$M_{干料} = \frac{M \times 100}{100 + a}, \quad M_{水} = \frac{M \times a}{100 + a} \tag{5-4}$$

计算完毕后，把相关数据填写记录至灌浆施工记录表。

根据当前图纸信息进行封缝料计算。预制夹心外墙的内叶板三边封缝，中间分仓。规范规定最远的两个灌浆套筒之间的间距若大于 1.5 m 时需要进行分仓。依次读取墙板宽度、厚度、高度、封缝深度。先计算 W 区域的底面积，再根据高度计算出封缝料体积，进行质量计算，最后考虑富余量计算出总质量。

领取相对应的工具，如搅拌器、不锈钢容器等，倒入水和干料，搅拌制作封缝料。水需要分两次加入，第一次加入 80%，搅拌 2 min，第二次再加入剩余 20% 到不锈钢容器当中，继续搅拌 3 min 直至均匀 (图 5-40)。

图 5-40 封缝料拌合物制作

封缝料拌合物制作完成，及时填写施工记录，进行分仓和封缝。

领取分仓工具和封缝工具，如内衬、分仓工具、抹灰托板、抹子。分仓时，首先将专用工具塞入预制墙板下方 20 mm 缝隙中。将封缝砂浆放置于托板上，用另一专用工具塞填砂浆，分仓砂浆带宽度约 30～40 mm(图 5-41)。分仓完成后进行封仓施工，同样，将封仓专用工具伸入 20 mm 缝隙中，作为抹封仓砂浆的挡板，伸入墙体控制在 15～20 mm。用另一专用工具涂抹砂浆，与墙体内表面基本持平 (图 5-42)。

图 5-41　分仓

图 5-42　封仓

使用专用封缝料时，要按说明书要求加水搅拌均匀，封堵时里面加衬，内衬材料可以是软管、PVC 管，也可用钢板工具。填抹要有足够深度，但也要确保不堵套筒孔，一段抹完后抽出内衬进行下一段填抹。段与段结合的部位，同一构件或同一仓要保证填抹密实，24 h 后再灌浆。

思政小课堂

分仓、封仓的重要性

当我们了解了分仓、封仓出现失误可能造成的恶劣后果，也就深刻体会到对构件的接缝的外沿进行封堵的重要性，一定保证封堵严密、牢固可靠，否则压力灌浆时一旦漏浆很难处理。"追求质量诚信，具备行业素养"是极其重要的。

三、灌浆料制作与灌浆施工

灌浆料拌合物的原材料用量该如何计算呢？墙底分仓、封仓、灌浆区示意图如图所示 (图 5-39)，内叶墙长度 L，内叶墙厚度为 B，封缝深度为 x(一般为 15～20 mm)，分仓宽度为 y(一般为 30～40 mm)，封缝高度为 h(一般为 20 mm)，单个套筒内灌浆料质量为 m_0，共 n 个套筒，考虑 δ 富余量 (一般为 10%)。灌浆料的密度为 ρ(一般为 2300 kg/m³)，水和干料的比例关系为 a : 100(一般为 11 : 100～12 : 100)。

(1) 计算联通腔体积 (墙底体积 − 封缝体积)：
$$V_{灌浆} = V_{墙底} - V_{封缝} = LBh - [Lx + 2x(B-x) + y(B-x)]h \tag{5-5}$$

(2) 计算灌浆料质量：
$$m = \rho V_{灌浆} + nm_0 \tag{5-6}$$

(3) 计算考虑富余值的封缝料质量：
$$M = m(1 + \delta) \tag{5-7}$$

(4) 计算干料和水的比例：

$$M_{干料} = \frac{M \times 100}{100 + a}, \quad M_{水} = \frac{M \times a}{100 + a} \tag{5-8}$$

计算完毕后，把相关数据填写记录至灌浆施工记录表，根据当前图纸信息进行灌浆料计算。

灌浆料的制作也需要根据图纸和表中的数据所得。内叶板三边封缝、中间分仓，内叶板宽度、厚度、连通腔的高度这些信息与封缝料计算时一致，由此可以求出墙板底部联通腔内需要被灌浆料充填的空间体积，即连通腔体积减去封缝料体积，该体积与灌浆料拌合物的密度相乘即可得出该部分的质量。除此之外，单个套筒内灌浆质量与套筒个数相乘可得到套筒内所需的灌浆料质量，二者相加即可得到理论所需灌浆料总量。最后考虑富余量计算出灌浆料总质量。

领取相对应的工具，如搅拌器、不锈钢容器等，倒入水和干料，搅拌制作灌浆料。同样，拌合水也是需要分两次加入，第一次加入 80%，搅拌 3 min，第二次再加入剩余 20% 到不锈钢容器当中，继续搅拌 6 min 直至均匀，为了防止有气泡，需要静置 2 min 后再使用。

灌浆料拌合物制作完成，及时填写施工记录。

四、灌浆料检测

灌浆料静置完成，需要领取流动测试仪、玻璃板以及不锈钢勺子和水管对灌浆料进行检测。

首先湿润玻璃板，将流动度测试仪放置到玻璃板上，用不锈钢勺子将灌浆料拌合物舀入圆锥截模中，向上拔起，移除流动度测试仪，领取钢直尺进行流动度测试 (图 5-43)。

图 5-43　灌浆料拌合物流动度测试

灌浆料若直径大于 300 mm 则可以进行使用；若直径小于 300 mm，则需要重新制作灌浆料。假设当前流动度为直径 307 mm，则可以使用。检测后及时清理实验仪器、填写施工记录表，并进行后续灌浆施工操作。

五、灌浆

领取水管、灌浆泵、锤子、像胶塞等，湿润灌浆泵，并将已经制作好的灌浆料拌合物倒入灌浆泵中 (图 5-44)。之前已用水管联通上部出浆孔进行湿润，灌浆操作时，需连接灌浆孔，即下部孔，因为自下而上灌浆时灌浆料可以在重力作用下完成自我补充，并将其中的空气排净。

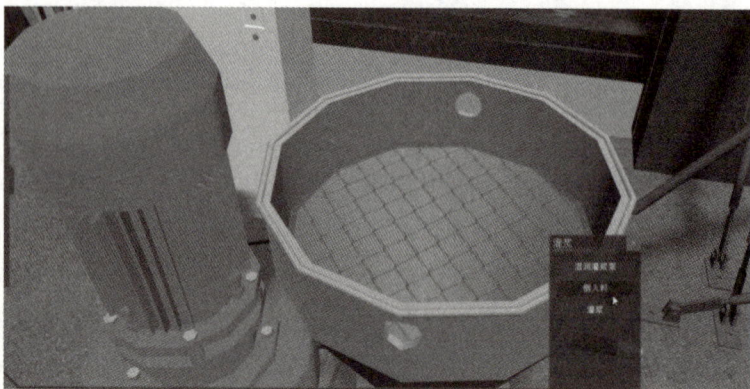

图 5-44　灌浆料拌合物倒入灌浆泵

用灌浆泵灌浆，看到有灌浆料从出浆孔溢出时进行封堵（图 5-45），要依次、逐个进行封堵，注意不要提前封堵，否则会造成灌浆不密实。全部出浆孔封堵完成后进行保压 30～60 s，保压期间压强设置低一些，流速慢一些，主要目的是保证内部空隙被完全充填。保压结束，移出灌浆泵，并对最后一个出浆孔进行快速的封堵，至此，该仓的灌浆结束。

图 5-45　灌浆

其余仓的联通腔灌浆套筒灌浆采用同样的步骤，最后全部仓灌浆完毕，移除灌浆泵并校核灌浆质量无误后，及时填写灌浆施工记录表，进行常温养护。

归还工具和原材料，清理现场垃圾，做到工完料清。

子任务三　预制内墙板吊装安装施工

预制内墙板
构件安装

预制内墙板吊装安装施工前确保劳保用品穿戴正确，明确吊装构件为预制内墙板，本任务为带有一个门洞口的剪力墙内墙板。

预制内墙板吊装需要完成构件检查与确认、划线、结合面处理、钢筋处理、标高控制、吊装、斜支撑固定与调整等工序（图 5-46）。

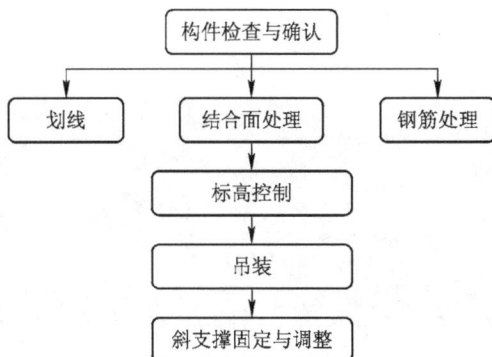

图 5-46　预制内墙板吊装安装工序

一、构件检查与确认

对墙板进行信息检查，确保构件选择正确，领取钢直尺对构件尺寸进行校核、吊钉偏差校核、各个埋件位置检查 (图 5-47)。领取打气筒，进行灌浆孔清理。

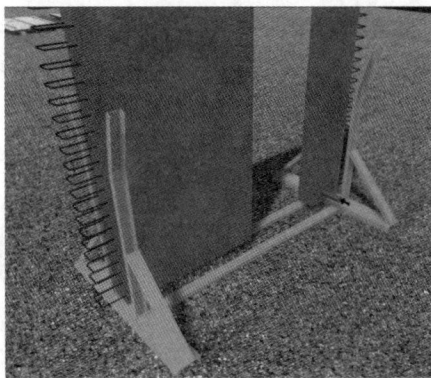

图 5-47　构件检查与确认

二、结合面处理、钢筋处理和划线

结合面处理。领取凿子、锤子、扫帚和洒水壶，对结合面进行凿毛处理，增加其粗糙性。凿毛完成会产生混凝土垃圾，用扫帚进行结合面的清扫。清扫完成之后，对凿毛处结合面洒水湿润 (图 5-48)。

图 5-48　结合面洒水

划线操作。领取墨斗及钢卷尺，弹 200～300 mm 控制线，用以在墙体吊装完毕后校核其位置。假设本案例设定为 300 mm(图 5-49)。

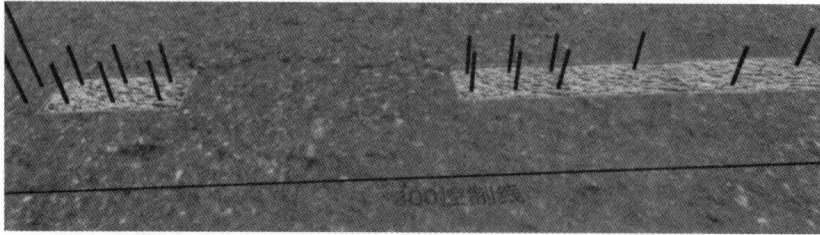

图 5-49   弹控制线

钢筋处理。领取钢丝刷完成钢筋除锈 (图 5-50)。

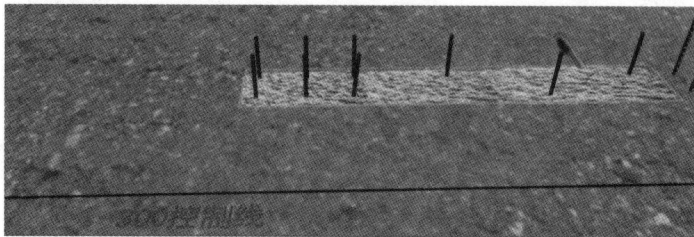

图 5-50   钢筋除锈

调整钢筋，领取钢筋扳手和定位工装完成钢筋校准工作 (图 5-51)。

图 5-51   钢筋定位

定位工装孔位应与内墙板图纸标示的钢筋位置一致，若现场钢筋无歪斜，则能够精准对位，否则需要进行校正，并再次校核。无法校准时说明钢筋当前处于非垂直状态，应进行校正。用钢筋扳手进行钢筋校正后，再次进行校准，确认位置正确无偏斜即可归还该部分工具。

特别地，钢筋校准并不一定选用定位工装，例如后浇段，由于其设置区域较为狭窄且有部分钢筋位置对定位工装有所阻挡，校准时应选择水平靠尺。

以上三步工序为平行工序，可依照实际工程情况选择先后顺序。

三、标高控制

标高控制的步骤如下。领取不同规格的垫块若干，摆放垫块在内墙板底部待安装区域的左右两端适当位置。领取水准仪及标尺，选择合理位置放置水准仪，应方便其位置调整，选定一个适当的参照点摆放标尺，读取标尺数据，并进行数据填写记录，再次放置标尺在

A 垫块和 B 垫块处，分别读取标尺数据并填写记录，最终根据计算结果调整垫块高度 (图 5-52)。若无高差，则无需更换垫块。

图 5-52　标高控制

特别的，剪力墙内墙板无保温层，无临空边，所以无需铺设橡塑棉条进行保温层位置的接缝处理，仅仅在后续封缝时进行四边封堵即可。

四、吊装

吊装的步骤如下。

(1) 领取与构件尺寸相适应的墙板类吊具，如鸭嘴式吊具，前往勾取位置。对墙板进行挂钩操作，挂钩完成打开操作台使其上升。在上升之前，为保障吊装过程的安全性，需要进行试吊工作。当构件距离地面 300～400 mm 之间时，停顿约 3～5 s，消除构件摆动即证明试吊成功 (图 5-53)。

图 5-53　内墙试吊

(2) 继续吊装构件上升，使它脱离构件摆放区。全过程遵循 "慢起、稳升、缓降" 原则，平稳吊起后可适当加速提升。吊装至一定高度时，可以通过操纵台对构件进行旋转，将构件移动至安装位置区域，并在缓慢下降过程中适当旋转其角度，以利后期安装对位 (图 5-54)。

图 5-54　内墙吊装

(3) 领取镜子，摆放镜子在钢筋与套筒连接处，镜面朝上，辅助墙板底部套筒精准对接下层构件向上外伸的钢筋 (图 5-55)。一边控制操作台，一边观察镜子，控制吊装梁，调整左旋、右旋、前变幅、后变幅、左转、右转、上升、下降，进行下部钢筋与底部灌浆套筒的对位，对准后操控墙体缓慢下降，在落位前将镜子取出，吊装完成。

图 5-55　调整位置、安装就位

特别的，该内墙板属于带一个门洞的内墙板，在门洞左右两侧各有若干根钢筋需要进行套筒灌浆连接。构件下落就位时，应协调好两个区域的位置关系，精准对位后，可以人工手扶辅助其平稳下落。

五、斜支撑固定与调整

领取内墙板对应的斜支撑，进行摆放与连接。本案例中内墙板设置支撑 4 根，一长一短为 1 对，共计 2 对，设置在墙板同侧，即门洞两侧。该位置与尺寸须根据墙板的尺寸提前设计，短支撑角度、长支撑角度均为 45°。

领取卷尺和水平靠尺，测量墙板位置及垂直度，根据测量数值，领取相应工具对斜支撑进行调整。测量前面设置的 300 mm 控制线，若测得墙板内表面位置与该线的垂直距离大于 300 mm，则要缩短相应位置下方的斜支撑，使其等于 300 mm，反之，则要伸长该位置下方的斜支撑。调整左下斜支撑、右下斜支撑长度，最终保证墙面与控制线距离增大或减小至 300 mm。

同样，读取靠尺测得的垂直度，并且调整左上斜支撑、右上斜支撑，可以看到靠尺数据相应变小，直至归零 (图 5-56)。

调整完成之后应进行复核，确保垂直度和标高差均归零则调整完毕。

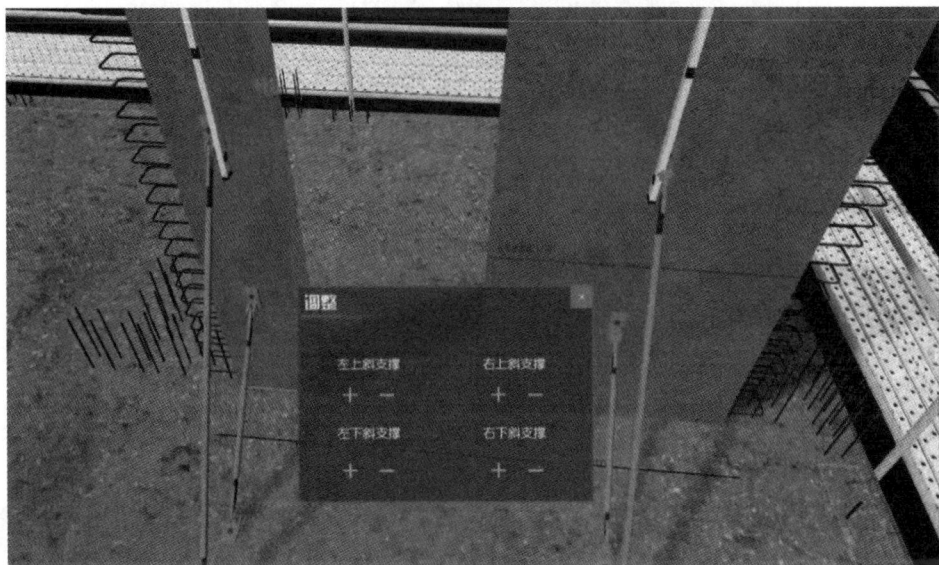

图 5-56　斜支撑调整

移除水准仪，清理工具和原材料，工完料清。

六、内墙板竖向连接

剪力墙内墙板的竖向连接也采用套筒灌浆连接技术，施工工序流程与外墙板一致，但应注意墙板尺寸变化、未设置保温板等因素，导致个别工序稍有不同，具体包括温度测量、灌浆孔处理、封缝料制作、封仓、灌浆料制作、灌浆料检测、灌浆、填写施工记录等内容。

在本案例中，预制剪力墙内墙设置有一个门洞，其左右两侧分为两个灌浆仓，每个区域的长度均不超过 1.5 m，因此无需分仓。由于不存在保温层，所以封仓时，应在四边均塞填封缝料进行封堵。

子任务四　墙板水平方向后浇混凝土连接施工

墙板水平方向的连接有多种形式，现在以两相邻预制夹心保温外墙板之间的竖向钢筋混凝土后浇区连接为例，进行实训。先进行施工准备，穿戴劳保用品，而后完成如下工序（图 5-57）。

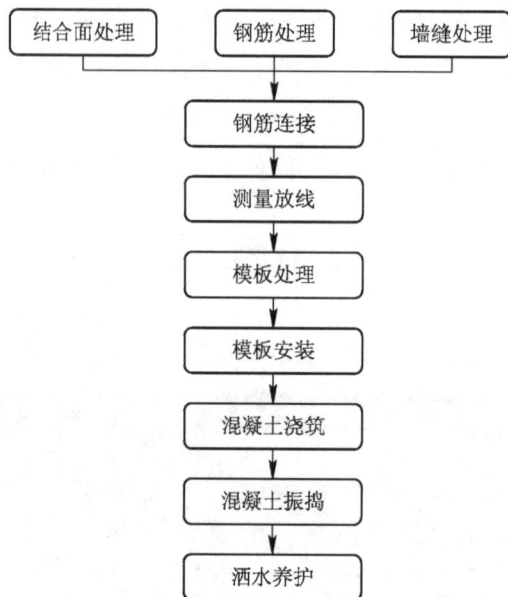

预制夹心保温外墙板构件连接（一字型接缝后浇混凝土连接）

图 5-57　墙板水平方向后浇混凝土连接工序

一、墙缝处理、钢筋处理、结合面处理

选择保温板、橡塑棉条，依次进行墙缝处理。在墙缝保温层中粘贴保温板材料，使其与左右两边预制夹心保温板的保温材料保持连续。在模板安设的一侧粘贴防侧漏胶条，即橡塑棉条，保证混凝土浇筑过程不漏浆（图 5-58）。

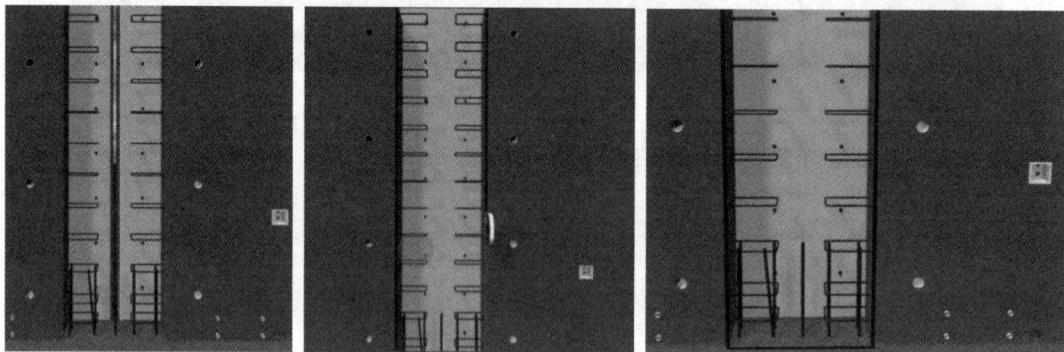

图 5-58　粘贴缝隙处保温板、防侧漏胶条

选择靠尺、钢丝刷、钢筋扳手、套丝机对钢筋进行处理。用钢丝刷进行钢筋除锈。用靠尺进行钢筋垂直度检查，若垂直度不达标，则用钢筋扳手对其进行垂直度调整。用套丝机对钢筋接头位置进行螺纹处理，加工后可以选择带有内螺纹的钢筋连接接头，逐根钢筋进行接头安装（图 5-59），以便后期对钢筋进行螺纹连接。

选择结合面处理工具，如凿子、锤子以及扫把等清理工具。先用锤子、凿子进行结合面凿毛处理（图 5-60），然后用扫把清理粗糙面。

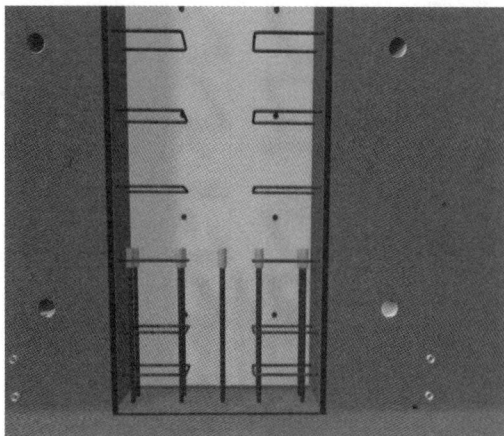

图 5-59　钢筋处理及接头安装

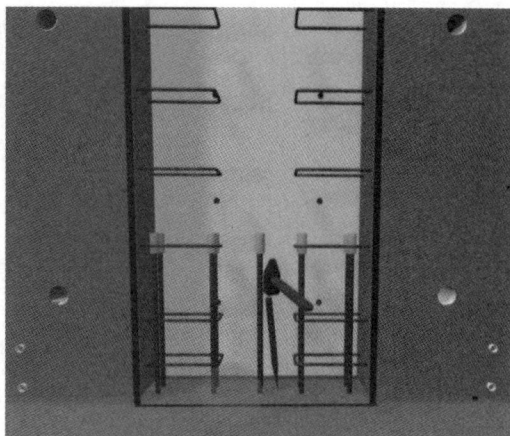

图 5-60　结合面凿毛

二、钢筋连接

钢筋连接前先进行钢筋下料，可以根据构件图纸中的配筋表，读取钢筋相关参数。

将竖向筋和水平箍筋全部领取后，再分别进行摆放和绑扎。

领取钢筋，在钢筋摆放之前，要进行钢筋安装先后顺序关系分析，先安放水平箍筋，再连接竖向钢筋。根据图纸位置和现场下部钢筋接头位置依次进行螺纹连接即可。

钢筋绑扎。领取扎丝，选择扎钩，进行钢筋绑扎（图 5-61）。

领取保护层卡子若干，进行侧边保护层布置。

图 5-61　水平和竖向钢筋连接、绑扎

三、测量放线、模板处理及安装

用钢卷尺进行隐蔽工程检查，确保钢筋位置设置准确后选择墨斗进行划线、弹线，分别弹出墙板边线和边缘外侧 300 mm 控制线（图 5-62），以便后期校核。

弹线后继续进行模板的支设，领取模板时应根据图纸选取相应的模板尺寸（图 5-63）。

领取完模板后依次对模板进行处理。领取处理模板的工具，如滚筒刷、脱模剂等，在模板上均匀地粉刷脱膜剂，涂刷均匀，防止漏涂。组装模板时用适当规格的对拉螺栓和背楞，对模板进行安装。先在后浇区左右两侧的墙板上找到对拉螺栓预留拉结孔，在相应位置穿入对拉螺栓，安装背楞，紧固对拉螺栓，最后进行模板隐蔽工程验收，确保位置精确度达标（图 5-64）。

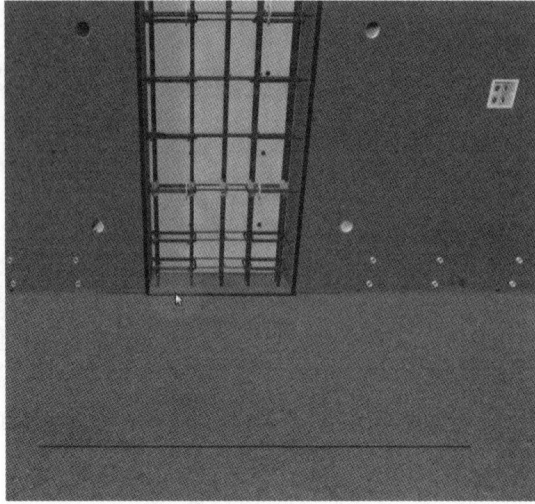

图 5-62   弹控制线

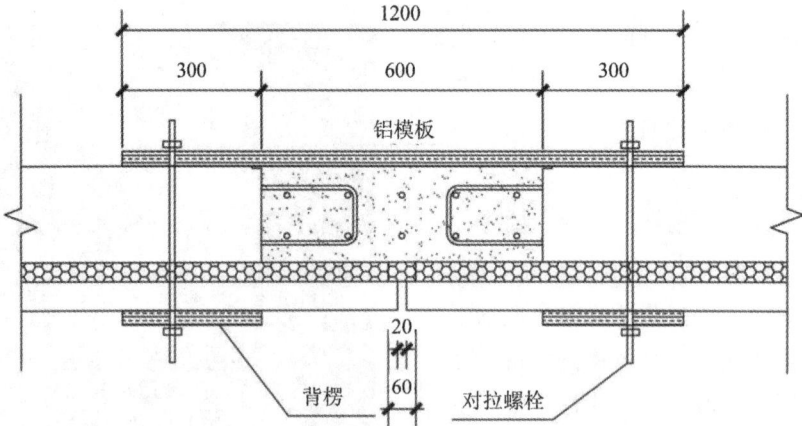

图 5-63   "一"字型后浇节点俯视图

图 5-64   后浇区模板固定

四、混凝土浇筑、振捣、养护

混凝土浇筑若为冬季施工，则应注意采取保持温度的措施。

混凝土浇筑前首先进行温度测量。领取温度计，在模板处进行温度测量。假设当前温度 24℃，符合混凝土常温浇筑要求（图 5-65）。

图 5-65　温度测量

根据图纸信息计算混凝土体积用量：

$$V = 0.6\text{ m}(浇筑区长度) \times 0.2\text{ m}(浇筑区宽度) \times 2.66\text{ m}(浇筑区高度) = 0.3192\text{ m}^3$$

按照计算结果领取拌制好的混凝土 0.3192 m³，特别的，实际工程中可以按照要求考虑混凝土损耗，在计算中增加一定的富余量。接下来进行混凝土浇筑，将混凝土加入泵车，考虑到后浇段高度较大，应根据规范的要求进行分层浇筑。每层浇筑的混凝土厚度应控制在 300～500 mm 范围内，每次浇筑完毕，选择振捣棒及时进行混凝土振捣（图 5-66）。混凝土振捣时长约为 20～30 s，振捣密实后再次进行分层浇筑，再次振捣密实。振捣时应注意防止振捣棒碰触到钢筋及埋件，导致其位置发生改变。浇筑至设计高度后，选取抹子等工具进行混凝土收面，待混凝土终凝后用水管进行洒水湿润养护，归还工具和材料，工完料清。

图 5-66　浇筑混凝土

后期等待混凝土强度发展至一定强度后方可拆模,同时,为了防止温度影响导致混凝土开裂,拆模时,后浇区混凝土表面温度与环境温度之差不宜过大。

子任务五　预制柱吊装安装施工

预制柱构件安装
与连接

一、预制柱吊装

预制柱为竖向承重构件,其竖向连接方式主要为纵向钢筋套筒灌浆连接,下部联通腔区域由封缝料与灌浆料填充。其工序步骤与竖向墙板基本一致,不同点主要在于构件类型与构件尺寸。

预制柱吊装前,先进行施工准备,穿戴劳保用品,随后进行预制柱吊装作业,需要完成的工序主要有构件检查与确认、划线、结合面处理、钢筋处理,标高控制、吊装、斜支撑固定与调整几个部分 (图 5-67)。

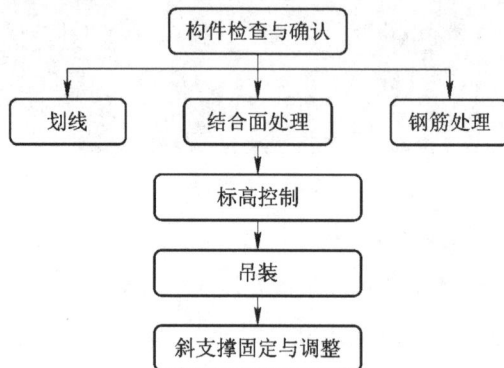

图 5-67　预制柱吊装工序

1. 构件检查与确认

对预制柱进行信息检查,确保构件选择正确,领取钢卷尺对构件尺寸进行校核、吊钉偏差校核、各个埋件位置检查。领取打气筒,进行灌浆孔清理 (图 5-68)。

图 5-68　预制柱构件信息检查与确认

2. 结合面处理、钢筋处理和划线

结合面处理、钢筋处理和划线为平行工序,可依照实际工程情况选择先后顺序。

(1) 先在预制柱安装区域进行结合面处理。领取凿子、锤子、扫帚和洒水壶，对结合面进行凿毛处理，增加其粗糙性 (图 5-69)。凿毛完成会产生混凝土垃圾，用扫帚进行结合面的清扫。清扫完成之后，对凿毛处即结合面洒水湿润。

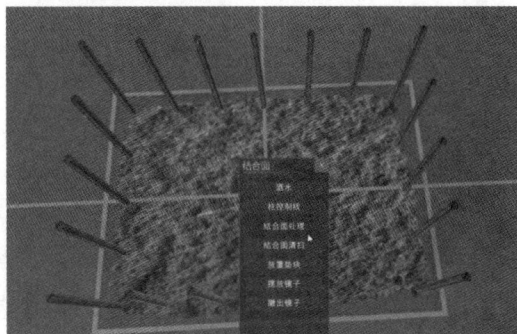

图 5-69　结合面处理

(2) 然后进行划线操作。领取墨斗及钢卷尺，在结合面外沿弹四条边的 300 mm 控制线 (图 5-70)，用以在预制柱吊装完毕后校核其位置。

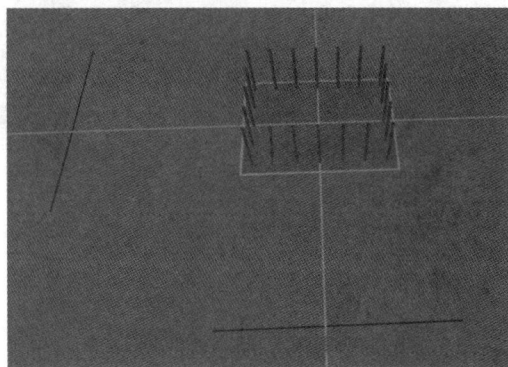

图 5-70　弹控制线

(3) 最后进行钢筋处理。领取钢丝刷完成钢筋除锈，领取钢筋扳手、定位工装完成钢筋校准工作 (图 5-71)。定位工装孔位与预制柱标示的连接纵筋位置一致，若现场钢筋无歪斜，则能够精准对位，否则需要进行校正，并再次校核。若柱子的纵筋相对其他构件而言较多，应耐心地逐根校准，无法校准时说明钢筋当前处于非垂直状态，应用钢筋扳手进行钢筋校正，并再次进行校准，确认位置正确无偏斜即可归还该部分工具。

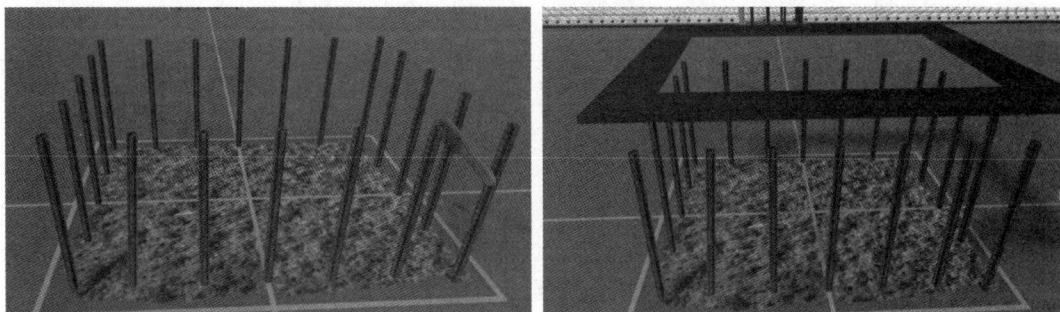

图 5-71　钢筋除锈、钢筋校准

3. 标高控制

领取不同规格的垫块若干，摆放垫块在预制柱底部待安装区域四边且靠近四角的适当位置，共设置四个垫块安放点。领取水准仪及标尺，选择合理位置放置水准仪，应方便其位置调整，选定一个适当的参照点摆放标尺，读取标尺数据，并进行数据填写记录，再依次放置标尺在 A 垫块、B 垫块、C 垫块、D 垫块上，分别读取标尺数据并填写记录，最终根据计算结果调整垫块高度 (图 5-72)。

图 5-72　预制柱结合层垫块摆放

根据后视读数和前视读数可计算高差，填写在测量记录中 (表 5-6)。注意，高差存在正负之分，若计算错误，后期校核高差则不为零。

表 5-6　标高测量数据记录表

测　点	水准尺读数 / mm		高差 / mm	备　注
	后视读数 a	前视读数 b		
参照物		—	—	(1) 参照物的高度为 50 cm； (2) 初始垫块默认 20 mm； (3) 数据填写完毕之后点击"确认"按钮
垫块 A	—			
垫块 B	—			
垫块 C	—			
垫块 D	—			

柱子不是墙板类的平板类构件，在设置垫块时，需要控制四条边两个垂直方向的标高，以确保其设置状态为垂直、无歪斜，所以设置垫块的点有 A、B、C、D 四个，并且应保持一定的对称关系，保证受力平衡合理。

4. 吊装

吊装前领取与构件尺寸相适应的墙板类吊具，如万向吊环式吊具 (图 5-73)，前往勾取位置。

图 5-73　万向吊环式吊具

对预制柱进行挂钩操作，挂钩完成后打开操作台使其上升。在上升之前，为保障吊装过程的安全性，需要进行试吊工作。当构件距离地面 300~500 mm 之间时，停顿约 3~5 s，消除构件摆动即证明试吊成功。

继续吊装构件，加速上升至安全高度使它脱离构件摆放区后，可以旋转移动。全过程遵循"慢起、稳升、缓降"原则，通过操纵台使构件进行旋转，将构件移动至安装位置区域，并在缓慢下降过程中适当旋转其角度，以利于后期安装对位 (图 5-74)。

图 5-74　预制柱吊装

领取镜子，摆放镜子在柱子底部钢筋与套筒连接处，镜面朝上，辅助柱子底部套筒精准对接下层柱子向上外伸的钢筋。一边控制操作台，一边观察镜子，控制吊装梁，调整左旋、右旋、前变幅、后变幅、左转、右转、上升、下降，进行预制柱下部钢筋与底部灌浆套筒的对位，对准后操控柱体缓慢下降，在落位前将镜子取出，吊装完成。

柱子中对位连接的纵向钢筋后期需要进行套筒灌浆连接。柱子纵筋较多，构件下落就位时，应协调好各根钢筋的位置关系，可以优先插入四角钢筋，精准对位后，人工手扶辅助其平稳下落，依次将各根钢筋插入套筒中 (图 5-75)。

5. 斜支撑固定与调整

领取当前需吊装的预制柱对应的斜支撑，将斜支撑

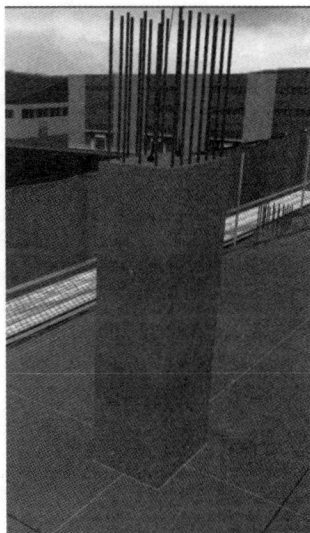

图 5-75　预制柱安装就位

进行摆放与连接。本案例中柱子设置斜支撑 4 根，一长一短为 1 对，共计 2 对，分别设置在柱子两个相邻的侧面上，调整相互垂直两方向的位置及垂直度。该位置与尺寸为根据柱子尺寸提前设计的，短支撑角度、长支撑角度均为 45°（图 5-76）。

图 5-76　预制柱斜支撑安装

领取水平靠尺和卷尺，测量柱子的垂直度和位置，根据测量数值，领取相应工具对斜支撑进行调整。观察柱子底部 300 mm 控制线测量结果，若测得柱子边线位置与该线的垂直距离大于 300 mm，则要缩短相应位置下方的斜支撑，使其等于 300 mm，反之，则要伸长该位置下方的斜支撑。调整左下斜支撑、右下斜支撑长度，最终保证柱边与控制线距离增大或减小至 300 mm。

同样，读取靠尺测得的垂直度，并且调整左上斜支撑、右上斜支撑，可以看到靠尺数据相应变小，直至归零。调整完成之后应进行复核，确保垂直度和标高差均归零。调整完毕（图 5-77）。

图 5-77　位置与垂直度校核、调整

移除水准仪，摘钩、塔吊复位、归还工具和材料，工完料清。

特别地，柱子分为角柱、边柱及中柱，不同位置的预制柱即使尺寸和钢筋构造相同，但其侧面设置的套筒灌浆孔、出浆孔位置，斜支撑预埋螺母均可能不同。简单而言，一般情况下，中柱四个侧面均可进行灌浆操作及斜支撑的设置；边柱则有一边为"临空面"，不宜进行灌浆操作及斜支撑的设置；角柱则有两相邻边为"临空面"，不宜进行灌浆操作及斜支撑的设置。边柱及角柱在设计及构件生产时已考虑到安装限制，提前将"临空面"一侧套筒的灌浆孔、出浆孔引至于非"临空面"，且斜支撑的布置也避开了"临空面"。安装时，即便柱子的纵筋及套筒完全对称，也应注意其安装方向，防止后续无法施工。

二、预制柱灌浆连接

预制柱灌浆操作前先做好施工准备，完成劳保用品穿戴。

查看需要完成的施工工序和技术交底资料，一般流程如下（图 5-78）。

预制柱套筒灌浆
连接

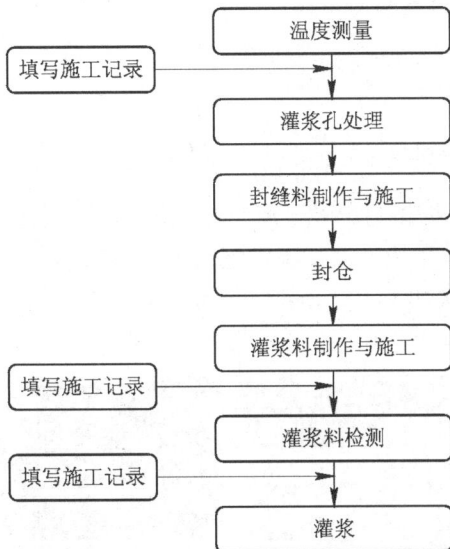

图 5-78　预制柱灌浆工序

1. 温度测量、灌浆孔处理

领取温度计，测量当前灌浆施工的温度。若温度测量在 5～30℃，可以正常灌浆施工，温度过低或过高则应采取相应措施，同墙板灌浆要求。假设当前测量温度为 29℃，则正常加水进行封缝料及灌浆料制作（图 5-79）。

在温度测量、灌浆料及封缝料制作过程中，及时填写施工记录，做好技术交底。

在灌浆区域连接水管进行灌浆孔湿润，并确保其畅通。

2. 封缝料制作与施工

柱子封缝料拌合物的原材料用量该如何计算呢？例如，柱子底部长边长度 L，短边长度 B，封缝深度 x（一般为 15～20 mm），连通腔高度为 h（一般为 20 mm）。封缝料拌合物的密度为 ρ，一般为 2300 kg/m³，水和干料的比例关系为 a∶100（一般为 11∶100～12∶100），

图 5-79　温度测量

考虑 δ 富余量（一般为 10%）。

由上述可知：

(1) 计算封缝体积（即底面积×高）：

$$V = Ah = (2Lx + 2Bx - 4x^2)h \tag{5-9}$$

其中，x^2 为四条边封缝区域重复计算的重合区域，即四个小正方形。

(2) 计算封缝料质量：

$$m = \rho V \tag{5-10}$$

(3) 计算考虑富余值的封缝料质量：

$$M = m(1 + \delta) \tag{5-11}$$

(4) 计算干料和水的比例：

$$M_{干料} = \frac{M \times 100}{100 + a}, \quad M_{水} = \frac{M \times a}{100 + a} \tag{5-12}$$

计算完毕后，把相关数据填写记录至灌浆施工记录表，根据图纸信息进行封缝料计算。

领取封缝操作的工具，如搅拌器、不锈钢勺子、不锈钢容器等，倒入水和干料，搅拌制作封缝料。水需要分两次加入，第一次加入 80%，搅拌 2 min，第二次再加入剩余 20% 到不锈钢容器当中，继续搅拌 3 min 直至均匀（图 5-80）。

图 5-80 封缝料制作

封缝料拌合物制作完成，及时填写施工记录，进行分仓和封缝。

领取封仓工具和封缝工具，如内衬、封仓工具、抹灰托板、抹子。封仓施工时，将封仓专用工具内衬伸入预制柱底部 20 mm 缝隙中，作为抹封仓砂浆的挡板。伸入深度即为封缝深度，控制在 15～20 mm。用另一专用工具抹子涂抹抹灰托板上的封缝料拌合物，涂抹后与预制柱表面抹平（图 5-81）。

与外墙封仓施工不同的是，虽然预制柱封仓也要遵循"套筒最远距离不大于 1.5 m"的要求，但预制柱尺寸较小，基本不会超出该尺寸，所以无需分仓操作。

图 5-81 封仓

3. 灌浆料制作与施工

灌浆料拌合物的原材料用量该如何计算呢？如图所示 (图 5-39)，柱子底部长边长度 L，短边长度 B，封缝深度 x(一般为 15～20 mm)，连通腔高度为 h(一般为 20 mm)。单个套筒内灌浆料质量为 m_0，共 n 个套筒，考虑 δ 富余量 (一般为 10%)。键槽高度为 H(一般为 30 mm)，上表面面积为 S_1，下表面面积为 S_2，体积计算近似采用：键槽体积 = (上表面面积 + 下表面面积) × 高 / 2。灌浆料拌合物的密度为 ρ，一般为 2300 kg/m^3，水和干料的比例关系为 a：100(一般为 11：100～12：100)，考虑 δ 富余量 (一般为 10%)。

(1) 计算预制柱底部键槽体积 (上表面面积 + 下表面面积) × 高 / 2：

$$V_{键槽} = (S_1 + S_2)\frac{H}{2} \tag{5-13}$$

(2) 计算联通腔体积 (墙底体积 − 封缝体积)：

$$V_{联通腔} = V_{墙底} - V_{封缝} = LBh - A_{封缝}h = LBh - (2Lx + 2Bx - 4x^2)h$$
$$= (S_{墙底} - A_{封缝})h = [LB - (L - 2x)(B - 2x)]h \tag{5-14}$$

(3) 计算灌浆料质量：

$$m = \rho(V_{键槽} + V_{联通腔}) + nm_0 \tag{5-15}$$

(4) 计算考虑富余值的封缝料质量：

$$M = m(1 + \delta) \tag{5-16}$$

(5) 计算干料和水的比例：

$$M_{干料} = \frac{M \times 100}{100 + a}, \quad M_{水} = \frac{M \times a}{100 + a} \tag{5-17}$$

计算完毕后，把相关数据填写记录至灌浆施工记录表，依据计算结果领取相应的各类灌浆料拌合物原材料，主要有灌浆料干料和水 (默认常温下 5～30℃)，再领取相对应的工具，如搅拌器、不锈钢勺、不锈钢容器等，倒入水和干料，搅拌制作灌浆料。同样，拌合水也是需要分两次加入，第一次加入 80%，搅拌 3 min，第二次再加入剩余 20% 到不锈钢容器当中，继续搅拌 6 min 直至均匀，为了防止有气泡，需要静置 2 min 后再使用。灌浆料拌合物制作完成后，及时填写施工记录 (图 5-82)。

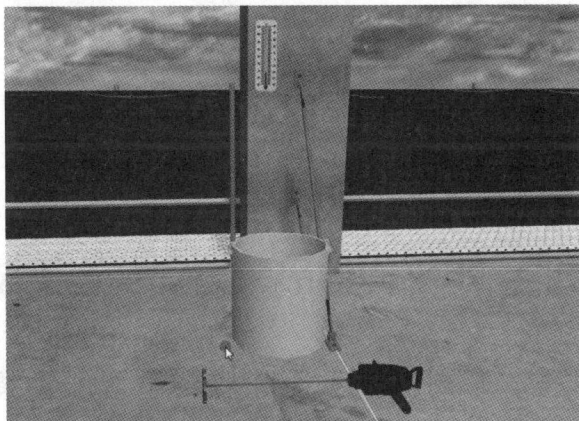

图 5-82　灌浆料制作

4. 灌浆料检测

灌浆料检测需要在工具库领取钢直尺、玻璃板、流动度测试仪、不锈钢勺子、水管。洒水湿润玻璃板，放置流动测试仪至玻璃板上，用不锈钢勺子将灌浆料拌合物舀入圆锥截模中，向上拔起，移除流动度测试仪，领取钢直尺进行流动度测试。若流动度直径大于300 mm 则可以进行使用；若直径小于 300 mm，则需要重新制作灌浆料。假设当前流动度为直径 302 mm，则可以使用。检测后及时清理实验仪器、填写施工记录表，进行后续灌浆施工操作。

5. 灌浆

灌浆前需领取灌浆泵、水管、锤子、像胶塞等。湿润灌浆泵，将制作完成的灌浆料倒入灌浆泵中。

灌浆操作时，需连接下部孔灌浆孔，自下而上灌浆，将其中空气排净。当看到有灌浆料从出浆孔溢出时，用橡胶塞依次、逐个进行封堵，注意不要提前封堵，防止灌浆不密实。全部出浆孔封堵完成后保压 30～60 s，保压期间灌浆流速设置低一些。保压结束，移出灌浆泵，并对最后一个出浆孔进行快速的封堵，至此，预制柱下部套筒灌浆连接结束 (图 5-83)。

图 5-83　灌浆、封堵

其余柱的灌浆套筒连接采用同样的步骤，中柱、边柱、角柱的灌浆孔、出浆孔设置会有所不同。全部灌浆完毕，移除灌浆泵并校核灌浆质量无误后，及时填写灌浆施工记录表，进行常温养护。

归还工具和原材料，清理现场垃圾，做到工完料清。

任务四　水平构件吊装与安装连接技术

子任务一　预制混凝土叠合楼板吊装及安装施工

劳保用品穿戴完毕之后，进行叠合板吊装任务。叠合板吊装需要完成构件检查与确认、竖向支撑位置放线、叠合板支撑布置、竖向支撑标高调整、控制线放线、叠合板吊装、叠合板位置调整、板缝封堵等八个工序 (图 5-84)。

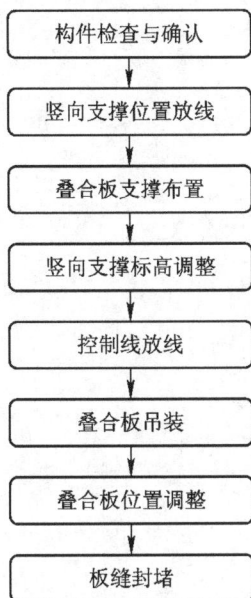

图 5-84 叠合板吊装工序

预制叠合板构件
安装

一、构件检查与确认

吊装施工前对预制叠合板进行信息检查，确保构件选择正确。领取钢卷尺对构件尺寸进行检查校核、吊点位置校核、线盒等埋件位置检查，外伸钢筋检查 (图 5-85)。

图 5-85 预制叠合板信息确认与检查

二、竖向支撑位置放线

领取墨斗、铅笔，在叠合板放置位置的下方区域，进行支撑位置测量放线。

读取相对应的图纸信息，找到对应图纸中的 $X1$、$X2$ 支撑线距离墙边的尺寸，按尺寸划线，再由对应图纸对 $Y1$、$Y2$、$Y3$ 放线。同理，找到 $Y1$ 线至墙边距离、$Y1$、$Y2$ 线的间距、$Y2$、$Y3$ 线的间距，按尺寸划线 (图 5-86)。

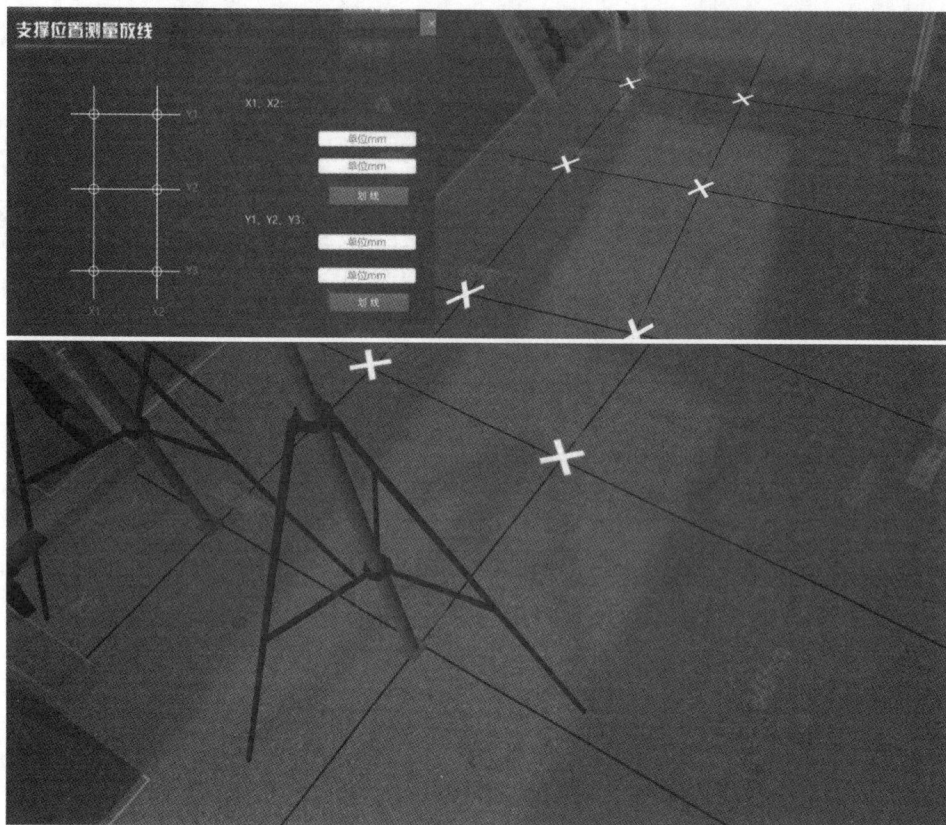

图 5-86　竖向支撑位置放线

三、叠合板支撑布置

领取竖向支撑、工字梁，在刚完成的弹线交点设置竖向支撑，$X1$ 定位线与 $Y3$、$Y2$、$Y1$ 的交点分别设置竖向支撑 $A1$、$B1$、$C1$；$X2$ 定位线与 $Y3$、$Y2$、$Y1$ 的交点分别设置竖向支撑 $A2$、$B2$、$C2$，依次放置竖向支撑，并在其上部可调顶托上安装工字梁（图 5-87）。

图 5-87　竖向支撑布置

四、竖向支撑标高调整

工字梁安装完成之后，进行竖向支撑标高调整。领取标高调整的测量工具：施工线、卷尺和钢直尺。对竖向支撑进行标高找平，根据标高找平测量的相应高差进行调整。将 $A1$、$A2$、$B1$、$B2$、$C1$、$C2$ 依次调整为零（图 5-88）。

图 5-88　标高调整

五、控制线放线

领取钢卷尺、墨斗和铅笔，根据图纸中示意的预制叠合板放置位置，在墙体上桁架钢筋叠合板放置外边缘外侧，弹出 200 mm 控制线，用以校核放置后的叠合板位置是否准确（图 5-89）。

图 5-89　叠合板安装位置放线

六、叠合板吊装

吊装前选择叠合板吊具，如吊装桁架、吊装梁等。操作吊钩前往勾取位置，根据图纸进行吊点选择。对应图纸，找到三角形所示意的相应位置，即叠合板吊点位置。挂钩，进行试吊，在距离地面 0.3 m 至 0.4 m 之间，停顿 3~5 s，确认塔吊安全、叠合板处于水平状态、消除摆动并确保吊装的平衡与稳定。构件试吊成功后可以加速其稳定上升。

吊至施工面后，进行构件摆放。通过操作台的前变幅、后变幅、左转、右转、上升、下降控制吊装梁进行准确摆放（图 5-90）。因为周围钢筋较多，即墙板向上的外伸钢筋与叠合板侧边的外伸钢筋可能会有碰撞，摆放难度较大，在向下就位时可以逐步调整，优先将钢筋冲突消除，再根据边线、控制线进行摆放。

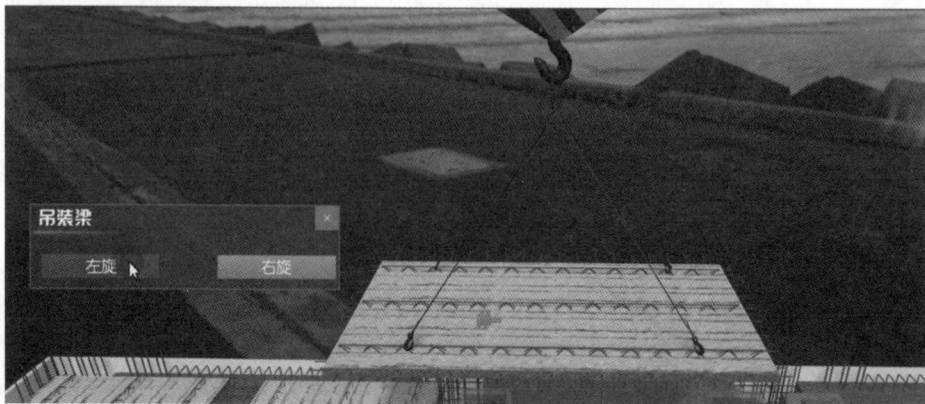

图 5-90 叠合板安装就位

七、叠合板位置调整

叠合板位置调整前摘除挂钩，领取钢卷尺和撬棍。进行位置检查：校核叠合板短边搁置在墙板上的尺寸为 10 mm，若该数值偏大、偏小，则应沿着长边相应方向撬动，调整至该数值；校核叠合板长边搁置在墙板上的位置至控制线距离为 200 mm，若该数值偏大、偏小，则应沿着短边相应方向撬动 (图 5-91)，调整至该数值。随后对构件进行复核检查，复核无误后，叠合板位置调整完毕 (图 5-92)。

图 5-91 叠合板位置校核

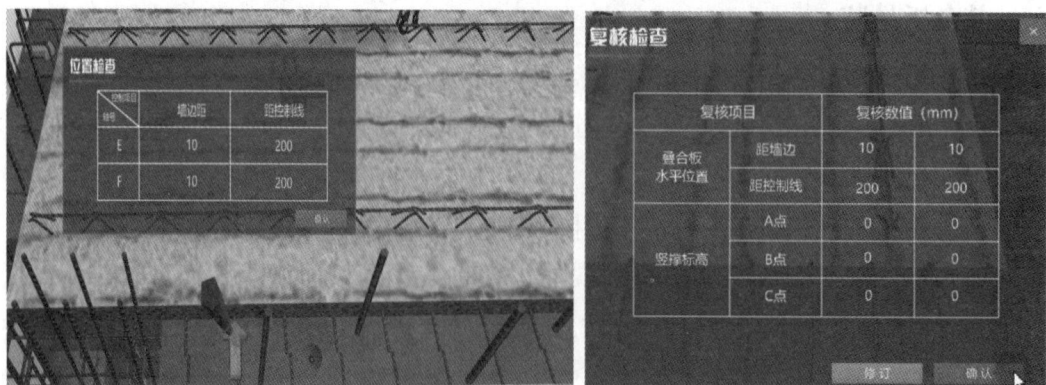

图 5-92 叠合板位置调整及复核检查

八、板缝封堵

选择板缝封堵相应的工具：抹灰托板、抹子和水泥砂浆，对搁置在墙板顶端的板缝位置进行砂浆封堵，以确保后期混凝土浇筑时不漏浆。归还工具和原材料，工完料清。

子任务二　预制混凝土叠合梁吊装及安装施工

劳保用品穿戴完毕之后，进行叠合梁吊装任务。叠合梁吊装需要完成构件检查与确认、地面位置线、支撑布置、竖向支撑标高调整、吊装、位置调整等工序（图 5-93）。

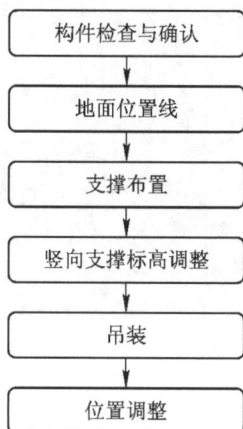

预制叠合梁构件
安装

图 5-93　叠合梁吊装工序

一、构件检查与确认

对预制叠合梁进行信息检查，确保构件选择正确，领取钢卷尺对构件尺寸进行检查校核、吊点位置校核、外伸钢筋检查等。

二、地面位置线与支撑布置

领取卷尺、墨斗和铅笔画地面位置线，可设置为 500 mm 控制线。摆放竖向支撑，每对竖向支撑包含三角支撑、立杆、可调顶托等（图 5-94）。确认支撑与柱边间距，沿梁的跨度方向间距，相邻两对竖向支撑的间距都符合规定。

图 5-94　叠合梁竖向支撑布置

三、竖向支撑标高调整

在竖向支撑上安设工字梁，并进行标高找平。领取工具：施工线、钢直尺和卷尺。根据叠合梁施工线找平数值进行标高调整，分别沿着梁宽度方向、跨度方向进行，通过可调顶托伸长缩短调整标高值，待所有高差调整为零则完成该工序 (图 5-95)。

图 5-95　竖向支撑标高调整

四、吊装

领取鸭嘴式吊具至勾取位置，对构件进行挂钩。叠合梁吊装前先进行试吊 (图 5-96)，待预制叠合梁距离地面位置高 300~400 mm 之间，停顿 3~5 s，保证施工安全性。试吊成功后，可以平稳地加速上升，通过控制操控台前、后、左、右、上升、下降，使构件到达指定安装的区域。继续调整吊装梁左旋、右旋、上、下、左、右，使叠合梁到达较为精准的位置。吊装完成之后，摘除吊钩并进行塔吊复位。

图 5-96　叠合梁试吊

五、位置调整

领取卷尺、线坠和撬棍，进行位置检查。读取图纸数据及图纸对应方位，调整构件精准对位。叠合梁端搁置在柱子顶面 10 mm，若有偏差，需用撬棍进行微调，同时将叠合梁与控制线间距调整至零 (图 5-97)。复核数据无误后，归还工具和原料，工完料清 (表 5-7)。

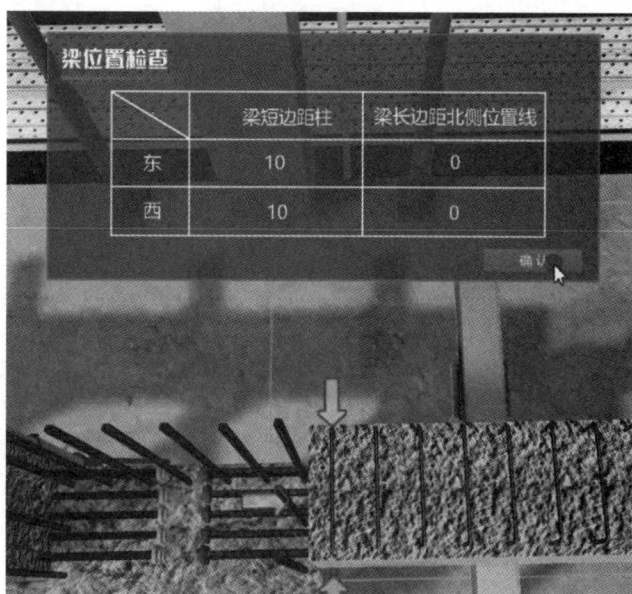

图 5-97　叠合梁位置调整

表 5-7　梁 复 核 检 查

复 核 项 目		复核数值 / mm	
叠合板水平位置	距柱边	10	10
	距控制线	0	0
竖撑标高	A 点	0	0
	B 点	0	0
	C 点	0	0
	D 点	0	0
	E 点	0	0

子任务三　预制混凝土楼梯吊装及安装施工

劳保用品穿戴完毕之后，进行预制楼梯吊装任务。预制楼梯吊装需要完成构件检查与确认、施工放线、钢筋处理、结合面处理、标高控制、铺设水泥砂浆、楼梯吊装、位置检查与调整、复核、灌浆及封堵、成品保护等工序 (图 5-98)。

图 5-98　预制楼梯吊装工序

一、构件检查与确认

依照图纸信息对预制楼梯进行检查，如构件编号、制作日期、项目名称、生产单位、构件重量等，确保构件选择正确。领取钢卷尺对构件尺寸进行检查校核、梯段的踏步尺寸校核、吊点位置校核、预留孔洞的位置及大小检查等 (图 5-99)。

图 5-99　预制楼梯构件检查与确认

二、施工放线、钢筋处理、结合面处理

施工放线、钢筋处理和结合面的处理是平行工序，无先后顺序之分。

1. 先进行钢筋处理

领取钢刷，进行钢筋除锈。梯段板与两平台连接处共 4 根钢筋，每个结合面仅有 2 根，所以只领取水平靠尺、钢筋扳手，定位无需利用定位工装，仅用水平靠尺对钢筋位置及垂直度进行校核即可。若在校准时发现某根钢筋弯曲，则用钢筋扳手进行调整，调整完成后再次校核确认 (图 5-100)。

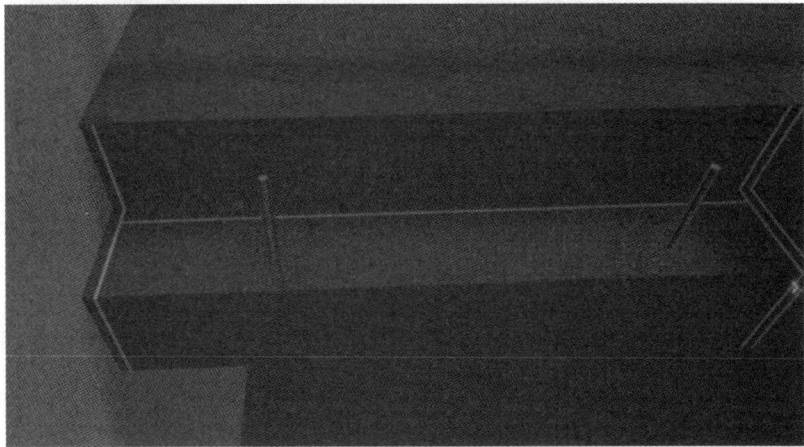

图 5-100　连接位置钢筋处理

2. 再进行结合面处理

结合面处理前领取凿子、扫把、洒水壶以及锤子。用凿子和锤子进行凿毛处理能增加结合面粗糙程度，使楼梯与梯段结合面能够更好地粘结在一起，但因为凿毛的同时会产生很多混凝土小碎块，所以需要进行及时清理，用扫把清理完成后，需要进行结合面位置的洒水湿润 (图 5-101)。

图 5-101　结合面洒水

3. 最后进行施工放线

领取钢卷尺、墨斗进行放线。预制梯段安装时，需要确认其水平位置，包括长边与短边。由图纸可知楼梯间尺寸、预制梯段尺寸、梯井尺寸等信息，根据这些尺寸弹出构件安装边线 (图 5-102)。弹出长边控制线与短边控制线，均可选择 100 mm 控制线，特别强调，为方便尺寸控制，短边控制线弹在平台板上，长边控制线弹在相邻梯段一侧。

图 5-102　施工放线

三、标高控制

标高控制前领取标尺、水准仪和垫块。垫块为不同规格，可以进行毫米级增减，摆放垫块在预制楼梯两端平台的支撑点处，最好接近于连接钢筋位置，共设置四个垫块安放点，每端 2 个。准备好水准仪及标尺，选择合理位置放置水准仪，应方便其位置调整。特别的，在楼梯标高控制时，水准仪应架设在施工完毕的楼面板上，即楼层平台高度，选定适当的参照点摆放标尺 (图 5-103)，读取标尺数据，并进行数据填写记录，再依次放置标尺在梯段上端支撑位置的 A 垫块、B 垫块上，与楼梯下端支撑位置的 C 垫块、D 垫块上，分别读取标尺数据 (图 5-104) 并填写记录，最终根据计算结果调整垫块高度。

图 5-103　测量参照点选取

图 5-104　垫块位置标高测量

后视读数和前视读数读取后，可计算高差填写在测量记录中 (表 5-8)。注意，高差存在正负之分，若计算错误，后期校核高差则不为零。

表 5-8　标高数据记录

测　点	水准尺读数 / mm		高差 / mm	备　注
	后视读数 a	前视读数 b		
参照物		—		(1) 参照物的高度为 50 cm;
垫块 A	—			(2) 初始垫块默认 20 mm;
垫块 B	—			(3) 数据填写完毕之后点击"确认"按钮
垫块 C	—			
垫块 D	—			

若高差值为 0，则无需更换垫块。垫块调整完毕后把标尺移除。

特别的，楼梯的预制梯段，虽然归类为水平构件，但是其放置时踏步面处于水平状态，梯段则是倾斜状态，所以安装的两端为标高不一致的两个平台。以最常见的平行双跑楼梯为例，一端安装于休息平台，一端安装于楼层平台，其二者的高差应借助于楼梯模板图或其他施工图读取，在标高计算时，注意其数值计算的正确性。控制标高精确，可以确保预制梯段安装正确，无歪斜，满足安全施工及适用性要求。

四、铺设水泥砂浆

铺设水泥砂浆前需领取抹子、抹灰托板、水泥砂浆。将水泥砂浆摊铺在梯段两端安装位置的结合面上 (图 5-105)。按图纸标示，摊铺高度一般为 20 mm。

图 5-105　摊铺水泥砂浆

五、楼梯吊装

领取万向吊环式吊具，其为预制楼梯吊装时的专用吊具。根据预制楼梯从吊装到安装的全过程，踏步面处于水平状态，梯板处于倾斜状态，设置两端吊索一对长，一对短，满足该吊装状态要求。操作吊具前往勾取位置，在楼梯吊点挂钩完成后，通过操作台控制其上升。预制楼梯离开托放架一定高度时，约距离地面 30~50 mm 之间，停顿大约 3~5 s，消除摆动并保证其平稳后，构件试吊成功 (图 5-106)。随后可以调整为平稳的快速上升，在安装时，需要将其上升到足够高度处，防止其与楼梯其他部分发生碰撞。

图 5-106　楼梯试吊

通过控制操作台加速构件前、后、左、右、上升、下降，同时控制吊具进行左旋、右旋，结合面摆放有镜面向上的镜子，用以帮助预制楼梯预留的四个孔洞与结合面外伸螺栓精准对位 (图 5-107)。

楼梯吊装完成之后，将吊具摘除，操作其上升离开安装作业面，塔吊复位。

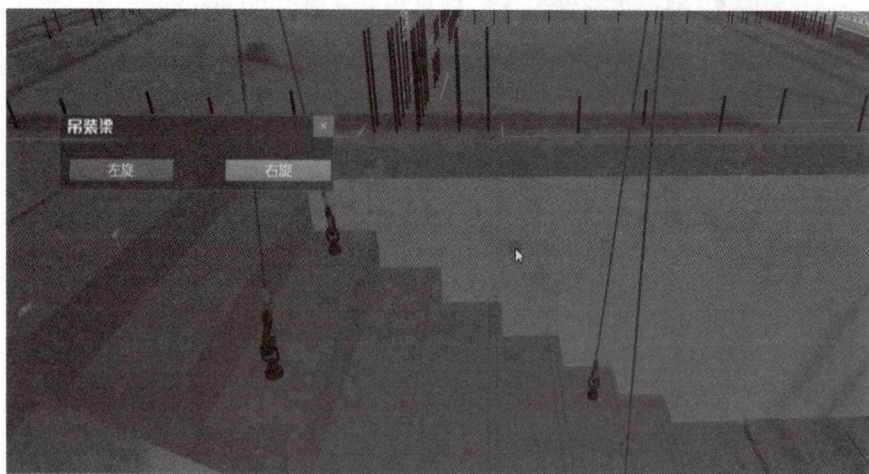

图 5-107　楼梯吊装就位

六、位置检查、调整与复核

领取钢卷尺、撬棍，根据控制线实测数据调整预制构件水平位置。若预制楼梯长边边缘与其长边控制线、短边边缘与其短边控制线距离不为 100 mm，则用撬棍进行调整，直至数值调整为 100 mm，并再次进行复核检查 (表 5-9)。

表 5-9　楼梯复核检查

复　核　项　目		复核数值 / mm	
楼梯位置	长边	100	100
	短边	100	100
标　　高	A 点	0	
	B 点	0	
	C 点	0	
	D 点	0	

七、灌浆及封堵与成品保护

领取垫片、螺母和 T 形扳手，放置垫片在安装孔的螺栓上，并用 T 形扳手安装螺母 (图 5-108)。

图 5-108　安装螺母

根据梯段上端与下端连接构造的不同，进行相应的操作。

(1) 首先，梯段上端为固定铰支座连接，两个连接孔中需要填充灌浆料，上表面用砂浆封堵。

领取灌浆枪、已经制作好的灌浆料拌合物，在两个连接通孔处进行一定深度的灌浆操作，取抹灰托板、抹子和砂浆，对通孔上表面位置进行砂浆封堵 (图 5-109)。

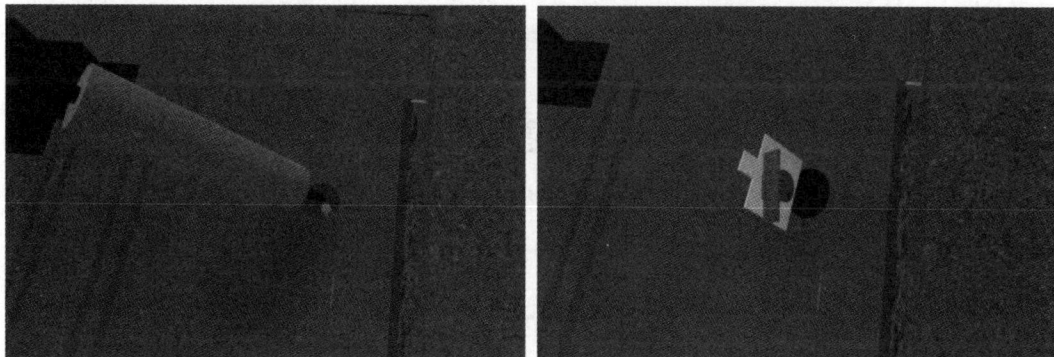

图 5-109　灌浆及封堵

(2) 其次，梯段下端为滑动铰支座连接，两个连接通孔为空腔，仅仅在其上表面用砂浆封堵。

(3) 最后，在梯段板安装位置的两端面与平台之间还保留有 30 mm 的缝隙，需要用聚苯填充，截取适当尺寸的保温聚苯板，塞填进相应位置 (图 5-110)。

图 5-110　聚苯板填充

领取模板覆盖楼梯间的预制楼梯表面，进行成品保护 (图 5-111)。

图 5-111　成品保护

移除水准仪、归还原料与工具，工完料清。

任务五　接缝密封处施工

一、外墙接缝防水

预制外墙板的各类接缝设计应构造合理、施工方便、坚固耐久，并结合本地材料、制作及施工条件进行综合考虑。接缝及门窗洞口等防水薄弱部位宜采用材料防水和构造防水相结合的做法 (图 5-112)。

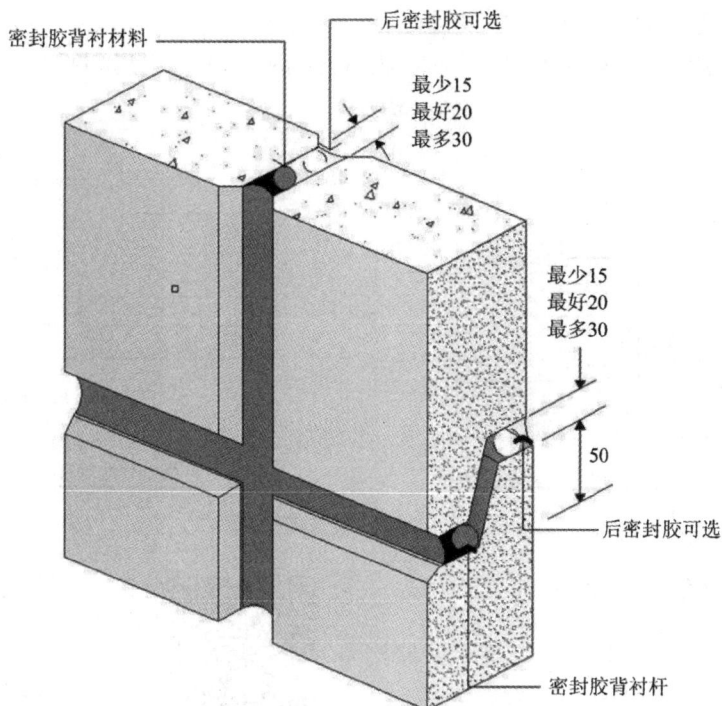

图 5-112　外墙缝防水示意

1. 材料防水

材料防水是靠防水材料阻断水的通路，以达到防水的目的或增加抗渗漏的能力。如预制外墙板的接缝采用密封材料用以阻断水的通路，应选用耐候性密封胶，接缝处的背衬材料宜采用发泡氯丁橡胶或发泡聚乙烯塑料棒 (图 5-113)。

接缝密封胶嵌填宽度和深度比例一般应为 2∶1，保证密封胶的粘接面积和位移适应能力。较宽的接缝可适当减小密封胶的嵌填深度。十字缝一定范围内应该连续一次打胶完成。

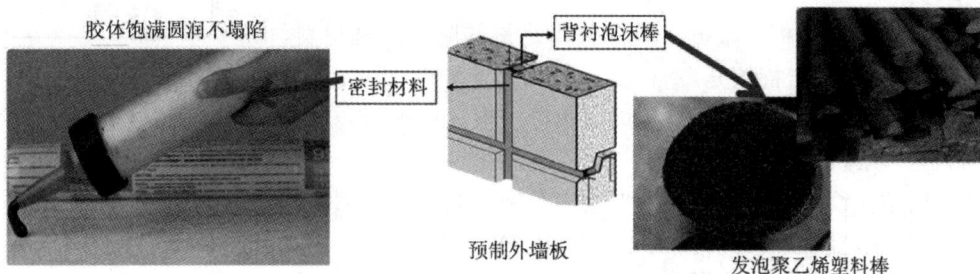

图 5-113　防水密封材料与背衬材料

2. 构造防水

构造防水是采取合适的构造形式，阻断水的通路，以达到防水的目的 (图 5-114)。可在外墙板接缝外口设置适当的线型构造，如立缝的沟槽，平缝凹槽、企口等，也可形成空腔，截断毛细管通路，利用排水构造将渗入接缝的重力水排出墙外，防止其向室内渗漏。具体构造如下。

(1) 墙板水平接缝宜采用高低缝或企口缝构造。

(2) 墙板竖缝可采用平口或横口构造。

(3) 当板缝空腔需设置导水管排水时，板缝内侧应增设气密条密封构造。

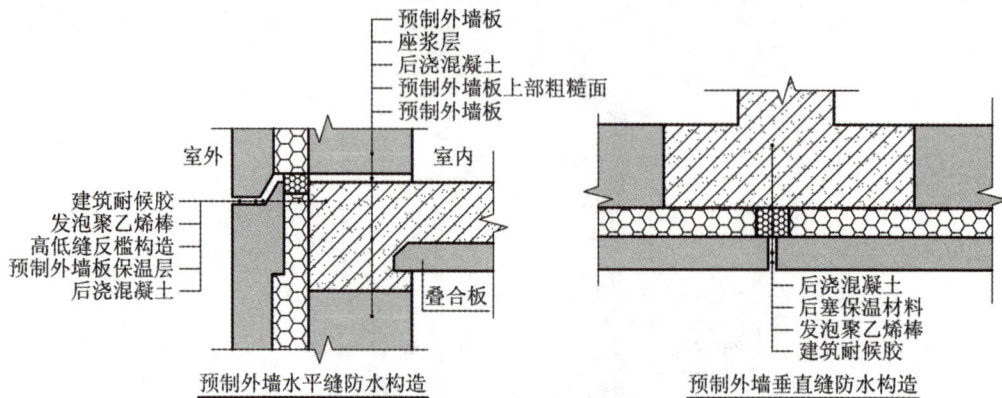

图 5-114 预制外墙板缝防水构造

二、外墙接缝防水实训

密封防水实训操作以"一字型"外墙接缝为例。

外墙板封缝密封

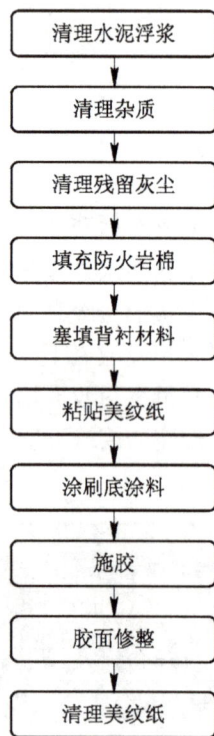

先进行施工准备，穿戴劳保用品：劳保鞋、工业口罩、工装、安全帽、工业手套。施工过程按如下步骤进行(图 5-115)。

(1) 清理水泥浮浆。选择清理工具角磨机，对接缝区域的施工面进行水泥浮浆清理。

(2) 清理杂质。选择清理工具钢刷，对施工面杂质进行清理。

(3) 清理残留灰尘。选择清理工具毛刷，对施工面残留灰尘进行清理。

(4) 填充防火岩棉。根据工况，选择足量的防火岩棉材料，在施工面进行防火岩棉填充。

(5) 塞填背衬材料。选择聚乙烯泡沫棒 1 根，在施工面填塞背衬材料，填塞深度 1 cm。

(6) 粘贴美纹纸。选择美纹纸 1 卷，在施工面左右两侧粘贴美纹纸，防止施胶溢出在两侧墙面影响外立面美观。

(7) 涂刷底涂液。用毛刷在施工面涂刷底涂剂，以利于后期密封胶与基层的粘结。

图 5-115 密封防水打胶工序

(8) 施胶。准备密封胶 1 管，选择胶枪在施工面进行施胶，根据规范要求，施胶面要平整饱满，可通过调节胶枪的力度，以适当速度进行封胶，边施胶边往下滑动，自上而下进行施胶，对施胶区一次操作成功，施胶过程中应注意打胶的均匀性。

(9) 胶面修整。用三角灰铲或塑料刮板对施工面进行胶面修整。刮出凹形弧线最优，目的是使缝中胶处于两向受力作用的状态，缝隙宽度变化时，仅仅以左右或上下拉扯为主，防止后期开裂及凹陷。

(10) 清理美纹纸。以上密封防水工序步骤完成后，撕去美纹纸后应观察到平整、顺直、美观的密封胶充填缝。最后做到工完料清，工具归还、原料归还、垃圾清扫。

能力提升

外墙防水的重要性

外墙作为典型的建筑围护构件，应该有效防止雨水渗入室内。倘若防水构造与密封没有做好，不仅会直接影响人们的生活质量，还会严重影响建筑物的使用寿命。

比如，雨后外墙漏水会留下明显的水渍和水痕，破坏建筑物的外观和内墙装饰，影响其正常使用功能 (图 5-116)。长期漏水还会导致外墙保温层开裂及脱落，降低保温功效。外墙渗漏严重的还会造成承重构件进一步开裂和损坏，造成不同的工程质量事故。

装配式建筑发展之初，它的整体性是争议点之一，其中就有各种接缝位置处的防水密封问题，但是该问题可以依靠防水构造和密封材料的发展来解决。

图 5-116　外墙缝防水的重要性

思政小课堂

工程人应该保证人民生活居住生活的舒适性

建筑中容易渗漏的地方主要有屋顶、厕浴间、地下室与外墙。由于将预先生产的构件运输到现场拼接施工，装配式建筑不可避免的存在构件接缝、施工缝等渗漏水隐患，只有认真分析渗水原因，探究防水原理，正确设计防水构造，选择防水材料，认真施工 (图 5-117)，才能避免渗漏现象的发生，从而保证建筑的适用性和耐久性，因此理论学习和实践缺一不可。

图 5-117　外墙封缝打胶

任务六　预制构件安装连接质量验收

一、装配式结构工程的安装与连接验收主控项目

装配式结构工程的安装与连接验收主控项目如下所示。

(1) 预制构件临时固定措施应符合施工方案的要求。全数检查。

临时固定措施是装配式结构安装过程中承受施工荷载、保证构件定位、确保施工安全的有效措施。临时支撑是常用的临时固定措施，包括水平构件下方的临时竖向支撑、水平构件两端支承构件上设置的临时牛腿、竖向构件的临时斜撑等。

(2) 钢筋采用套筒灌浆连接时，灌浆应饱满、密实，其材料及连接质量应符合《钢筋套筒灌浆连接应用技术规程》(JGJ 355—2015) 规定。检查质量证明文件、灌浆记录及相关检验报告。

钢筋采用套筒灌浆连接时，连接接头的质量及传力性能是影响装配式结构受力性能的关键，应严格控制。灌浆饱满、密实是灌浆质量的基本要求。

(3) 钢筋采用焊接连接、机械连接时，接头质量应分别符合《钢筋焊接及验收规程》(JGJ 18—2012)、《钢筋机械连接技术规程》(JGJ 107—2016) 的规定。检查质量证明文件、施工记录及平行加工试件的检验报告。

考虑到装配式混凝土结构中钢筋连接的特殊性，很难做到连接试件原位截取，故要求制作平行加工试件。平行加工试件应与实际钢筋连接接头的施工环境相似，并宜在工程结构附近制作。对于机械连接接头，应按规范规定检验螺纹接头拧紧扭矩和挤压接头压痕直径。

(4) 当预制构件采用焊接、螺栓连接等连接方式时，其材料性能及施工质量应符合《钢结构工程施工质量验收标准》(GB 50205—2020) 和《钢筋焊接及验收规程》(JGJ 18—2012) 的相关规定。检查施工记录及平行加工试件的检验报告。

在装配式结构中，常会采用钢筋或钢板焊接、螺栓连接等"干式"连接方式，此时钢材、焊条、螺栓等产品或材料应按批进行进场检验，施工焊缝及螺栓连接质量应按钢结构相关规定进行检查验收。

(5) 装配式结构采用现浇混凝土连接构件时，构件连接处后浇混凝土的强度应符合设计要求。检查混凝土强度试验报告。

当叠合层或连接部位等的后浇混凝土与现浇结构同时浇筑时，可以合并验收。对有特殊要求的后浇混凝土应单独制作试块进行检验评定。

(6) 装配式结构施工后，其外观质量不应有严重缺陷，且不应有影响结构性能和安装、使用功能的尺寸偏差。通过观察，量测全数检查，同时检查处理记录。

对装配式结构的外观质量缺陷进行判断。外观质量的严重缺陷通常会影响到结构性能、使用功能或耐久性。对已经出现的严重缺陷，应由施工单位根据缺陷的具体情况提出技术处理方案，经监理单位认可后进行处理，并重新检查验收。对于影响结构安全的严重缺陷，除上述程序外，技术处理方案尚应经设计单位认可。"影响结构安全的严重缺陷"包括裂缝、连接部位的严重缺陷，也包括露筋、蜂窝、孔洞、夹渣、疏松、外形、外表等

严重缺陷中可能影响结构安全的情况。外观质量的一般缺陷不会对结构性能、使用功能造成严重影响，但有碍观瞻，故对已经出现的一般缺陷，也应及时处理，并重新检查验收。

二、装配式结构工程的安装与连接验收一般项目

装配式结构工程的安装与连接验收一般项目如下所示。

(1) 装配式结构施工后其外观质量不应有一般缺陷。全数观检查，并检查处理记录。

(2) 装配式结构施工后，预制构件位置、尺寸偏差及检验方法应符合设计要求。当设计无具体要求时，应符合相关规范规定 (表 5-10)。

表 5-10 中提出了装配式混凝土中涉及预制安装部分的位置和尺寸偏差要求，全高垂直度、电梯井洞及其他现浇结构部分按现浇结构的相关规定执行。叠合构件也可按现浇结构考虑。

对于现浇与预制构件的交接部位，如现浇结构与预制安装部分的尺寸偏差不一致，实际工程应控制二者尺寸偏差相互协调。预制构件与现浇结构连接部位的表面平整度也应符合相关规范规定 (表 5-10)。

检查数量：按楼层、结构缝或施工段划分检验批。在同一检验批内，对梁、柱和独立基础，应抽查构件数量的 10%，且不应少于 3 件；对墙和板，应按有代表性的自然间抽查 10%，且不应少于 3 间；对大空间结构，墙可按相邻轴线间高度 5 m 左右划分检查面，板可按纵、横轴线划分检查面，抽查 10%，且均不应少于 3 面。

表 5-10　预制构件安装尺寸的允许偏差及检验方法

项　　目			允许偏差 / mm	检 验 方 法
构件中心线 对轴线位置	基础		15	经纬仪及尺量
	竖向构件 (柱、墙、桁架)		8	
	水平构件 (梁、板)		5	
构件标高	梁、柱、墙、板底面或顶面		±5	水准仪或拉线、尺量
构件垂直度	柱、墙	≤6 m	5	经纬仪或吊线、尺量
		6 m	10	
构件倾斜度	梁、桁架		5	经纬仪或吊线、尺量
相邻构件平整度	板端面		5	2 m 靠尺和塞尺测量
	梁、板底面	外露	3	
		不外露	5	
	柱墙侧面	外露	5	
		不外露	8	
构件搁置长度	梁、板		±10	尺量
支座、支垫 中心位置	板、梁、柱、墙、桁架		10	尺量
墙板接缝	宽度		±5	尺量

课 后 习 题

一、填空题

1. 吊装作业施工时应 _____ 的操作方式，吊运过程应保持稳定，不得偏斜、摇摆和扭转，严禁吊装构件长时间悬停在空中。

2. 吊索的绳环或两端的绳套应采用压接接头，压接接头的长度不应小于钢丝绳直径的 _____，且不应小于 _____。

3. 当利用吊索上的吊钩、卡环钩挂重物上的起重吊环时，吊索的安全系数不应小于 _____；当用吊索直接捆绑重物，且吊索与重物棱角间采取了妥善的保护措施时，吊索的安全系数应取 _____；当起吊重、大或精密的重物时，除应采取妥善保护措施外，吊索的安全系数应取 _____。

4. 预制夹心保温外墙板吊装全过程遵循"_____"原则，平稳吊起后可适当加速提升。

5. 预制夹心保温外墙板吊装完成后保温层应落在 _____ 上，外伸钢筋插入 _____ 中，内叶板落在 _____ 上。

6. 预制夹心保温外墙板在灌浆时，应保证墙板温度在 _____ 才可以正常灌浆施工。

7. 根据《钢筋套筒灌浆连接技术规程》(JGJ 355—2015) 的规定，连通灌浆区域不宜过大，每个连通灌浆区域内任意两个灌浆套筒最大距离不宜超过 _____。

8. 预制内墙板吊装在上升之前，为保障吊装过程的安全性，需要进行 _____ 工作。当构件距离地面 _____ 之间时，停顿约 _____，消除构件摆动即证明试吊成功。

9. 预制构件在混凝土浇筑过程中，实际工程中可以按照要求考虑 _____，在计算中增加一定的富余量。若浇筑高度较大，应根据规范的要求进行 _____。

10. 预制柱在施工过程中，根据安放位置不同分为 _____、_____ 及 _____。

二、选择题

1. 关于常用起重机的特点，以下说法错误的是 (　　)。

A. 履带式起重机操作灵活，机身可回转 360°，但行走速度慢，对路面破坏性大

B. 汽车式起重机机动灵活性好，能够迅速转移场地，作业时必须先打支腿，适用于流动性大而又不固定的结构吊装区域

C. 轮胎式起重机行驶速度快，不损坏路面，可迅速转移工作地点，但不适合在松软土或泥泞的路面上工作

D. 塔式起重机仅行走部分为轮胎，起重时为保护轮胎应在底盘上装有可收缩的支腿，多用于单层工业厂房结构吊装

2. 塔吊的起重高度应考虑的因素不包括 (　　) 的高度，以保证吊装作业顺利、安全进行。

A. 建筑物和索具的高度　　　　　　B. 安全生产高度

C. 构件最大高度　　　　　　　　　D. 地下水位的高度

3. 关于吊装作业的安全管理，以下说法错误的是 (　　)。

A. 起重机禁止超载吊装、禁止斜吊、避免满负荷行驶

B. 禁止在六级风的情况下进行吊装作业

C. 操作人员不得穿硬底皮鞋上高空作业

D. 地面操作人员可不戴安全帽，高空操作人员的工具不得向下丢掷

4. 吊索和吊装构件夹角 (　　)。

A. 不宜小于 45°，不应小于 30°

B. 不宜小于 60°，不应小于 45°

C. 不宜小于 90°，不应小于 45°

D. 不宜小于 90°，不应小于 60°

5. 关于套筒灌浆技术，以下说法错误的是 (　　)。

A. 灌浆料浆体随用随搅拌，搅拌完成的浆体必须在 30 min 内用完，搅拌完成后不得再次加水

B. 每工作班应检查灌浆料拌和物初始流动度不少于两次

C. 当灌浆料拌合物从构件其他灌浆孔、出浆孔流出，且无气泡后及时用橡胶塞封堵

D. 施工完成后及时清理作业面，散落的灌浆料拌合物不得二次使用，剩余的拌合物不得再次使用

6. 预制夹心保温外墙板进行灌浆操作时，以下做法正确的是 (　　)。

A. 灌浆操作时，需连接灌浆孔，即上部孔

B. 用灌浆泵灌浆，看到有灌浆料从出浆孔溢出时进行封堵，依次、逐个进行封堵，注意不要提前封堵

C. 全部出浆孔封堵完成后进行保压 10～30 s

D. 全部仓灌浆完毕后，应及时填写灌浆施工记录表，进行高温养护

7. 关于预制楼梯施工时梯段上端与下端的灌浆与封堵施工，以下说法正确的是 (　　)。

A. 梯段上端为滑定铰支座连接，两个连接孔中需要填充灌浆料，上表面用砂浆封堵

B. 梯段下端为固定铰支座连接，两个连接通孔为空腔，仅仅在其上表面用砂浆封堵

C. 在梯段板安装位置的两端面与平台之间的缝隙需要用保温聚苯板进行填充

D. 施工完成后不需进行成品保护

三、问答题

1. 预制柱吊装作业时需要完成的主要工序有哪些？

2. 进行叠合板吊装任务时需要完成的主要工序有哪些？

3. 预制柱吊装作业时需要完成的主要工序有哪些？

模块 6 装配式结构安全文明施工

知识目标

• 掌握装配式混凝土结构安全与文明施工的基本要求。

能力目标

• 能够对装配式混凝土结构安全文明施工方案进行编制。

素质目标

• 具有高站位的前瞻思维，会根据现行绿色、安全、文明施工的要求进行施工管理，在实际工作中找到缺陷与不足，推动规章制度或规范的进一步完善。

任务一 安全文明施工基本原则

安全文明施工是现场整洁、卫生、有序、科学的施工组织，规范、标准、合理的施工活动，主要解决安全、卫生、噪声等问题。施工单位应对从事预制构件吊装作业的相关人员进行安全培训与交底，识别预制构件进场、卸车、存放、吊装、就位各环节的作业风险，并制定防控措施。

1. 安全问题

安装作业开始前，应对安装作业区进行围护并做出明显的标识，拉警戒线，根据危险源级别安排旁站，严禁与安装作业无关的人员进入。构件吊运时，吊机回转半径范围内，为非作业人员禁止入内区域，以防坠物伤人。

施工作业使用的专用吊具、吊索、定型工具式支撑、支架等，应进行安全验算，使用中进行定期、不定期检查，确保其安全状态。装配式构件或体系选用的支撑应经计算符合受力要求，将架身组合后，经验收、挂牌后使用。

2. 噪声问题

根据环境噪声污染防治法的要求，在城市市区范围内，生活环境排放建筑施工噪声以及在预制构件安装施工期间产生的噪声 (图 6-1)，都应控制在现行国家标准《建筑施工场界环境噪声排放标准》(GB 12523—2011) 规定值以内 (表 6-1)。

图 6-1　噪声污染扰民

表 6-1　建筑施工场界环境噪声排放限值　　　　　　单位：dB

昼间	夜间
70	55

夜间噪声最大声级超过限值的幅度不得高于 15 dB。

当场界距噪声敏感建筑物较近，其室外不满足测量条件时，可在噪声敏感建筑物室内测量，并将表 6-1 中相应的限值减 10 dB 作为评价依据。

思政小课堂

建筑施工噪声扰民的"半夜轰鸣"事件

2021 年，某女士为了子女就学方便入住了某小区第一期住宅房，接下来长达两年左右的时间，她与参考高考的儿子一直受到建筑施工噪声的"半夜轰鸣"。为此，她多次拨打"12345"政务服务热线投诉施工企业未果。

"半夜轰鸣"事件中相关执法主体的工作人员为建筑施工噪声扰民寻找了"合理"的理由，如该安置房项目工程施工方是为了尽快交付安置房，以满足群众安置的需要。

《噪声污染防治法》为建筑施工扰民提供了充分的措施。第四十条规定，建设单位应当按照规定将噪声污染防治费用列入工程造价。据此，低噪声施工工艺和设备可以列入成本。第四十一条第一款规定，在噪声敏感建筑物集中区域施工作业，应当优先使用低噪声施工工艺和设备。据此，可以得出结论：施工单位为了降低成本可能没有低噪声施工的设备。

《噪声污染防治法》第四十一条第二款规定，国务院工业和信息化主管部门会同国务院生态环境、住房和城乡建设、市场监督管理等部门，公布低噪声施工设备指导名录并适时更新。第八十六条第三款还规定了友好协商异地安置等方式，妥善解决噪声纠纷制度。

《噪声污染防治法》第八十五条规定，噪声污染防治监督管理人员滥用职权、玩忽职守、徇私舞弊的，由监察机关或者任免机关、单位依法给予处分。结合第八十七条第二款的规定，噪声污染防治监督管理人员也可能构成渎职罪。

3. 污水问题

施工现场应加强对废水、污水的管理，现场应设置污水池和排水沟。废水、废弃涂料、胶料应统一处理，严禁未经处理直接排入下水管道。严禁出现施工现场产生的废水、污水不经处理排放，影响正常生产、生活以及生态系统平衡的现象。

4. 光污染问题

夜间施工时，应防止光污染对周边居民的影响。预制构件安装过程中常见的光污染主要是可见光、夜间现场照明灯光、汽车前照灯光、电焊产生的强光等。可见光的亮度过高或过低，对比过强或过弱时，都有损人体健康。

另外，预制构件运输过程中，应保持车辆整洁，防止对场内道路的污染，并减少扬尘。

任务二　施工重大危险源辨识与监控

安全生产应贯彻"安全第一、预防为主、综合治理"的方针，建立建设工程施工重大危险源辨识与评价、监控、应急救援机制，强化对建设工程施工重大危险源的监控与防治，提高施工现场安全技术管理水平，达到防灾、减损、保障施工安全、保护人民群众生命和财产安全的目的。

(1) 施工重大危险源是指工程施工过程中存在的可能导致死亡及伤害、财产损失、环境破坏和这些情况组合的根源或状态，预后危害严重。引起施工重大危险的因素包括：物的不安全状态与能量、不良的环境影响、人的不安全行为及管理上的缺陷等。

(2) 施工重大危险源辨识是指对施工危险因素进行定性或定量分析，从而确定施工重大危险源的过程。

(3) 建设工程施工重大危险源监管体系应建立以建设工程各方责任主体（包括建设、勘察、设计、施工、监理）及检测、监测等单位负责的工程建设项目施工重大危险源监控与应急管理机制。建设工程施工安全重大危险源及灾害的应急救援体系应包括救援指挥、信息响应、抢险队伍及物资和设备储备等。

(4) 施工单位在项目施工前，应根据施工重大危险源辨识结果编制专项施工方案和应急救援预案，以此对项目施工过程实施管理。

(5) 施工重大危险源辨识可以分部分项工程为单元进行。施工单位在施工前应对下列分部分项工程进行施工重大危险源辨识（表 6-2），并逐项登记。

① 开挖深度超过 3 m（含 3 m）或虽未超过 3 m 但地质条件和周边环境复杂的基坑（槽）支护、降水工程，土方开挖工程；高度超过 8 m 或虽未超过 8 m，但地质情况和周围环境较复杂的高边坡、高切坡支挡工程，堤岸工程；

② 搭设高度 5 m 及以上、搭设跨度 10 m 及以上、施工总荷载 10 kN/m² 及以上、集中线荷载 15 kN/m 及以上、高度大于支撑水平投影宽度且相对独立无联系构件的混凝土模板支撑工程；

③ 各类工具式模板 (包括大模板、滑模、爬模、飞模等) 工程、用于钢结构安装等满堂支撑体系；搭设高度 24 m 及以上的落地式钢管脚手架工程，附着式整体和分片提升脚手架工程，悬挑式脚手架工程，吊篮脚手架工程，自制卸料平台、移动操作平台工程，新型及异形脚手架工程；

④ 采用非常规起重设备或方法且单件起吊重量在 10 kN 及以上的起重吊装工程，采用起重机械进行安装的工程，起重机械设备自身的安装与拆卸，建筑幕墙安装工程，预制构件、钢结构、网架和索膜结构安装工程，人工挖扩孔桩工程，地下暗挖、顶管及水下作业工程；

⑤ 建筑物、构筑物拆除工程，采用爆破拆除的工程，预应力工程，30 m 及以上高处作业，立交桥、高架桥等桥梁工程，建筑施工防火、有限空间施工、现场施工使用的危险物质的储存与使用；

⑥ 采用新技术、新工艺、新材料、新设备及尚无相关技术标准的危险性较大的分部分项工程，及其他专业性强、工艺复杂、危险性大等易发生重大事故的施工部位及作业活动。

表 6-2　施工重大危险源清单

工程名称			地　　址	
施工单位		联系人及手机号码		
监理单位		联系人及手机号码		
建设单位		联系人及手机号码		
序号	危险源名称	部位	危险源等级	主要措施和应急救援预案
填报单位		(公章)　　年　　月　　日		

任务三　吊装安全技术

起重吊装作业前，必须编制吊装作业的专项施工方案，并应进行安全技术措施交底，作业中，未经技术负责人批准，不得随意更改施工方案。

子任务一　施工起重吊装安全基本要求

在施工起重吊装安全的要求中，主要做到以下几点。

(1) 安全教育是提高职工安全生产知识的重要方法。起重机操作人员、起重信号工、司索工等特种作业人员必须持特种作业操作证上岗 (图 6-2)。严禁非起重机驾驶人员驾驶、操作起重机，杜绝无证上岗的违章操作现象发生。

图 6-2　特种作业操作证书式样

(2) 起重吊装作业前应检查所使用的机械、滑轮、吊具和地锚等，其必须符合安全要求。

(3) 起重作业人员必须穿防滑鞋、戴安全帽，高处作业应佩挂安全带，并应系挂可靠，高挂低用 (图 6-3)。

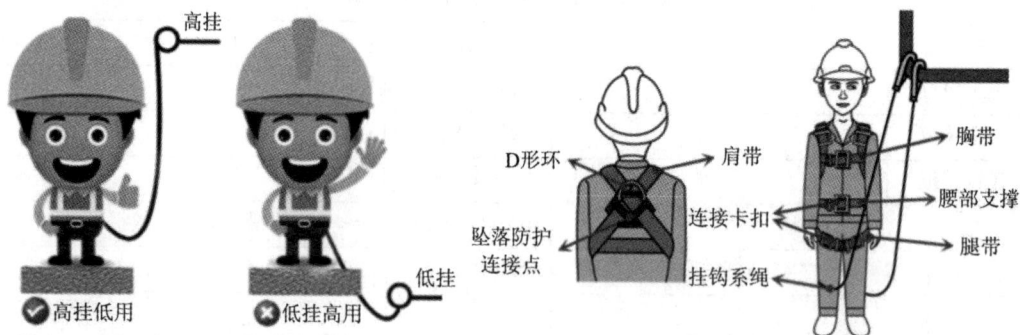

图 6-3　安全带高挂低用示意

(4) 起重设备的通行道路应平整，承载力应满足设备通行要求。吊装作业区域四周应设置明显标志，严禁非操作人员入内，防止高处物体落下伤人。夜间不宜作业，当确需夜间作业时，应有足够的照明。

(5) 登高梯子的上端应固定，高空用的吊篮和临时工作台应固定牢靠，并应设不低于1.2 m 的防护栏杆。当构件吊起时，所有人员不得站在吊物下方，并应保持一定的安全距离。

(6) 绑扎所用的吊索、卡环、绳扣等规格应根据计算确定。起吊前，应对起重机钢丝绳及连接部位和吊具进行检查。高空吊装屋架、梁和采用斜吊绑扎吊装柱时，应在构件两端绑扎溜绳，由操作人员控制构件的平衡和稳定。构件的吊点应符合设计规定。对异形构件或当构件的吊点无设计规定时，应经计算确定，保证构件起吊平稳。

(7) 大雨、雾、大雪及大风等恶劣天气，为保证安全应停止吊装作业。吊起的构件应确保在起重机吊杆顶的正下方，严禁采用斜拉、斜吊，严禁起吊埋于地下或粘结在地上的构件。起重机严禁越过无防护设施的外电架空线路作业。起重机的任何部位或被吊物边缘在最大偏斜时与架空线路边线的最小安全距离应符合相关规定 (表 6-3)。

表 6-3 起重机与架空线路边线的最小安全距离

安全距离 / m	电压 / kV						
	<1	10	35	110	220	330	500
沿垂直方向	1.5	3.0	4.0	5.0	6.0	7.0	8.5
沿水平方向	1.5	2.0	3.5	4.0	6.0	7.0	8.5

(8) 起吊过程中，起重机在行走、回转、俯仰吊臂、起落吊钩等动作前，司机应鸣声示意，提醒大家注意，共同协同工作，防止发生其他意外事故。一次只宜进行一个动作，待前一动作结束后，再进行下一动作。

(9) 对构件应缓慢起吊，当提升离地一段距离后，应暂停提升，检查构件、绑扎点、吊钩、吊索、起重机稳定、制动装置的可靠性等，确认无误后再继续提升。对已吊升的构件，应一次吊装就位，不得长久在半空中停置，若因某种原因不能就位，则应重新落地固定。超载吊装不仅会加速机械零件的磨损，缩短机械使用年限，而且容易使起重机发生恶性事故，因此，严禁超载吊装。对重量不明的重大构件和设备不能冒险吊装，防止出现意外事故。

(10) 若需要用已安装好的结构构件作受力点来进行搬运和吊装，以及堆放建筑材料、施工设备时，均应经过严格的科学计算才能决定，严禁施工荷载超过设计允许荷载，确保结构构件不会被压坏。凿洞开孔会对结构的受力性能造成损害。所以针对已安装好的结构构件，未经有关设计和技术部门批准不得随意凿洞开孔。对临时固定的构件，必须在完成了永久固定，并经检查确认无误后，方可解除临时固定措施。

(11) 对起吊物进行移动、吊升、停止、安装时的全过程应采用旗语或通用手势信号进行指挥，指挥信号必须准确，以免发生事故。信号不明不得启动，上下联系应相互协调，需要语言沟通时，可用对讲机等通信工具进行，确保互相之间的语言能听清楚。

子任务二 混凝土构件堆放与运输安全

混凝土构件堆放与运输有以下规定。

1. 堆放规定

构件堆放场地应压实平整，周围应设排水沟，良好的排水措施可以防止地面下沉导致的构件倾倒。构件应按设计支承位置堆放平稳，底部应设置垫木。对不规则的柱、梁、板，应专门分析确定支承和加垫方法，垫点应接近设计支承位置，异形平面垫点应由计算确定，等截面构件垫点位置设置在离端部 $0.207L$(L 为构件长) 处。柱子应避免裂缝，一般易将垫点设在距牛腿 300~400 mm 处。同时构件应堆放平稳，底部垫点处应设垫木，避免搁空而引起翘棱。

对侧向刚度差、重心较高、支承面较窄的构件，如屋架、薄腹梁等，应直立放置，除设支承垫木外，还应在其两侧设置支撑使其稳定，支撑不得少于 2 道。在直立堆放时，应设防倒撑木，或将几个构件用方木以铁丝连在一起。相邻屋架的净距，要考虑方便捆绑吊索、安装支承连接件及张拉预应力筋等操作，一般可设为 600 mm。

重叠成垛堆放的构件，采用垫木隔开，上下垫木应在同一垂线上，各层垫木的位置应紧靠吊环的外侧。构件堆放应有一定的挂钩绑扎操作净距，相邻构件的净距一般不小于 2 m。梁、柱堆放高度不宜超过 2 层；大型屋面板不宜超过 6 层，堆垛间应留 2 m 宽的通道。

装配式大板应采用插放法或背靠法堆放，堆放架应经设计计算确定。

2. 吊点设置和构件绑扎规定

当构件无设计吊环（点）时，应通过计算确定绑扎点的位置。绑扎就是使用吊装索具和吊具绑扎构件，并做好吊升准备的操作。绑扎构件一般采用钢丝绳吊索及配合使用的其他专用吊具。绑扎方法应可靠，且摘钩应简便安全。随着新型结构的不断推广，为了保证安全、迅速地吊起构件，并使摘钩工作简易，绑扎方法也在不断进步。

绑扎竖直吊升的构件过程中，应使构件呈垂直状态，如预制柱等。绑扎吊升过程中成水平状态的构件，如各种梁、板时，应使梁、板在起吊后能基本保持水平，因此，其绑扎点应对称地设在构件两端，两根吊索要等长，吊钩应对准构件的中心，使得各支吊索内力的合力作用点位于构件重心线上。

绑扎应平稳、牢固，绑扎钢丝绳与物体间的水平夹角，在构件起吊时不得小于 45°，构件扶直时不得小于 60°。吊点绑扎必须做到安全可靠，便于脱钩。

构件起吊前，其强度应符合设计规定，并应将其上的模板、灰浆残渣、垃圾碎块等全部清除干净，避免吊装时构件上的杂物落下伤人。楼板、屋面板吊装后，对相互间或其上留有的空隙和洞口，应设置盖板或围护，避免施工人员掉入孔洞或其他物体掉入伤人。

吊装前应对周围环境进行详细检查，尤其是起重机吊杆及尾部回转范围内的障碍物，应拆除或采取妥善安全措施保护。

3. 构件运输安全规定

构件运输应严格执行所制定的运输技术措施。运输道路应平整，有足够的承载力、宽度和转弯半径。高宽比较大的构件运输，应采用支承框架、固定架、支撑或用捯链等予以固定，不得悬吊或堆放运输。构件运输既要合理组织，提高运输效率，又要保证构件不损坏、不变形、不倾倒，确保质量和安全。构件运输时的混凝土强度要符合设计规定，防止运输中振动损坏。构件的垫点和装卸车时的吊点，不论上车运输或卸车堆放都应按设计要求进行，叠放在车上或堆放在现场的构件，构件上下层之间的垫木应在同一条垂直线上，且厚度相等。经核算需加固的构件必须加固。对于重心较高、支承面较窄的构件，应采用支架固定，严防在运输途中倾倒，支承架应进行设计计算，应稳定、可靠和装卸方便。

当大型构件采用半拖或平板车运输时，因其不易调头，必须根据安装方向确定装车方向，支承处需设转向装置，防止构件侧向扭转折断，并避免构件在运输时滑动、变形或互碰损坏。运输时，各构件应拴牢于车厢上。

子任务三　混凝土预制构件吊装安全

混凝土预制构件吊装有以下规定。

1. 框架柱吊装规定

为使下节柱的垂直度不会在吊装上节柱时发生较大变化，一般都应在吊装上节柱前将下节柱上的连系梁和柱间支撑安装好，并焊接完毕，且底层柱应在杯口二次灌浆和非底层柱接头的细石混凝土强度达到设计强度的 75% 以上后，方准吊装上节柱。

2. 楼层梁吊装规定

目前常见的多层装配式结构的梁柱接头形式，有明牛腿和齿槽式两种。

吊装明牛腿式接头的楼层梁时，在梁端和柱牛腿上预埋的钢板焊接后方可脱钩；齿槽式接头的梁上部接头钢筋焊好两根后，才可以脱钩。

3. 楼层板吊装规定

双 T 板（图 6-4）一般为预埋吊环，每次吊装一块板时，钩住吊环即可。每次吊两块以上 T 形板时，每块板吊索直接挂在起重机吊钩上，并将各板间距离适当加大些，以减小吊索对板翼的压力，防止翼缘损坏。板重在 5 kN 以下的小型空心板或槽形板（图 6-4），可采用平吊或兜吊，但板的两端应保证水平。

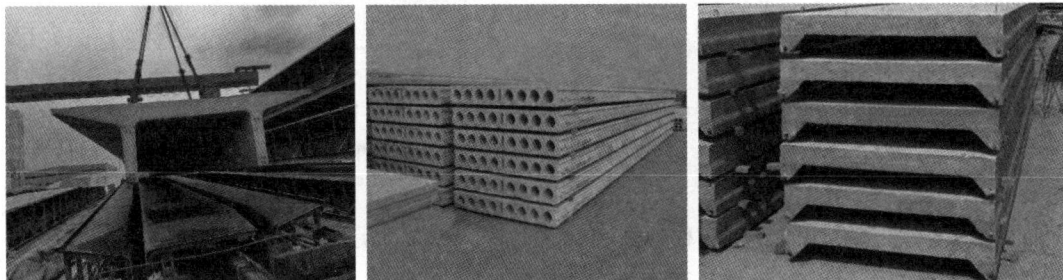

图 6-4　双 T 板、空心板、槽形板

起吊后板两端必须保持水平或接近水平，严禁板两端高差过大，以防滑落掉下伤人。吊装楼层板时，严禁采用叠压式。禁止在板上站人、堆物、放工具和推车，防止人或物从高处坠落。

4. 墙板吊装规定

墙板结构的吊装一般有两种方式：一种是逐间闭合吊装，另一种是同类构件依次吊装。前者易于临时固定和组织流水作业，稳定性好，安全较有保证，应尽量采用此种方法吊装。

(1) 剪力墙板。

吊装剪力墙时，宜从中间开始向两端进行，并应按先横墙后纵墙，先内墙后外墙，最后隔断墙的顺序逐间封闭吊装，以便校正时易于调整误差。吊装时应保证坐浆密实均匀，保证墙板底部与基础部分能结合紧密，确保连接的整体性和传力的均匀性。

当采用横吊梁或吊索时，起吊应垂直平稳，吊索与水平线的夹角不宜小于 60°。夹角的规定主要是考虑到大板的横向刚度较差，采用横吊梁和吊索与水平夹角不小于 60° 的规定可以防止产生过大的水平力而使侧向失去稳定。吊要垂直平稳主要是从安全上考虑，便于构件就位和临时固定。墙板就位时，要对准外边线，稍有偏差则用撬杠拨正；偏差较大时，则应将墙板吊起重新就位。较重、较大的墙板应随吊随校正。

校正完的墙板，应立即梳整预埋钢筋，并进行焊接。待同层墙板全部吊完，经总体校正完毕后，即应浇筑墙板主缝，随后在墙板上支模、绑扎钢筋、浇灌圈梁混凝土作最后固定。圈梁混凝土强度达到 75% 及以上，方可吊装楼层板并灌缝。

(2) 框架挂板。

吊装框架挂板时应用专用卡具或工具进行运输和吊装，严禁用钢丝捆扎，挂板吊装就位后，应与主体结构临时或永久固定后方可脱钩。安装前应用水准仪检查墙板基底的标高，墙板的安装高度应用墨线弹在柱子上，作为安装挂板的控制线。挂板就位后应随即和柱、梁、墙等作临时固定或永久固定。

课 后 习 题

一、填空题

1. 建筑施工场界环境噪声排放限值为昼间 ＿＿＿＿＿，夜间 ＿＿＿＿＿。

2. 针对施工重大危险源可采取的手段或措施有：＿＿＿＿＿、＿＿＿＿＿、＿＿＿＿＿、＿＿＿＿＿、＿＿＿＿＿、＿＿＿＿＿。

3. 在构件拼装中，平拼是指：＿＿＿＿＿＿＿＿＿＿＿＿＿＿＿＿＿＿＿＿；立拼是指：＿＿＿＿＿＿＿＿＿＿＿＿＿＿＿＿＿＿＿。

4. 绑扎竖直吊升的构件过程中，应使构件呈垂直状态，同时绑扎点应 ＿＿＿＿＿，使起吊时构件不致翻转；有牛腿的柱应绑在 ＿＿＿＿＿；工字形断面应绑在 ＿＿＿＿＿，否则应用方木加固翼缘。

5. 墙板结构的吊装一般有两种方式：一种是 ＿＿＿＿＿，另一种是 ＿＿＿＿＿。

二、选择题

1. 下列不属于施工重大危险源辨识范畴的分部分项工程是（　　）。

A. 开挖深度超过 3 m 的土方开挖工程

B. 预制构件、钢结构、网架和索膜结构安装工程

C. 搭设高度 12 m 的落地式钢管脚手架工程

D. 预应力工程

2. 对于起重吊装作业安全，以下说法错误的是（　　）。

A. 起重作业人员必须穿防滑鞋、戴安全帽

B. 起重吊装作业前应检查机械、滑轮、吊具和地锚是否符合安全要求

C. 高处作业应佩挂安全带，并应系挂可靠，低挂高用，防止坠落

D. 严禁非起重机驾驶人员驾驶、操作起重机

3. 对构件吊装过程中，以下说法错误的是（　　）。

A. 对已吊升的构件，若因某种原因不能就位，应重新落地固定

B. 起重机不能吊运人员，可在吊起的构件上临时站立，进行纠偏

C. 严禁在已吊起的构件下面或起重臂下旋转范围内作业或行走

D. 暂停作业时，对吊装作业中未形成稳定体系的部分，必须采取临时固定措施

4. 搭设高度（　　）及以上的落地式钢管脚手架工程，附着式整体和分片提升脚手架工程，悬挑式脚手架工程，吊篮脚手架工程，自制卸料平台、移动操作平台工程，新型及异形脚手架工程需要进行重大危险源辨识。

A. 24 m　　　　　B. 36 m　　　　　C. 48 m　　　　　D. 12 m

5. 起重吊装作业前应检查所使用的机械、滑轮、（　　）和地锚等，必须符合安全要求。

A. 安全帽　　　　B. 水准仪　　　　C. 吊具　　　　D. 模板

三、问答题

1. 对双"T"板楼板吊装的规定有哪些？

2. 对不规则的柱、梁、板的堆放要求有哪些？

模块 7 装配式建筑发展与智能建造

知识目标

- 掌握装配式建筑的优势与不足。
- 理解智能建造最新技术。

能力目标

- 能够理解装配式建筑发展的必要性及当前的技术瓶颈。
- 能够对施工过程进行优化，采用智能建造技术。

素质目标

- 实事求是，敢于追求真理，与时俱进，积极思考与创新。

任务一　装配式建筑的发展

子任务一　装配式建筑发展的必要性

一、传统建筑业面临的挑战

传统建筑业目前面临着以下挑战。

1. 资源消耗大

过去城乡建设工作重速度、轻质量，重规模、轻效益，重眼前、轻长远，形成"大量建设、大量消耗、大量排放"的建设方式，不仅破坏了生态环境、消耗了大量资源和能源（图 7-1），而且也导致资源供给难以为继，对建筑业的可持续发展造成了巨大压力和挑战。

我国每年房屋新开工面积约 20 亿平方米，消耗的水泥、玻璃、钢材分别占全球总消耗量的 45%、42% 和 35%。随着大规模的建设，砂石需求量大幅增加，全国普遍出现"一砂难求"的局面，非法采砂现象层出不穷，造成环境破坏。

建筑能源消费总量逐年上升，从 2000 年 2.88 亿吨标准煤，增长到 2016 年 8.99 亿吨标准煤，年均增长 7.4%，已占全国能源消费总量的 20.6%。

图 7-1　过度采河砂造成流域生态破坏

2. 污染排放高

工程建设主要以粗放建造方式为主，在工程建造过程中产生了大量的污染排放，已经成为生态文明建设的顽疾（图 7-2）。2023 年中国建筑节能协会和重庆大学在重庆联合发布的《2023 中国建筑与城市基础设施碳排放研究报告》显示：2021 年全国房屋建筑全过程碳排放总量为 40.7 亿吨二氧化碳，占全国能源相关碳排放的比重为 38.2%。根据《中国噪声污染防治报告 (2024)》数据，2024 年环境噪声投诉占比中，建筑施工噪声投诉占 24.1%，仍是影响居民生活质量的重要噪声来源。

(a) 工程降水直接排放　　　　(b) 粉尘污染　　　　(c) 噪声扰民

图 7-2　传统建设模式污染排放高

由于我国城镇化进程维持较快速度，建筑垃圾排放量始终保持高位，每年产生的建筑垃圾达 20 亿吨，约占城市固体废弃物总量的 40%，大有建筑垃圾围城之势（图 7-3）。

图 7-3　建筑垃圾发生大面积滑坡

3. 建造方式粗糙

建造活动普遍采用传统手工作业方式进行，经营方式粗放，生产效率低，技术含量低，对劳动力依赖度高，成本不可控，产业链缺乏有效的集成和整合，规模化和集约化程度低，建筑性能和品质无法保证，且对环境和资源造成了较大的破坏和浪费。以这种方式建造的建筑，使用 25～30 年后，便会出现大量墙面开裂、屋面漏水等质量问题，极大影响建筑寿命。

目前我国开发商提供的新建住宅 80% 仍为"毛坯房"，二次装修产生大量建筑垃圾，且造成施工扰民，环境污染等社会问题，也带来建筑结构受损、耐久性差、室内空气污染等问题 (图 7-4)。

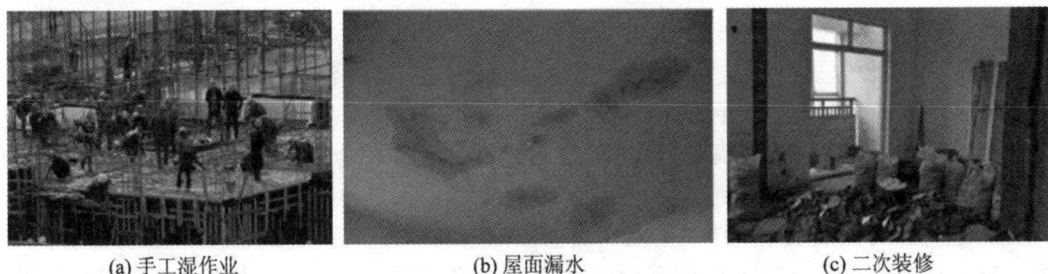

(a) 手工湿作业　　　　　(b) 屋面漏水　　　　　(c) 二次装修

图 7-4　传统建造方式粗糙

4. 组织方式落后

人为肢解工程，将建筑工程条块分割及碎片化管理的方式，割裂了设计与施工之间的联系，造成施工过程中大量设计变更、项目周期延长、管理成本增加、投资超额等问题，整体效率效益低。

以普通工程为例，分部分项工程招标高达 20～30 项 (图 7-5)，需要 10～20 家施工单位进场施工，业主承担繁重的管理、协调工作和最终质量责任。同时，肢解工程额外增加了分部分项工程之间的衔接工作，会产生额外的管理和协调费用，工程总造价虚高。

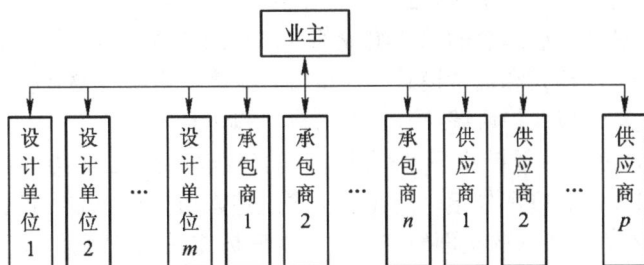

图 7-5　平行发包方式

5. 相关标准尚存差距

我国工程建设标准，主要还是围绕技术措施和安全要求等方面来制定，未能将绿色发展摆在标准编制的首位，与充分满足人民对美好生活、工作环境的需求仍有差距。相关标准缺乏以节约优先、保护优先、自然恢复为主的绿色发展理念，缺乏节约资源、环境保护的要求。部分节能环保的指标要求，与部分国家标准存在差距，部分技术措施未充分考虑节能环保要求 (图 7-6)。标准中对耐久性要求也有待提高。

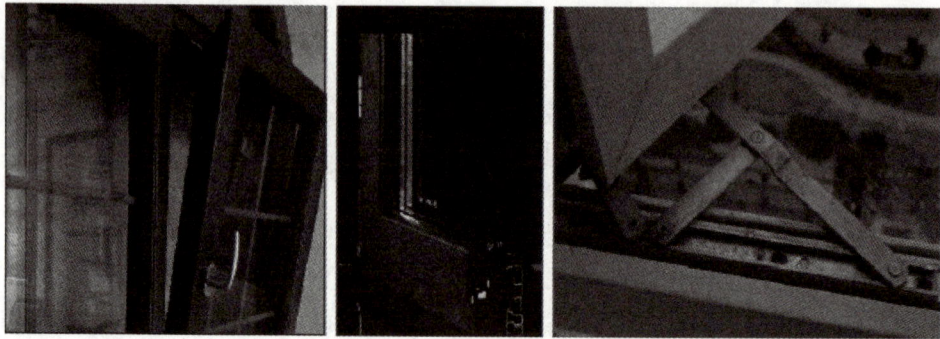

图 7-6   不同技术产品的差距

6. 转型升级

装配式建筑从总体上讲，它是建造方式的一种改革，更是建筑行业落实党中央、国务院提出的推动供给侧结构性改革的一个重要举措。近年来，我国人口年龄结构逐渐老龄化，劳动力成本正在不断提升，建筑业"用工荒"问题日益严峻。通过推动装配式建筑，可以促进建筑业转型升级，提供更多高品质的建筑产品，来满足人民日益增长的对美好生活的需要。

在建筑业转型发展进程中，需要切实增强推进生态文明建设的责任感、使命感和紧迫感，坚定不移地走绿色发展的道路，在转型发展中保护环境，在绿色发展中实现转型升级。

二、装配式建筑发展的背景

生态文明建设是关系中华民族永续发展的根本大计，是关系党的使命宗旨的重大政治问题，是关系民生福祉的重大社会问题。生态兴则文明兴，生态衰则文明衰。

我们不能沿着只讲索取不讲投入、只讲发展不讲保护、只讲利用不讲修复的老路走下去。要像保护眼睛一样保护生态环境，像对待生命一样对待生态环境。

生态环境问题归根结底是发展方式和生活方式问题，要从根本上解决生态环境问题，必须贯彻创新、协调、绿色、开发、共享的发展理念，加快形成节约资源和保护环境的空间格局、产业结构、生产方式、生活方式。

绿色发展理念是新发展理念的重要组成部分，目的是改变传统的"大量生产、大量消耗、大量排放"的生产模式和消费模式，使资源、生产、消费等要素相匹配相适应，实现经济社会发展和生态环境保护协调统一、人与自然和谐共处。

过去改革开放 40 年主要解决了"有没有"的问题，现在要着力解决"好不好"的问题；过去主要追求发展速度和规模，现在要更多地追求质量和效益；过去主要满足温饱等基本需要，现在要着力促进人的全面发展；过去的发展方式重经济轻环境，现在要强调"绿水青山就是金山银山"。

我们要积极回应人民群众所想、所盼、所急，大力推进生态文明建设，提供更多优质生态产品，不断满足人民日益增长的优美生态环境需要。

建筑业是国民经济的重要支柱产业，目前正处在由高速增长阶段向高质量发展阶段转变的时期，行业改革任务十分艰巨，节能减排压力巨大，转型升级任务繁重。

三、发展装配式建筑是实现绿色发展的必由之路

面对建筑业大而不强，资源消耗大、污染排放高、建造方式粗放、组织方式落后、相

关标准尚存差距、转型升级等问题，新时代对建筑业提出了绿色发展的要求。

　　未来中国建筑业必将迈上绿色化、智慧化、工业化发展之路。大力发展装配式建筑的工业化建造方式是实现建造过程和建造产品绿色化的必由之路 (图 7-7)。

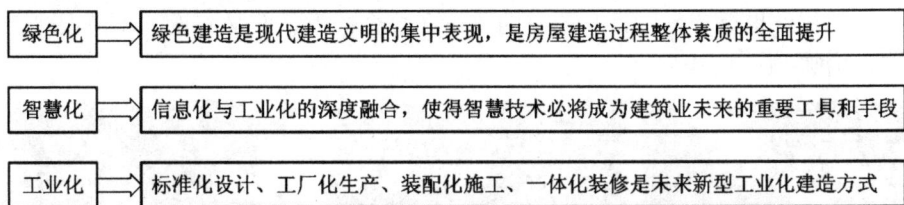

绿色化	⟹	绿色建造是现代建造文明的集中表现，是房屋建造过程整体素质的全面提升
智慧化	⟹	信息化与工业化的深度融合，使得智慧技术必将成为建筑业未来的重要工具和手段
工业化	⟹	标准化设计、工厂化生产、装配化施工、一体化装修是未来新型工业化建造方式

图 7-7　建筑业实现绿色化、智慧化、工业化的必要性

子任务二　发展装配式建筑面临的问题

　　装配式建筑是建造方式的重大变革，能够驱动建筑业转型升级，实现绿色发展。目前装配式建筑的发展在政策、技术、研发等各方面均建立了良好的基础，但其发展形势也面临以下四大问题 (图 7-8)。

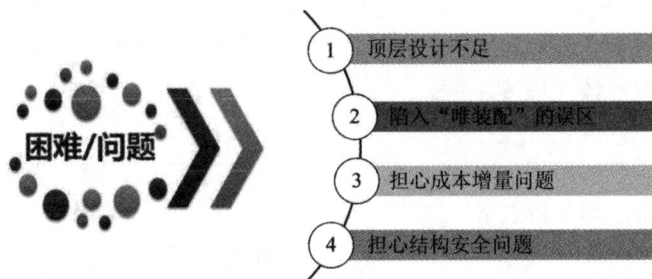

图 7-8　装配式建筑当前的发展困境

1. 顶层设计不足

　　目前，我国装配式建筑缺乏顶层设计，国家层面还没有出台扶持新型建筑工业化的产业发展政策，不能有效促进全产业链的协同发展。主要问题如下 (图 7-9)。

　　(1) 体制机制不健全，产业激励措施不系统，新技术体系推广落地难度大。

　　(2) 与装配式建筑工程总承包相适应的招投标、施工许可、竣工验收等制度还亟待完善。

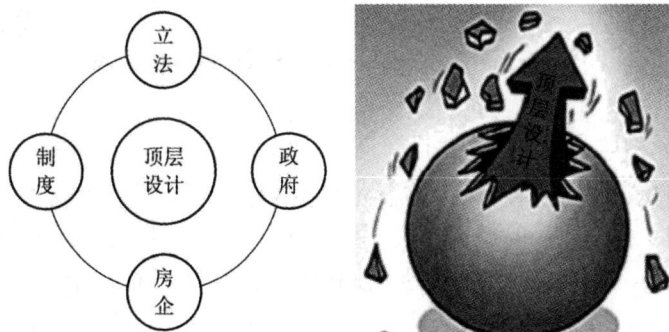

图 7-9　顶层设计不足

2. 陷入 "唯装配" 的误区

目前，一些地方和企业把预制率高低作为衡量和评价装配式建筑的首要指标去推动装配式建筑发展，甚至出现了唯预制率现象。许多设计单位为了拼凑预制率，把一些目前还不适合预制的构件也拆分预制，甚至有的单位在叠合楼板下面又支设了木模板，造成施工麻烦且成本增加 (图 7-10)。

图 7-10 "唯装配" 的误区

3. 担心成本增量问题

目前，装配式结构体系平均成本普遍比传统现浇体系高，无竞争优势，在一定程度上阻滞了装配式建筑的推广和发展。装配式建筑项目成本偏高的原因主要在于以下几点。

(1) 装配式建筑一体化程度不够。

(2) 装配式建筑标准化程度不够。

(3) 仍然依赖传统的组织方式。

(4) 信息化技术应用不够。

(5) 装配式建筑市场还处于试点、示范阶段，规模化程度不够。

4. 担心结构安全问题

当前社会对装配式建筑的结构安全性认识不足，普遍认为装配式结构抗震能力不足、灌浆套筒安全性不够。比如在装配式建筑施工过程中常会出现如下问题：

(1) 钢筋进入套筒口部后无法就位，来回安装费工费力。

(2) 构件安装后灌浆困难，甚至无法灌浆。

(3) 套筒灌浆饱满度不符合规定。

(4) 灌浆料强度偏低等质量问题。

这些问题均为工程管理不到位，而非工程技术问题。

子任务三　装配式建筑健康发展

一、发展理念

发展装配式建筑，一定要有系统性思维和产业化思维，采用 "三个一体化" 的建造方式 (图 7-11)、"四个标准化" 的设计方法 (图 7-12)、"五位一体 (REMPC, Research(科研)、Excogitation(设计)、Manufacture(制造)、Purchase(采购)、Construct(施工))" (图 7-13) 的工程总承包组织方式，不能陷入 '唯装配' 的误区。技术与管理创新要双轮驱动，要摆脱碎片化的管理路径，以建筑为最终产品理念进行系统性建造。

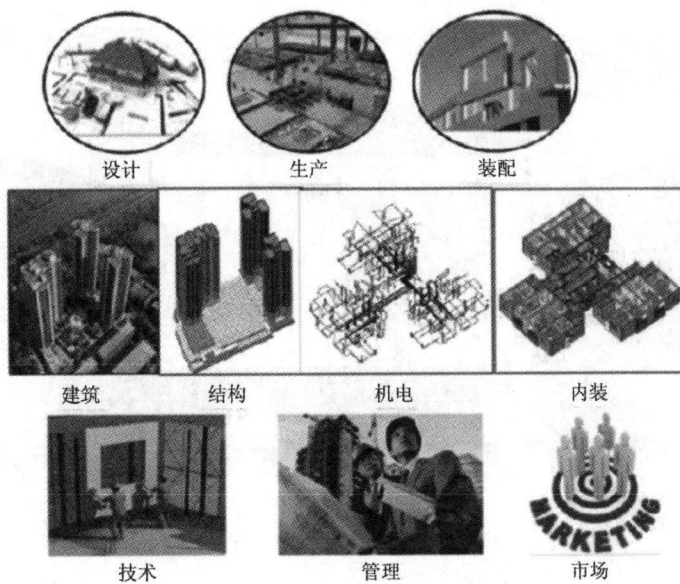

| 设计 | 生产 | 装配 |

| 建筑 | 结构 | 机电 | 内装 |

| 技术 | 管理 | 市场 |

图 7-11　三个一体化的建造方式

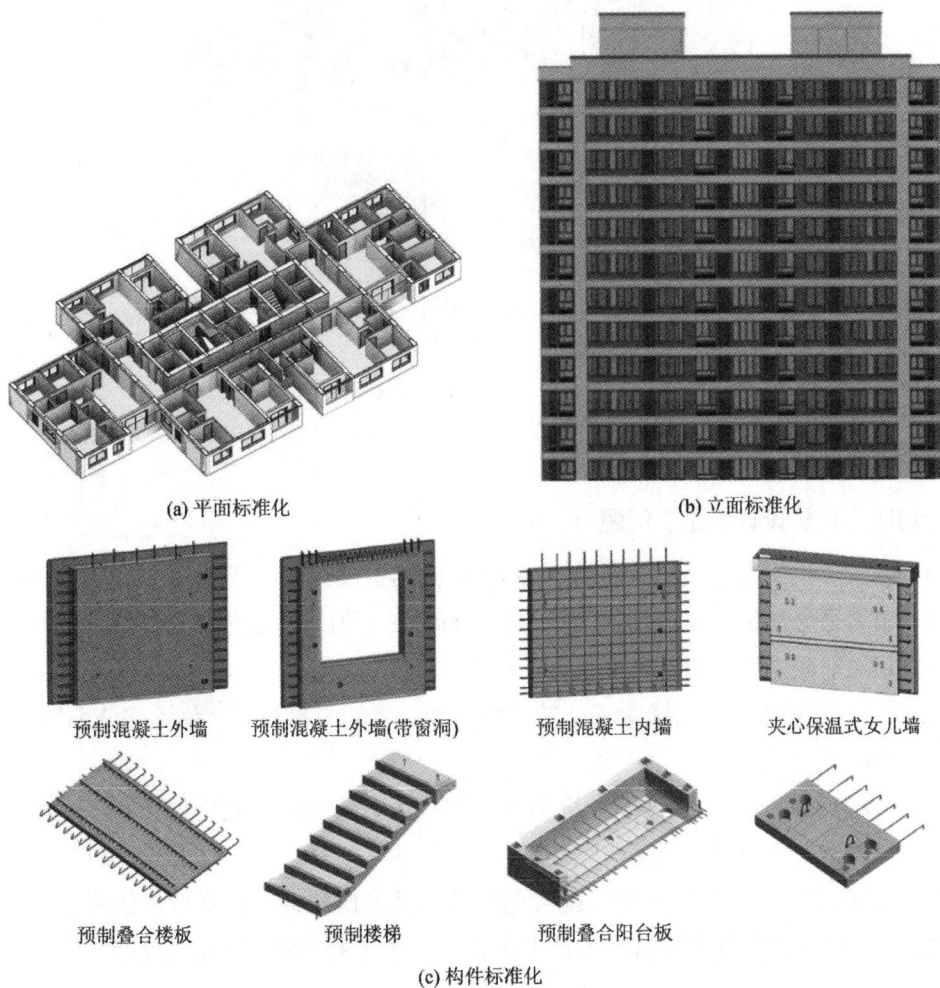

(a) 平面标准化

(b) 立面标准化

预制混凝土外墙　　预制混凝土外墙(带窗洞)　　预制混凝土内墙　　夹心保温式女儿墙

预制叠合楼板　　预制楼梯　　预制叠合阳台板

(c) 构件标准化

(d) 部品标准化

图 7-12　四个标准化的设计方法

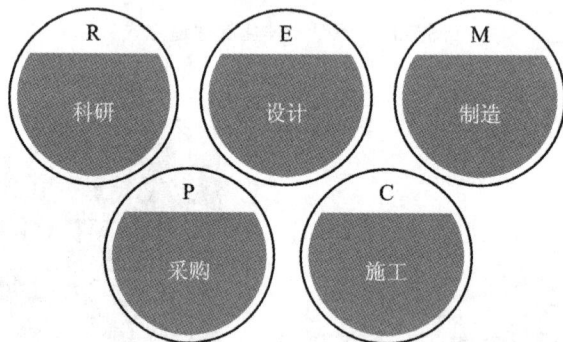

图 7-13　五位一体 (REMPC) 的工程总承包组织方式

二、解决方案

装配式建筑发展的问题有以下解决方案。

1. 解决"顶层设计不足"问题

为了解决"顶层设计不足"问题，国家和政府层面应积极引导建筑行业加快供给侧结构改革，出台适合装配式建筑发展的相关招投标、工程监管、工程管理等法律法规和管理规定，在相关财政、金融和科研方面给予支持 (图 7-14)。

(1) 在财政支持方面，对装配式建筑项目给予一定的财政补贴、返还部分土地出让金、提高容积率、提前预售等。

(2) 在金融支持方面，引导金融机构在装配式建筑项目的开发贷款利率、购房者贷款利率和首付比例上给予相应的浮动优惠等。

(3) 在科研支持方面，加大对装配式建筑关键技术研究经费的支持，扶持优秀企业申报国家住宅产业示范基地和国家高新技术企业，并享有相关税费返还的政策。

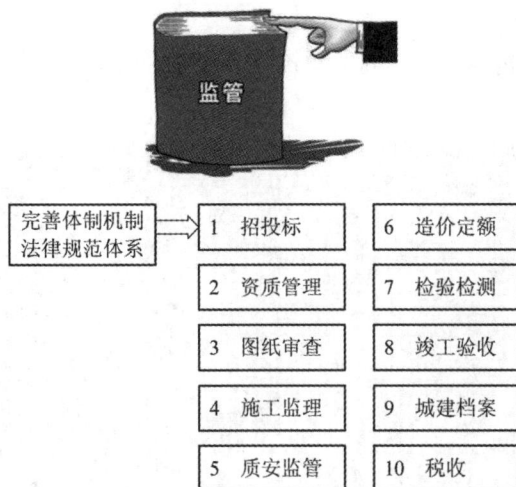

图 7-14　完善体制机制和法律规范

2. 解决"唯装配"问题

发展装配式建筑，是建造方式的一种变革与生产方式的一场革命，不能走入'唯装配'误区，要运用装配式建筑的系统论，将装配式建筑视作"产品"，选择适宜的产品体系和结构体系。预制率是自然形成的，不能规定一定比例，不能为了装配而装配。装配式建筑不仅仅只做结构，而是建筑—结构—机电—装修一体化都要做。

3. 解决"担心成本增量"问题

解决装配式建筑成本增量问题，主要从以下几个方面入手。

(1) 一体化建造方式。

一体化建造方式是以"建筑"为最终产品的系统思维，具有系统化、集约化的显著特征。在工程建设全过程中主体结构系统、外围护系统、机电设备系统、装饰装修系统通过总体技术优化和多专业协同，按照一定的技术接口和协同原则组装装配式建筑产品的方式，称为一体化建造方式。核心体现为"三个一体化"。

一是建筑、结构、机电、内装一体化。

二是设计、生产、装配一体化。

三是技术、管理、市场一体化。

(2) 四个标准化。

四个标准化是系统性集成装配设计的要求。装配式建筑是由结构系统、外围护系统、设备与管线系统、内装系统四个子系统组成的。这四个子系统各自既是一个完整独立存在的子系统，又共同构成更大的系统，而这个更大的系统就是装配式建筑工程项目。四个子系统独立存在，又从属于大的建筑系统，每个子系统是装配式，整个大系统也是装配式。

4. 系统性设计问题

依据建筑系统和系统集成设计的理念，按照结构系统、外围护系统、设备与管线系统、内装系统四个子系统，将预制部品部件通过模数协调、模块组合、接口连接、节点构造和施工工法等进行一体化系统性集成装配。通过在工地高效、可靠装配，可以实现主体结构、建筑围护、机电、内装一体化。

(1) 建筑、结构、机电、内装一体化。

通过标准化的结构构件配以不同的建筑纹理和多彩的建筑颜色实现多样化的建筑立面一体化设计 (图 7-15)。

图 7-15　多种形式的建筑外立面

(2) 结构、保温、装饰一体化外墙系统设计。

利用外墙的装配式特性在工厂集成生产外墙。这种外墙既承重，又带保温隔热功能，而且装饰饰面也同步完成。"系统集成"可以提高质量和性能，减少人工，形成节能环保的建筑新体系 (图 7-16)。

图 7-16　一体化外墙

(3) 室内装修系统的模块化设计。

厨房、卫生间是较为复杂和专业程度最高的功能空间，建立标准化的厨房、卫生间模块是整体厨房、整体卫浴集成应用的关键。装配化厨房和卫生间能够明显提高使用功能、降低造价，并有效避免传统厨房和卫生间在装修过程中布局不协调、管线不匹配、风格不统一等问题。

5. 全过程的信息化协同设计问题

通过建立基于 BIM 技术全过程的协同设计，依靠其三维可视化功能，可以更有效地发挥科技优势。全过程的信息化协同设计具体可从以下几个方面优化：

(1) 建筑、结构、机电、内装一体化 (图 7-17)。

利用 BIM 模型可模拟建筑、结构、机电、内装各专业的系统集成 (图 7-17)，深度还原生产和装配环节典型问题，并由此设计出利于工厂生产、现场装配的部品部件。

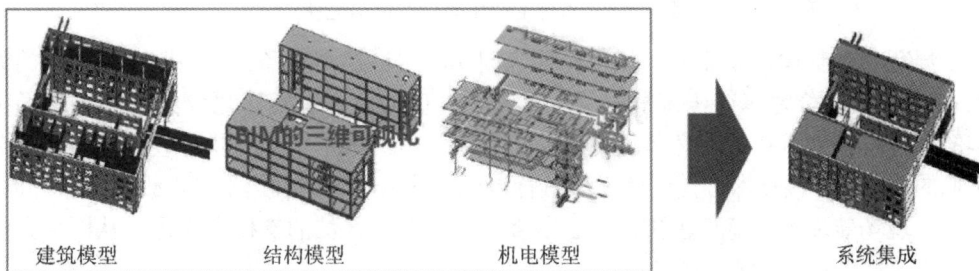

建筑模型　　　　　结构模型　　　　　机电模型　　　　　　　系统集成

图 7-17　各专业的系统集成

(2) 设计、生产、装配一体化。

标准化的产品才适合工业化大量生产，设计标准化对建筑产业化意义非凡。

装配式建筑标准化设计的原则是模数统一、模块协同、少规格、多组合，各专业一体化考虑，实现平面标准化、立面标准化、构件标准化、部品部件标准化。

① 平面标准化：有限模块，无限生长。

通过开发比例控制、模数协调的系列功能单元模块标准化设计技术，包括整体方案采用标准化的设计整合，提供通用化模块接口，可以使各户型之间进行多样化的组合。

② 立面标准化：标准化＋多样化。

立面标准化设计技术包括：饰面多样、模数化的外围护墙板标准化设计技术，包括窗墙比、门窗比控制下的立面分格、排列有序的门窗设计技术；凹凸有致、错落有序、等距控制的预制空调板、阳台组合设计技术；基本装饰部品可变组合，饰面色彩、质感、纹理、凹凸多样的设计技术。

③ 构件标准化：少规格、多组合。

基于功能单元的构件尺寸模数协调设计技术，能够针对客厅、卧室、厨房、卫生间的功能单元模块，运用最大公约数原理，按照模数协调准则，通过整体设计下的构件尺寸归并优化设计，实现构件的标准化设计，便于模具标准化以及生产工艺和装配工法标准化。

④ 部品标准化：模块化、精细化。

在标准模块中划分"小模块"，按模数系列设计，结合模数网格确定部品尺寸系列，遵照比例控制、模数协调的方法，建立系列功能单元模块的标准化设计技术。

标准化的设计，其主要内涵是通过设计优化使构件的种类减少，实现工厂批量化生产，提高构件制作效率。通过标准化的模具设计，能够提高模具周转利用率，有效控制生产成本。

未来应着重考虑如何设计出有利于机械化、自动化、规模化加工的系列标准化构配件，并设计出与之相对应的加工机具和设备，使得标准化设计能够付诸实践，并予以大规模推广复制，从而降低生产成本、提高劳动生产效率（图 7-18）。

图 7-18　适合工业化的标准化构配件

在混凝土预制构件设计中，竖向构件应创新应用钢筋大直径、大间距、少根数的设计技术（图 7-19），着力解决传统框架梁、框架柱、剪力墙在节点区域钢筋密集、现场施工困难的问题，该技术在装配环节可提升施工效率，节约成本。水平构件设计应推广叠合板不出筋的新技术，该技术可便于实现模具标准化，且生产时侧模板不必再设置豁口。同时，叠合板在现场装配时板缝可密拼，免去后浇混凝土接缝区域的支模和支撑，从而大大提高装配效率，降低综合成本（图 7-20）。

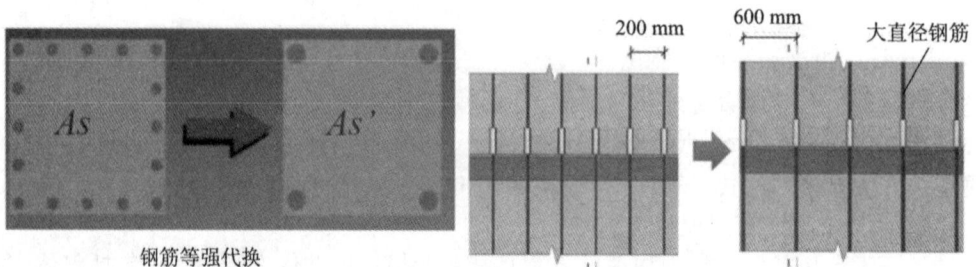

图 7-19　钢筋大直径、大间距、少根数设计技术

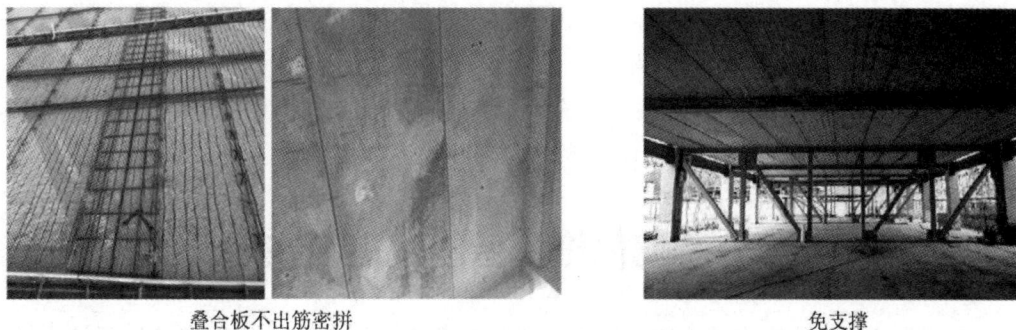

叠合板不出筋密拼　　　　　　　　　　免支撑

图 7-20　叠合板不出筋和板缝密拼设计

根据传统技术与以上新技术的推广，可进一步研发与"设计—生产—装配"协同的标准化工装系统，并在此基础上继续推动现场建造工序的标准化，形成专项装配式施工工法体系和管理技术，从而提高效率、缩短工期、降低成本。

(3) 技术、管理、市场一体化。

通过对技术、管理、市场综合分析，全面协同各方力量，可实现资源的高效配置，有效提升装配式建筑品质，缩短工期、降低成本，并实现绿色环保等方面的综合效益。

技术体系包括规范、标准和具体的方法，是发展装配式建筑的支撑。装配式建筑技术体系的建立同时需要兼顾装配式建筑特点、特性和生产组织方式。

依据装配式建筑的固有特性，需要设计技术、生产技术和装配技术的集成创新，使得技术体系便于落地，利于市场化推广，促进工业化大生产。

企业要建立全过程商务体系，在技术策划和设计阶段应让商务工作提前介入，保证在设计过程中就对商务内容充分考虑。在生产和施工阶段，商务工作要适当指导生产、施工的技术方法，通过商务工作的全过程应用，保证装配式建筑的成本控制。

打造高质量精品工程，离不开高素质的产业人才支撑，具体实施中要着力打造适应行业发展的产业工人队伍。企业要有计划、有方向地做好农民工的教育培训、技能鉴定和持证上岗工作，培育精益求精的工匠精神，推动农民工加速向产业工人的身份转变，培养出在工厂生产和现场装配一线的熟练工，打造最具竞争力的能工巧匠。

6. 工程总承包模式

按照 EPC(Engineering Procurement Construction，工程总承包合同) 要求，需要提早进行全过程方案和管理策划，提前制定成本、质量、安全、进度等目标，明确实施路径，制订实施计划，合理安排进度节点，并在后续工程实施过程中严格按照计划施工，由公司对项目进行考核、由项目对管理人员和分包进行考核，保证成本等目标实现 (图 7-21)。

7. 实现建筑数字化设计

图 7-21　EPC 模式

平台注重交互式设计：不同专业的设计人员在统一平台进行交互式设计，可以满足模型的基本要求和三维协同，并完成模型的轻量化共享，有效减少了设计过程中专业间的碰撞，降低了设计成本。

8. 智能工厂

通过基于平台的生产管理系统，对 PC(Precast Concrete，预制混凝土) 工厂实施管理，工厂各系统基于同一平台协同工作，在提高了生产效率的同时，减少了构件质量问题和不必要的返工与返厂，有效降低了预制构件的生产成本。

任务二   装配化施工智能建造新技术介绍

以某国家装配式建筑科技创新基地 (图 7-22) 建设内容为例，对智能建造新技术进行介绍。

图 7-22   装配式建筑科技创新基地建设

其建设目标是：首先从各角度形成建筑产业化（图7-23），达到设计标准化、施工速度快、施工质量高、施工环境改善、劳动条件改善、资源能源节约、建设成本降低、建筑效果丰富、可持续性提高的效果。

图 7-23　建筑产业化

其次要形成装配式模块化体系。该体系主要有以下三种。

(1) 装配式模块化 PC 配套体系（图7-24）。

图 7-24　装配式混凝土建筑

(2) 钢结构单元体模块化建筑体系 (图 7-25)。

图 7-25　钢结构单元体模块化建筑体系

(3) 钢 - 木组合建筑结构体系 (图 7-26)。

图 7-26　钢 - 木结构装配式建筑

最后，形成装配式模块化体系。这里需要注意以下几个方面。

(1) 避免同质化竞争。

(2) 资源不能集中在一个领域。

(3) 完善装配式生态体系。

(4) 提高装配率，解决质量通病。

(5) 提高建设效率，打造精品工程。

(6) 提高用户居住体验，减少投诉。

一、混凝土装配式技术成果

装配式模块 PC 产品体系案例展示如下。

1. 共轴承插预制一体化卫生间

共轴承插预制一体化卫生间如图 7-27 所示。

(a) 共轴承插预制一体化卫生间模块

(b) 毛坯卫生间及安装后的效果图

(c) 精装卫生间安装后的效果图

图 7-27　共轴承插预制一体化卫生间

共轴承插预制一体化卫生间实现了"结构、管线、装饰、保温"四位一体，具有"共轴""承插"技术特征和"防水系统"+"排水系统"的可靠结合。它具有如下优点：① 标准化设计；② 工厂化生产；③ 机械化施工；④ 产品质量可靠；⑤ 施工风险低。

可解决以下问题：① 缺棱掉角；② 漏浆空洞；③ 渗水漏水；④ 建筑垃圾。

2. 层叠式预制混凝土电梯井、管道井

层叠式预制混凝土电梯井、管道井如图 7-28 所示。

图 7-28　层叠式预制混凝土电梯井、管道井

传统电梯井、管道井施工质量难以控制，施工安全风险高，现场湿作业多，施工工效低 (图 7-29)。

图 7-29　传统电梯井、管道井施工

层叠式预制混凝土电梯井、管道井可在工厂分节段整体预制成型，构件之间通过企口加镀锌钢板进行连接，井道顶面与楼面梁底之间设置聚苯板进行柔性连接，在电梯、设备管道井道壁中设置聚苯板，可减轻重量 (图 7-30)。

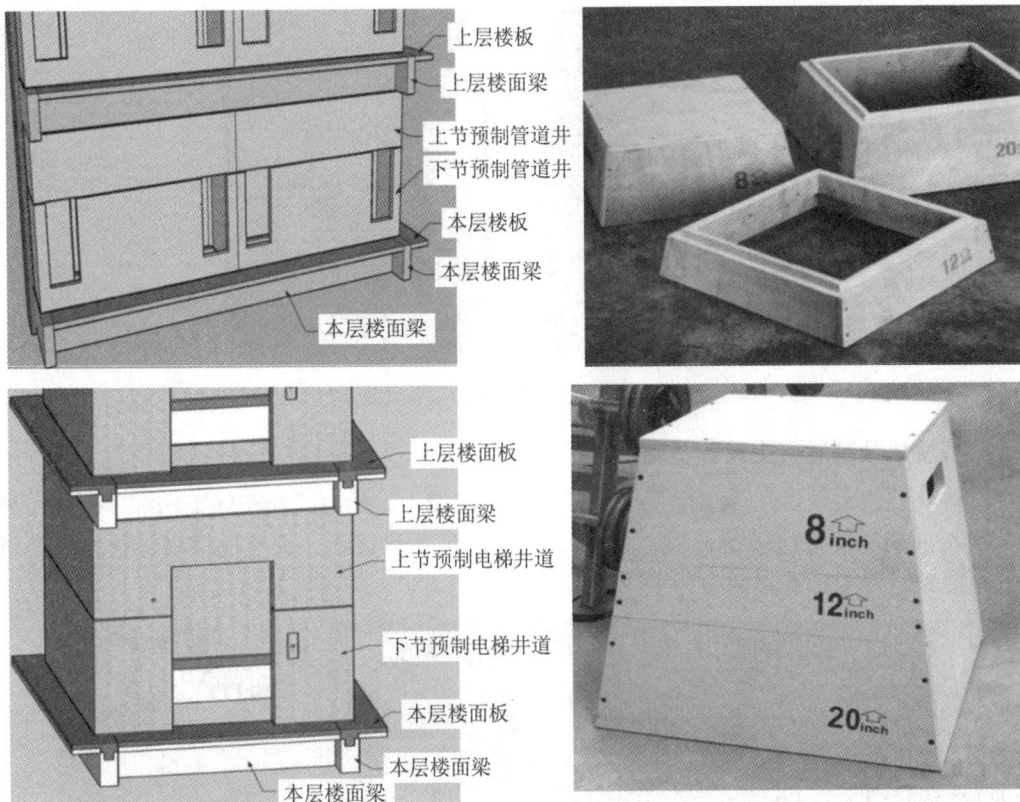

图 7-30　井道与楼面连接

层叠式预制混凝土电梯井、管道井的技术特点如下：① 取代砌体；② 减少人工；③ 节省工序；④ 安全风险低。

该技术可解决传统施工中的以下问题：① 质量难以控制；② 现场湿作业多；③ 施工工效低；④ 操作空间小。

层叠式预制
混凝土电梯井

层叠式预制
混凝土管道井

层叠式预制混凝土电梯井、管道井采用柔性连接，对结构刚度影响小。电梯井顶面设聚苯板与上层楼面梁脱开，采用后置锚固式拉结筋与上层楼面梁拉结连接。

层叠式预制混凝土电梯井采用全干式连接，无套筒灌浆。上、下节电梯井采用企口构造，水泥砂浆找平后，采用镀锌钢板和螺栓连接固定。电梯井底部直接搁置在下层楼面梁上，水泥砂浆调平，采用镀锌钢板和螺栓连接固定。

管道井内楼承板主要采用现浇混凝土板施工，即先安装设备管道，再采用吊模施工技术现浇楼承板。楼承板也可采用预制混凝土施工，即先将预制楼承板铺装在楼面梁上，再安装设备管道。施工完成后的设备管道如图 7-31 所示。

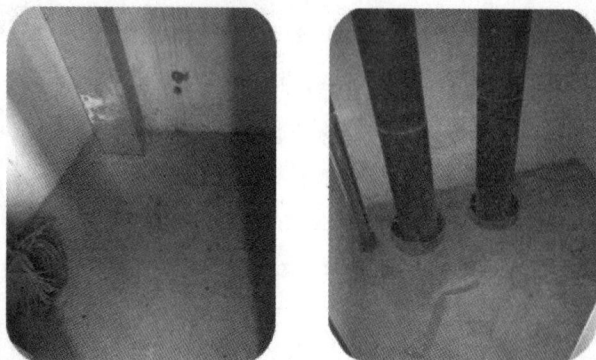

图 7-31　施工完成后的设备管道

3. 模块化预制混凝土设备基础

设备基础的传统做法为工地现场支模，现浇混凝土。此方式存在施工精细度不够、外观质量不理想、美观度差等问题(图 7-32)。为满足项目评优、评奖的需要，往往需要进行大量费时、费工、费钱的整改工作。

图 7-32　混凝土设备基础的传统做法

模块化预制混凝土设备基础的做法是：先将设备基础拆分为不同规格的标准模块，然后采用钢制模具(图 7-33)预制成型，再将预制标准模块干式连接、拼装、固定(图 7-34)。其主要技术特点为：① 无需装模；② 自带线条；③ 减少木工、泥工粉刷等工作。

图 7-33　模块化预制混凝土设备基础模具

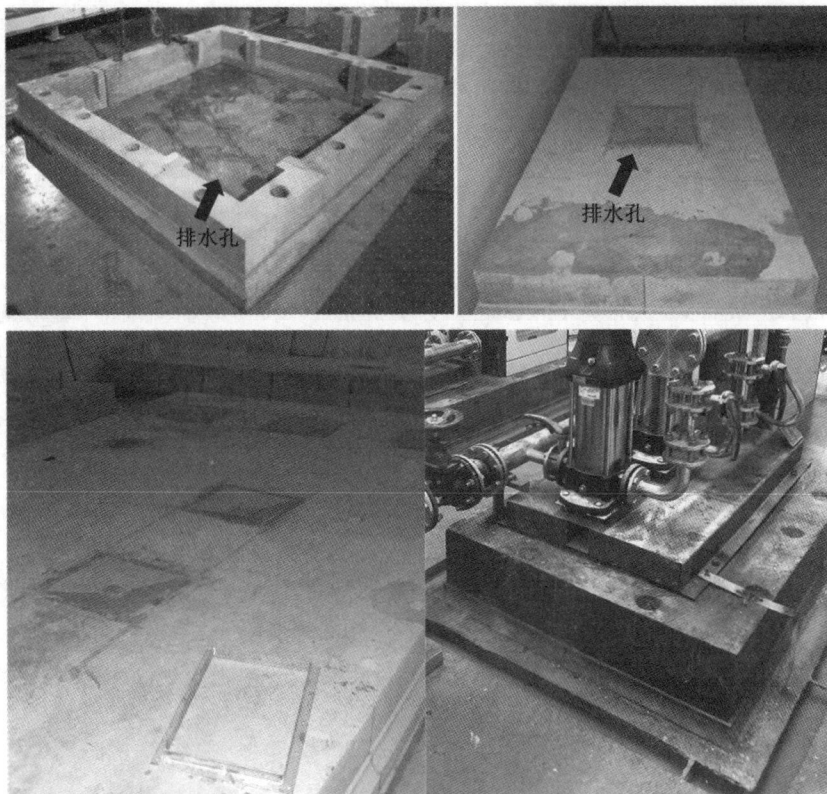

图 7-34　模块化预制混凝土设备基础

该技术可解决传统施工中的以下问题：① 施工精细度低；② 质量不可靠；③ 美观度不理想；④ 整改费时费力。

4. 预制装配式混凝土地面板

装配式混凝土地面板的制作流程如下：建筑效果图→引用立面材质与符号→提取建筑元素→立体几何＋观影效果→像素→预制混凝土地面板。

本案例中，预制装配式混凝土地面板的厚度为 200 mm，尺寸为 1.8 m × 2.0 m(图 7-35)。

图 7-35　预制装配式混凝土地面板

预制装配式混凝土地面板的铺装工艺：自下而上分别是刚性层、水稳层、预制混凝土地面板，铺装后采用螺栓将预制混凝土地面板固定，并对板缝进行处理 (图 7-36)。

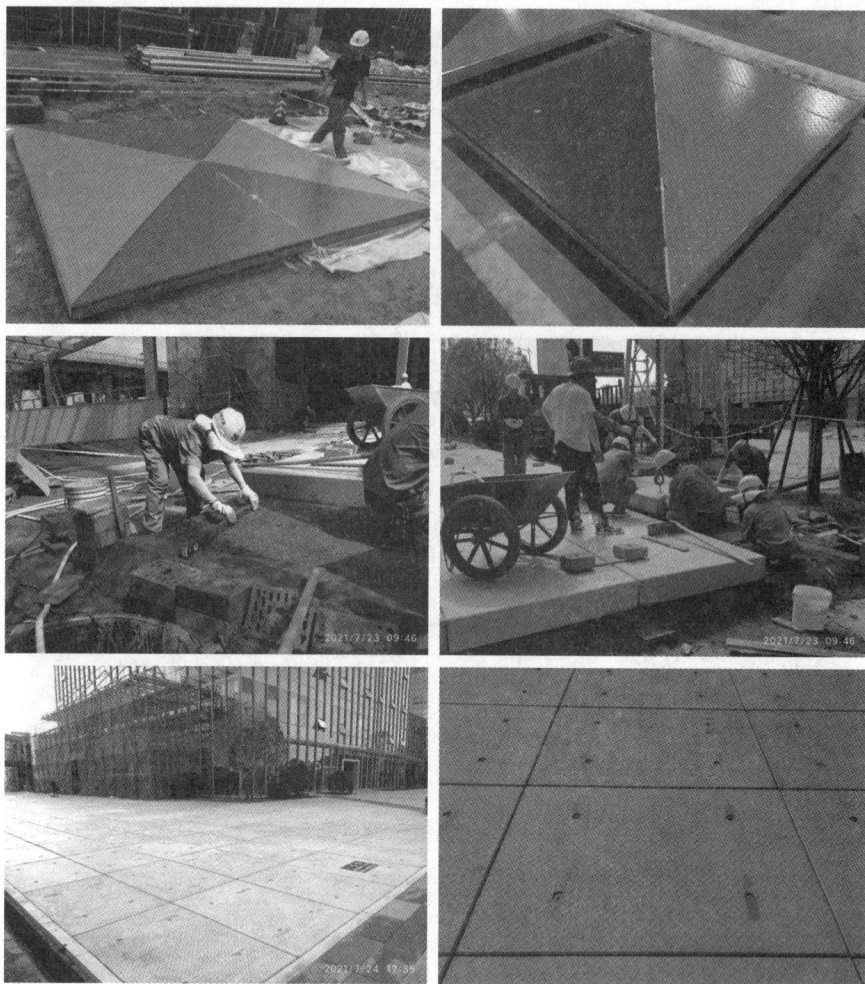

图 7-36　预制混凝土地面板的铺装

5. 混凝土装配式围挡墙体

混凝土装配式围挡墙体 (图 7-37) 施工的一般流程如下：施工测量→围挡墙体杯口基础安装→基础回填→围挡墙体柱安装→围挡墙体系梁安装→围挡墙体防护栏板或栏杆安装→围挡墙体饰面层施工 (图 7-38)。

图 7-37　混凝土装配式围挡墙体

图 7-38　混凝土装配式围挡墙体施工

其主要技术特点有：① 现场湿作业少，建筑垃圾少。② 劳动强度低，工期可缩短80%。③ 形式多样，质量可靠。

6.混凝土装配式承台、地梁胎模

混凝土装配式承台、地梁胎模 (图 7-39) 安装的一般流程为：施工测量→承台、胎模安装→一次土方回填→基础梁垫层施工→基础梁胎模安装→二次土方回填 (图 7-40)。

其技术特点有：① 将传统砖胎模的砌筑、粉刷、养护三道工序简化为构件装配这一道工序，工期可缩短 60%。② 劳动强度小，建筑垃圾少，质量更加可靠。

图 7-39　混凝土装配式承台、地梁胎模

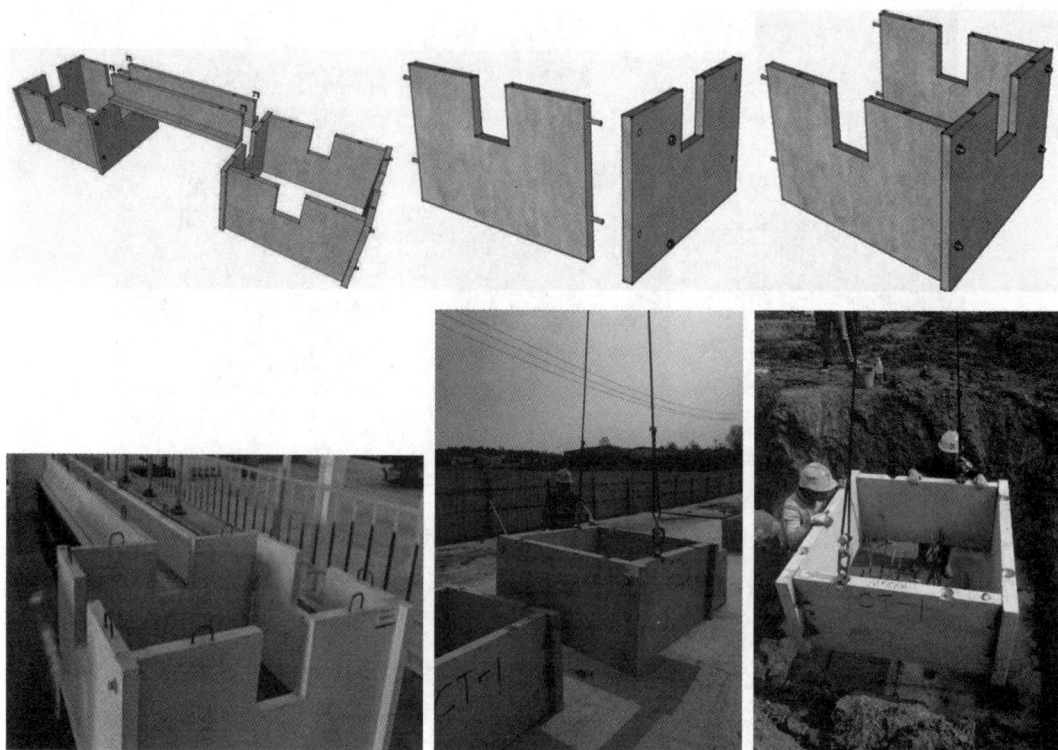

图 7-40　混凝土装配式承台安装施工

二、钢结构装配式典型技术成果

1. 钢结构单元体模块化建筑体系

本案例中钢结构体系有超高层建筑、厂房等，可实现 8～20 m 的大跨度空间结构，形成大空间、连续空间；采用的构件中有典型的厚壁 H 型钢、现浇混凝土楼承板；墙体现场砌筑或者干挂。

钢结构住宅体系多为 3～5 m 的小开间，通常由多个密集的小空间单元体组合，可以进一步节材，合理发挥性能；采用薄壁轻型钢，可提升装配率、预制率。

钢结构住宅存在三板问题，主要是指楼板、内墙板、外墙板的问题。典型楼板如图 7-41 所示。

(a) 楼承板　　　　　　　　(b) 叠合板　　　　　　　　(c) 轻质板

图 7-41　典型楼板

典型内墙板如图 7-42 所示。

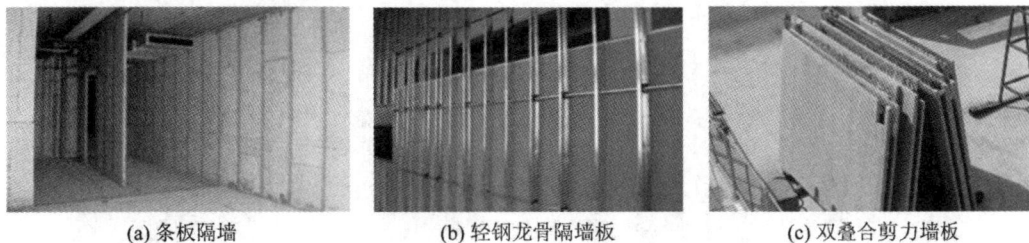

(a) 条板隔墙　　　　(b) 轻钢龙骨隔墙板　　　　(c) 双叠合剪力墙板

图 7-42　典型内墙板

典型外墙板如图 7-43 所示。

(a) 装配式整体剪力墙板　　　(b) 预制夹心剪力墙板　　　(c) 三明治外墙板

图 7-43　典型外墙板

2. 钢结构建筑高质量发展

从装配式建筑到模块化建筑是解决钢结构装配式住宅三板问题的有效途径。通过该途径可以实现工厂内结构单元的制作。从模块化建筑到模块建筑，在单元体内实现了结构、建筑、机电、装饰的全专业集成，使得工厂预制率大幅提升。

模块建筑代表了建筑工业化的最高水平，是最接近智能建造的技术载体。单元体模块化以汽车制造理念 (图 7-44) 为基础，将各系统在工厂总装集成，告别了三板的散拼模式，解决了三板问题。

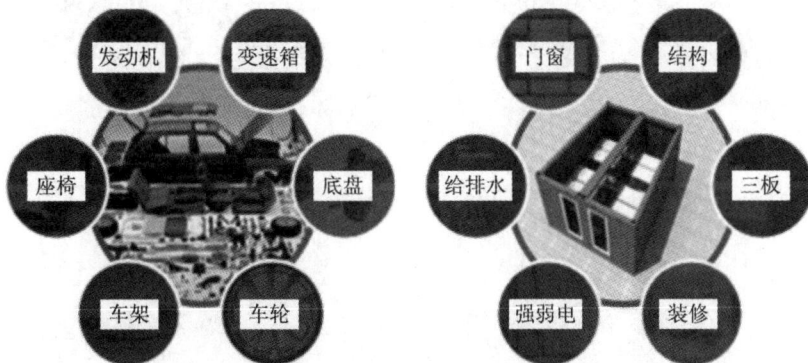

图 7-44　汽车制造理念与智能建造理念对比

中低层建筑可采用"叠箱＋打包带"组合结构体系 (图 7-45～图 7-48)；中高层建筑采用"钢框架＋模块化单元"填充组合结构体系 (图 7-49)。

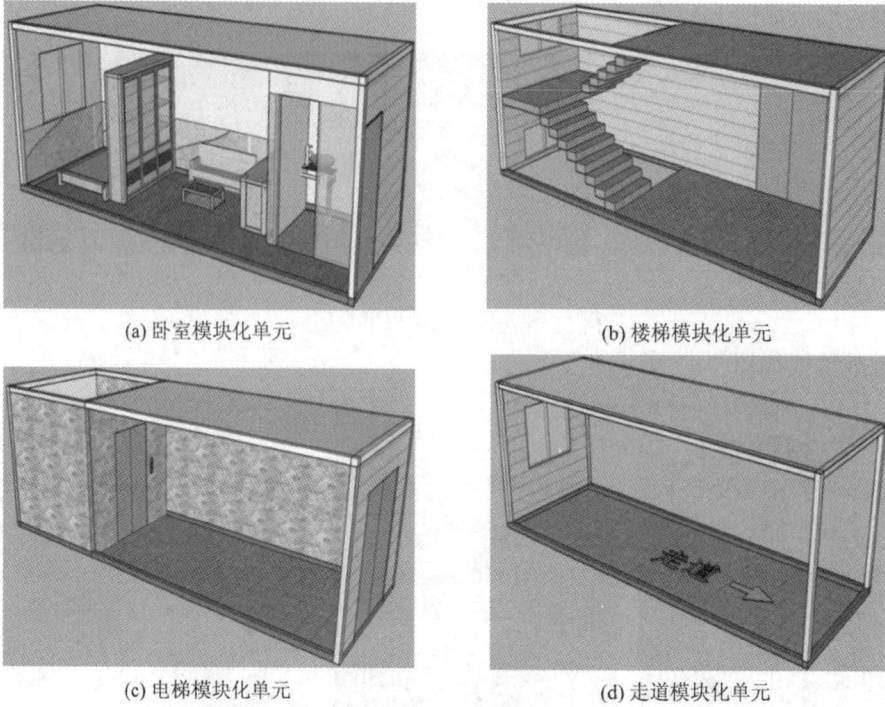

(a) 卧室模块化单元

(b) 楼梯模块化单元

(c) 电梯模块化单元

(d) 走道模块化单元

图 7-45   模块化单元

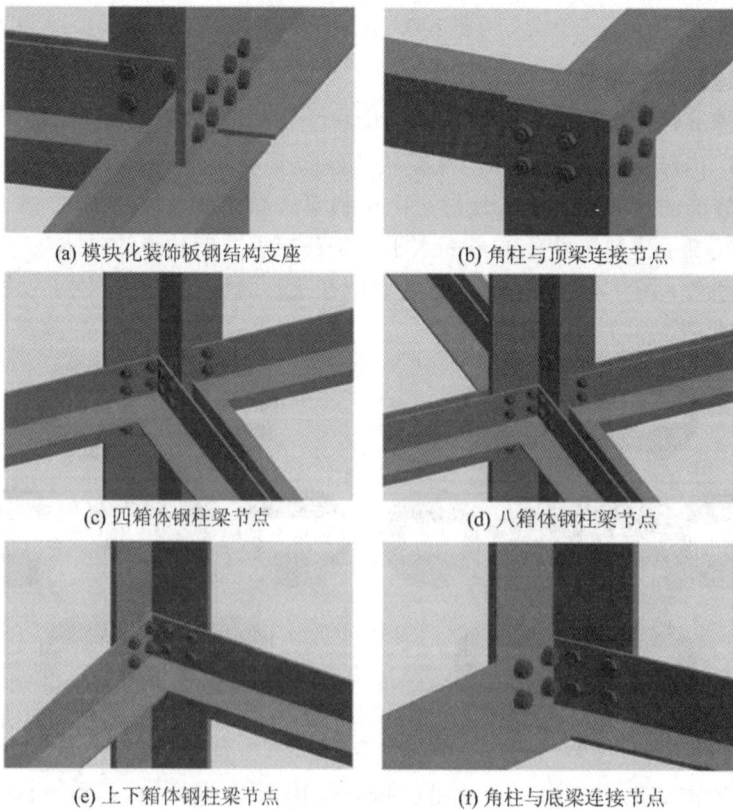

(a) 模块化装饰板钢结构支座

(b) 角柱与顶梁连接节点

(c) 四箱体钢柱梁节点

(d) 八箱体钢柱梁节点

(e) 上下箱体钢柱梁节点

(f) 角柱与底梁连接节点

图 7-46   钢结构构件拼接

图 7-47　BIM 全过程设计单元拼接

图 7-48　"叠箱 + 打包带"组合结构体系

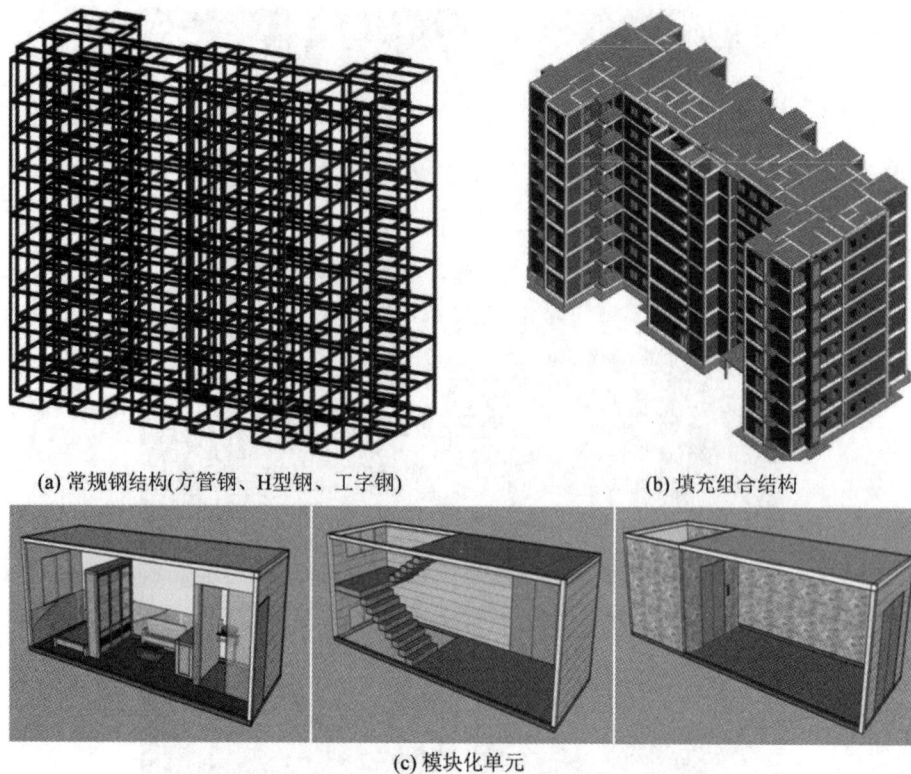

(a) 常规钢结构(方管钢、H型钢、工字钢)　　　　(b) 填充组合结构

(c) 模块化单元

图 7-49 "钢框架 + 模块化单元"填充组合结构体系

3. 钢结构单元体模块化建筑体系实现工程化目标

钢结构单元体模块化建筑体系实现了建筑、结构、给排水、暖通、电气、装修六个方面全集成。具体案例分析结果显示，采用该体系建造的房屋自重可减轻 60%，建筑垃圾减少 70%，节能降耗 20%，工程建设速度提升 2 倍，作业效率提升 2.5 倍，成本效益提升 1.1 倍，成本约为重钢结构的 1/3。

例如，某教师公租房项目 (图 7-50) 采用框 - 箱组合结构体系。建筑共 8 层，高 23.50 m，总建筑面积 3853.73 m^2，居住总户数 64 户。

某中学项目 (图 7-51) 采用承插式叠箱结构体系，总建筑面积为 7387.20 m^2，最高建筑 6 层，最大高度 22.97 m。

图 7-50　某教师公租房项目

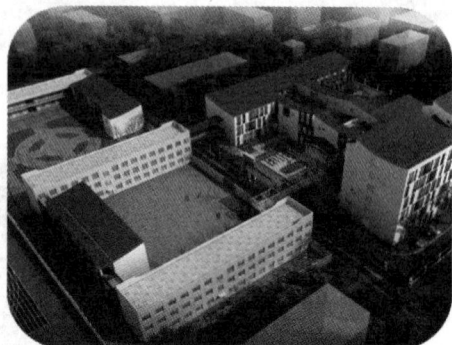

图 7-51　某中学项目

三、木结构装配式技术成果

木材的优点有轻质高强，比强度高，受火后强度损失速度慢，舒适，具有亲和力、生物基建材，可再生。缺点是各向异性，横纹方向强度低，绝对强度较低。当前，木结构面临的困境有榫卯连接工艺复杂、制作成本高、效率低、节点受力性能不佳、技术人员奇缺、施工审查非常严苛等 (图 7-52～图 7-55)。

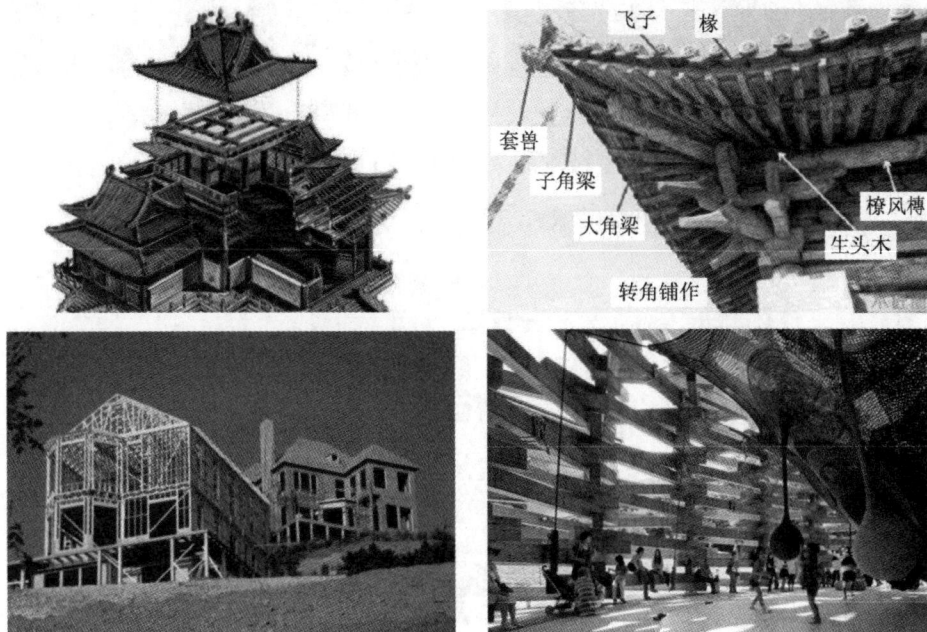

图 7-52　木结构建筑示意

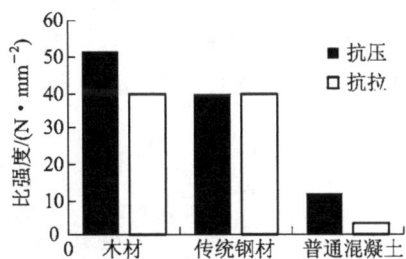

(a) 木材、钢材、混凝土比强度

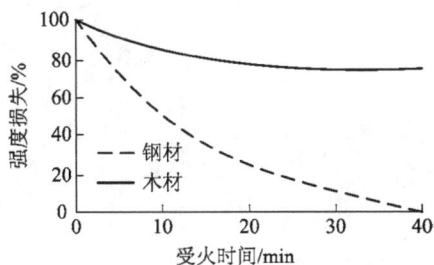

(b) 钢材、木材的防火性能

图 7-53　木材、钢材、混凝土性能对比

图 7-54 钢结构模块化单元房

图 7-55 木结构模块化单元房

当前整装木结构单元部品典型技术成果如图 7-56 所示。

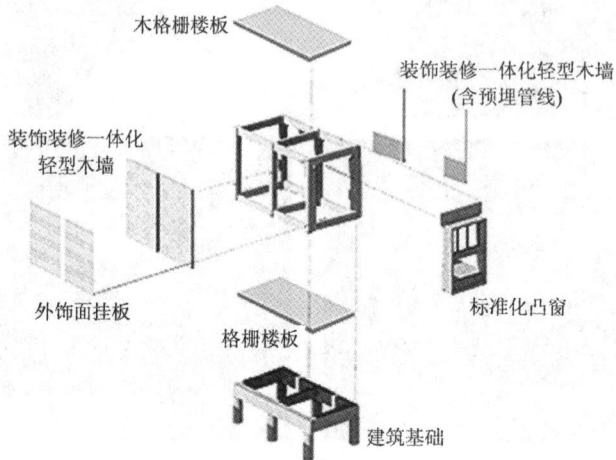

图 7-56 木结构单元部品

整装单元施工顺序 (图 7-57) 为：(1) 基础施工。(2) 整体框架结构施工。(3) 一、二层整装单元施工。(4) 主体结构的围护结构施工。(5) 屋面结构施工。

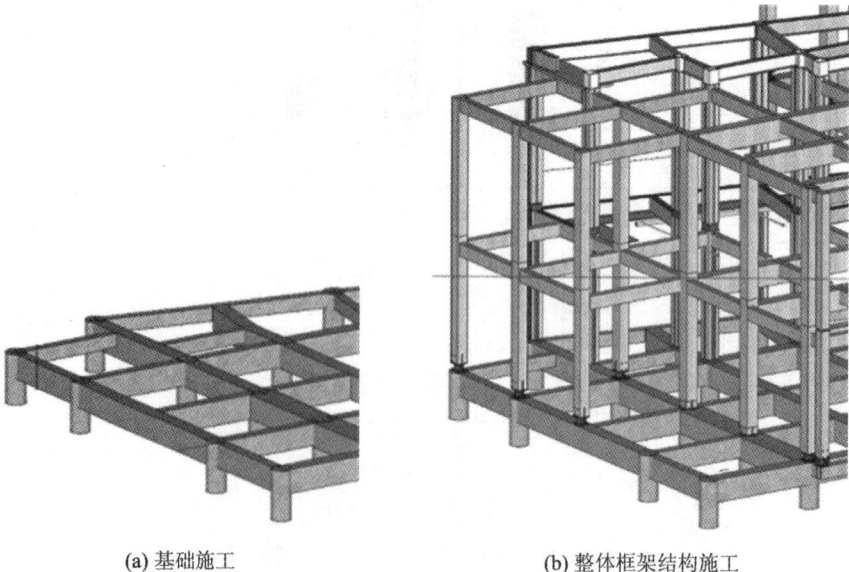

(a) 基础施工

(b) 整体框架结构施工

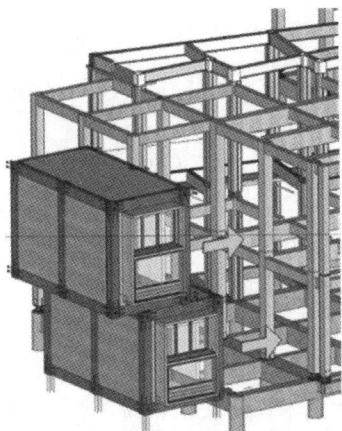

(c) 一、二层整装单元施工图1　　(d) 一、二层整装单元施工图2

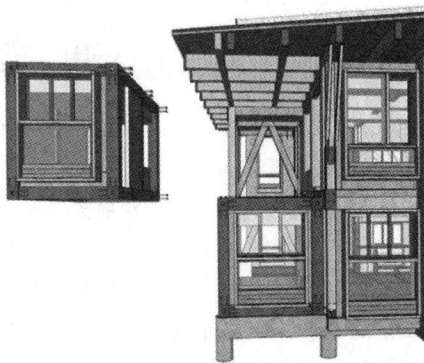

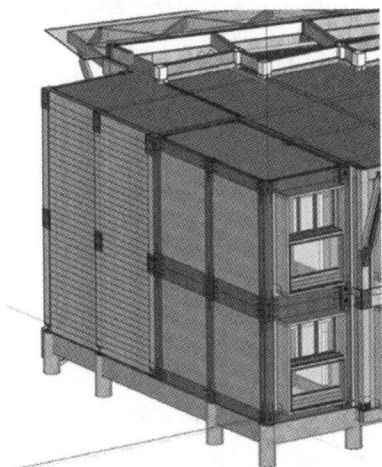

(e) 主体结构的围护结构施工　　(f) 屋面结构施工

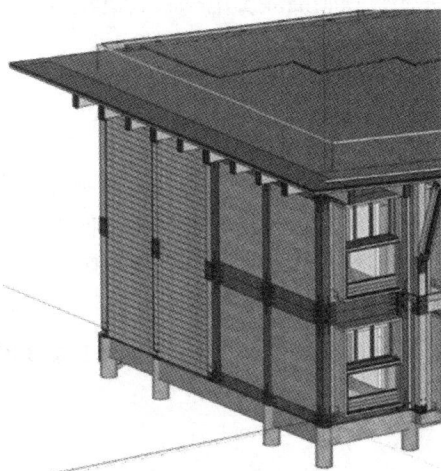

图 7-57　整装单元施工顺序

四、展望与思考

自主研发装配式建筑新技术的目的可以概括为"为用而研、研而有用"，未来装配式建筑的发展应着力解决以下问题。

(1) 解决常见质量问题，提升建筑品质。

(2) 解决装配式建筑的死角和难题。

(3) 从根本上提升建筑装配率。

(4) 挑战装配式构件加工制作难度。

(5) 探索建筑全专业工业化。

装配式建筑的发展要由"个性化"转变为"标准化"，从传统设计图纸、制作模具、生产产品转变为未来的标准规格型号产品、标准型号产品指导图纸设计，从而实现产品的通用和序列化，大幅降低生产成本，显著提升建造效率。

课 后 习 题

一、填空题

1.结构、保温、装饰一体化外墙系统设计利用外墙的装配式特性在工厂集成生产外墙，其既具有 ＿＿＿＿＿＿ 功能，又具有 ＿＿＿＿＿＿ 功能，同时装饰饰面也同步完成。

2.全过程的信息化协同设计通过 BIM 模型模拟 ＿＿＿＿＿＿、＿＿＿＿＿＿、机电、装修各专业的系统集成，设计出利于工厂生产、现场装配的设计产品。

3.创新应用钢筋大直径、大间距、少根数的设计技术，解决了传统 ＿＿＿＿＿＿ 和 ＿＿＿＿＿＿ 存在的 ＿＿＿＿＿＿＿＿＿，以及现场施工困难的问题，提升了施工效率，节约了成本。

4.层叠式预制混凝土电梯井、管道井采用 ＿＿＿＿＿＿ 连接，对结构刚度影响 ＿＿＿＿＿＿。

5.装配式建筑四个标准化是由 ＿＿＿＿＿＿、＿＿＿＿＿＿、＿＿＿＿＿＿、＿＿＿＿＿＿ 四个子系统组成的。

二、问答题

1.装配式结构文明施工的基本原则是什么？

2.装配式建筑主体结构安全生产的方针是什么？

3.影响装配式建筑发展的因素有哪些？

4.“三个一体化”包括哪些内容？

5.模块化预制混凝土设备基础的主要技术特点是什么？

参 考 答 案

参 考 文 献

[1] 中华人民共和国住房和城乡建设部. 装配式混凝土建筑技术标准：GB/T 51231—2016[S]. 北京：中国建筑工业出版社，2017.

[2] 中华人民共和国住房和城乡建设部. 装配式混凝土结构技术规程：JGJ 1—2014[S]. 北京：中国建筑工业出版社，2014.

[3] 王鑫，杨泽华. 装配式混凝土结构施工技术 [M]. 北京：中国建筑工业出版社，2023.

[4] 住房和城乡建设部住宅产业化促进中心. 装配整体式混凝土结构技术导则 [M]. 北京：中国建筑工业出版社，2015.

[5] 中华人民共和国生态环境部. 建筑施工场界环境噪声排放标准：GB 12523—2011[S]. 北京：中国环境出版社，2019.

[6] 中华人民共和国住房和城乡建设部. 钢筋套筒灌浆连接应用技术规程：JG/T 355—2015[S]，北京：中国建筑工业出版社，2023.

[7] 中华人民共和国住房和城乡建设部. 钢筋连接用灌浆套筒：JG/T 398—2019[S]. 北京：中国建筑工业出版社，2019.

[8] 中华人民共和国住房和城乡建设部. 钢筋连接用套筒灌浆料：JG/T 408—2019[S]. 北京：中国建筑工业出版社，2019.

[9] 中华人民共和国住房和城乡建设部. 建筑施工起重吊装工程安全技术规范：JGJ 276—2012[S]. 北京：中国建筑工业出版社，2012.

[10] 中华人民共和国住房和城乡建设部. 施工现场临时用电安全技术规范：JGJ 46—2005[S]，北京：中国建筑工业出版社，2005.

[11] 福建省住房和城乡建设厅. 福建省建设工程施工重大危险源辨识与监控技术规程：DBJ/T 13—91—2017[S]. 北京：中国建筑工业出版社，2017.

[12] 叶浩文，苗启松，田春雨，等. 装配式建筑产业化关键技术 [M]. 北京：中国建筑工业出版社，2022.